Recycling Guide Book

폐전기·전자제품 자원순환 가이드북

한국전자제품자원순환공제조합

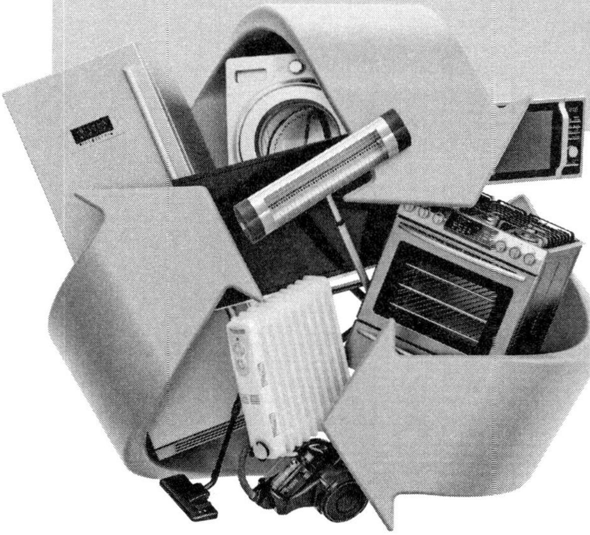

도서출판 동화기술

머리말

본 도서는 국내의 폐전기 · 전자제품의 재활용과 관련된 법률, 제도, 정책, 그리고 기술 등의 내용을 망라하여 일반인들이 쉽게 이해할 수 있도록 제작되었습니다.

또한 전기 · 전자제품 재활용 산업계 관계자를 위하여 폐전기 · 전자제품 재활용 관련 법률인 「전기 · 전자제품 및 자동차의 자원순환에 관한 법률」, 「자원순환기본법」, 「폐기물관리법」, 그리고 「자원의 절약과 재활용촉진에 관한 법률」 내용을 중심으로 주요 법률 체계 및 국내 재활용 현황 등을 비교 · 분석하여 폐전기 · 전자제품 재활용률 향상과 자원순환 극대화에 필요한 실무 정보 및 경험을 한데 모았습니다.

이러한 "한국전자제품자원순환공제조합"의 노력이 전기 · 전자제품 재활용 관련 이해관계자 간의 협력강화, 실무 담당자의 자부심 제고, 더 나아가 일반 국민들에게 훌륭한 홍보 · 교육 자료로 활용되기를 진심으로 바랍니다.

목 차

5장 폐전기·전자제품 재활용 기술

부록

1장 총론

1. 자원순환정책 패러다임 변화
2. 전자산업계 자원순환 노력
3. 재활용산업 역할 및 과제

1. 자원순환정책 패러다임 변화

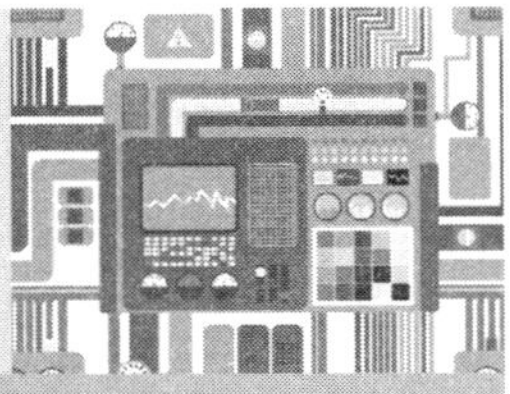

지난 세기, 전 세계는 경제성장 위주 정책으로 대량생산과 대량소비의 사회 구조 속에서 폐기물이 다량 배출되어 환경부하가 커지고 있다. 사용 후 버려지는 폐기물은 더 이상 유용자원이 될 수 없는 것으로 인식되어 처리 및 처분에 중점을 두고 주로 단순매립이나 소각 등으로 처리되었으며, 이로 인한 2차 오염이 야기되었다.

이로 인하여 1900년대 중반부터 전 세계적으로 자원고갈에 대한 염려가 시작되었으며 1972년 스웨덴 스톡홀름에서 개최된 국제연합(UN) 인간환경회의에서는 이른바 '인간환경선언'을 채택하게 되었다. 이후, 1987년 오존층파괴물질의 생산 및 소비 삭감을 골자로 하는 몬트리올 의정서를 채택하면서 환경인식에 대한 패러다임이 변화하였고, 1989년 브라질 리우데자네이루에서 개최된 유엔환경개발회의(UNCED)에서는 우리나라를 비롯한 118개국 정상들이 21세기의 지구 환경보호와 지속 가능한 발전을 달성하겠다는 목표로 '행동 의제21(Agenda 21)'을 채택하였다.

또한, 1973년 제1차 오일쇼크 때부터 전 세계 경제의 큰 잠재적 리스크로 작용한 자원의 무기화는(자원 민족주의) 오일에만 국한되지 않고 천연가스, 철광석, 밀, 옥수수 등 다양한 자원으로 확대되고 있는 실정이다. 특히, 2010년 9월 센카쿠 열도를 둘러싼 중국과 일본 간의 영유권 분쟁 중 중국이 이른바 '희토류 금속'의 대 일본 수출을 중단함에 따라 일본 정부는 첨단기기에 사용되는 필수원료가 없어 휴대폰, 컴퓨터 등 전기·전자제품 생산에 치명적인 타격을 입은 사례가 발생하였으며, 이를 계기로 세계는 자원무기화를 다시한번 확인하게 되었다. 이에 따라, 폐기물은 "폐기되어야 하는 것"이라는 의미에서 "순환하여 이용하는 것"으로의 개념 전환이 되었다. 자원순환을 통해 천연자원의 고갈을 방지하고, 동시에 깨끗하고 건전한 환경을 보전함으로써 후손들도 삶의 질 향상과 자원순환사회를 향유할 수 있는 지구촌을 만들고자 노력하는 계기가 되었다. 특히, 천연자원이 빈약하고 수입의존도가 높은 우리나라는 자원의 재활용이 중요한 이슈가 아닐 수 없다.

2008년 정부는 저탄소 녹색성장을 국가발전 패러다임으로 설정하고, 자원순환 촉진을 위하여 자원생산성 제고, 효율적 생산·유통·소비, 물질 재활용, 에너지 회수 및 처리 선진화를 추진 전략으로 삼으며, 자원순환성 평가, 에너지시설 확충 및 수집 · 처리 광역화 등을 중점으로 추진하고 있다. 특히, 자원순환형 사회구축을 위해서 첫째, 사업장폐기물 감량화, 폐기물부담금제도, 1회 용품 사용 및 과대포장 규제, Eco Labelling 등을 통한 발생 억제, 둘째, 빈용기보증금제도, 리필제품 사용 권고, 재활용센터, 녹색가게 등을 이용한 재사용, 셋째, EPR 제도, 재활용 산업육성 지원, 전기 · 전자제품 및 자동차 재활용, 순환골재 재활용 등을 통한 재활용 육성, 넷째, 폐기물이용 대체에너지 개발, 소각시설 에너지 회수 촉진, 에너지 자원화, 다섯째, 의료폐기물 관리강화를 위한 RFID(Radio Frequence IDenti-fication) 기반 처리시스템, 폐기물적법처리시스템을 통한 친환경 처리를 정책으로 이끌고 있다.

정부는 2000년대 후반부터 EU, 일본 등과 같은 선진국의 폐기물 관련 정책을 벤치마킹함으로써 폐기물자원화, 에너지화, 자원의 순환이용성 확보 등에 대한 정책 수립을 추진하였다. 특히 독일(EU)의 자원순환경제법 재정에 따른 패러다임 전환과 일본의 자원순환사회형성기본법 제정을 통한 사회구조 체계 전환 사례는 정부의 폐기물 패러다임 전환을 위한 대표적 벤치마킹 사례로 평가받고 있다. 이러한 결과물로써, 정부는 환경부 및 관계부처 합동으로 2011년 제1차 자원순환기본계획(2011～2015)을 수립하였다. 기본계획의 비전은 저탄소 자원순환형 사회 정착을 강조하였으며, 수립 당시 세부 목표는 2015년까지 폐자원 업사이클링 기반을 조성함으로써 2009년 대비 자원순환률 20.3% 달성과 최종매립량 26% 감축을 설정하였다. 또한, 2013년 자원순환사회 전환 촉진 대책을 발표하여 재활용 자원 수집운반 및 재활용 기반 확충 등 재활용 시장 활성화와 유관 산업계의 활동을 지원하였다.

정부는 자원순환사회 형성을 위한 핵심 성과로써 2016년 5월 29일 「자원순환기본법」을 제정하였다. 이에 따라, 폐기물의 재자원화 극대화 및 매립과 소각의 최소화를 통해 재활용과 재사용을 보편화하여 지속가능한 자원순환 사회를 만드는 토대를 구축하였다. 상기 「자원순환기본법」은 2018년 1월 1일부로 시행되었다. 또한, 정부는 「자원순환기본법」제정에 따른 신규 제도들을 포함하여 국가의 자원순환 목표와 정책 방향을 제시하고자 국가 자원순환기본계획(2018～2027)을 수립하여 2018년 9월 4일 발표하였다. 주요 내용으로는 제품의 생산단계에서 자원의 효율적 생산구조 체계 확립, 소비단계에서 친환경 소비로 폐기물 발생의 최소화 실현, 관리단계에서 지역 거버넌스에 기반한 처리 최적화, 재생단계에서 고부가가치 물질 재활용 촉진 등에 대한 세부 추진 내용이 포함되었다. 최종 목표는 2027년까지 폐기물 원단위 발생량 20% 감축, 순환이용률은 70%에서 82%까지 향상되도록 설정하였다.

한편, 국제적으로도 폐기물에 대한 관리 강화와 자원의 선순환 체계 구현은 중요한 이슈로 부각되었다. 2018년 세계 최대 폐기물 수입국인 중국이 폐플라스틱, 폐비닐 등의 수입을 중단하면서 국내 재활용산업까지 파장을 일으켰다. 국내 주요 대도시의 폐플라스틱 수거 중단 사태가 발생했고, 시장 혼란이 가중되었다. 정부에서는 1회 용품 규제 정책 및 생산과 사용을 억제하는 운동을 추진하였다.

우리나라는 기존의 폐기물 처리가 아닌 재자원화를 통한 "자원순환형사회" 구축 단계에 이미 돌입하였다. 자원순환사회 형성과 순환경제 체제로의 전환은 세계 각 국가에서 중점적으로 추진 중인 정책방향이다. 폐기물 발생에서부터 수거, 운반, 처리 등 전 과정에 대한 평가가 이루어져야 하며, 무엇보다도 폐기물의 유해성을 제거하고 환경적으로 건전한 방법을 통해 재자원화 되어야 한다. 또한 자원순환이 원활하게 이루어질 수 있도록 인프라 구축은 물론, 국민들의 적극적이고 자발적인 참여가 수반되어야 진정한 의미에서의 녹색사회를 건설할 수 있을 것이다.

2. 전자산업계 자원순환 노력

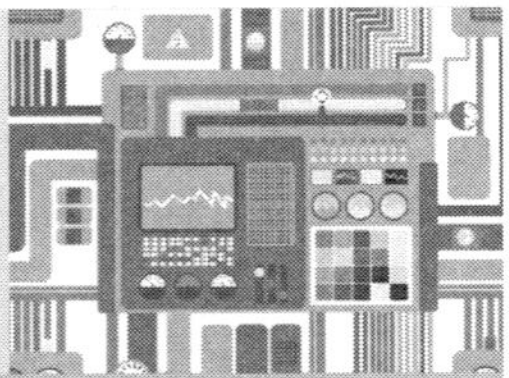

1990년대에 들어와 환경보전과 지속가능한 발전은 인류 사회의 가장 중요한 가치로 대두되었다. 정부, 기업할 것 없이 환경조직과 기능이 확대되었고, 냉장고 등의 프레온가스(Chloro Fluoro Carbon : CFC) 사용규제, 전과정(Life Cycle Assessment : LCA) 재활용 사전평가제 시행, 포장 폐기물 감량화, 국가 간 무역에 환경라운드 설정 등 기업에 대한 환경규제 역시 지속적으로 강화되었다.

이에 맞추어 1993년 전기 · 전자제품에 대해서 "폐기물예치금제도"가 도입되었다. "폐기물예치금제도"란 매년 판매량만큼의 폐기물 예치금을 산정해 정부의 환경개선특별회계에 예치하였다가 그 해에 생산자가 폐전기 · 전자제품을 수거해 재활용하면 재활용한 양만큼의 예치금을 반환해주는 제도이다. 그러나 다른 예치금 품목과 달리 폐전기 · 전자제품이 불특정 다수의 장소에서 발생한다는 점, 내구연수가 3~10년으로 사용주기가 길다는 점 등 폐기물예치금제도는 전자업계 특성이 고려되지 않아 개별 기업의 대응은 한계가 있었고 결국 업계는 이러한 폐기물예치금제도 도입에 적극 대응해 나가기 위해 환경대책협의회를 구성, 운영해 나갔다. 특히 한국전자산업진흥회(現 한국전자정보통신산업진흥회)는 비상설기구인 협의회를 뒷받침할 수 있도록 전자산업진흥부에 환경과를 신설하였다. 또한 협의회 산하에서 환경 담당 임원급이 모이는 임원회의와 부장급이 모이는 실무회의를 정기적으로 개최했으며, 물류 및 재활용 분과위원회와 포장 폐기물 감량화 분과위원회를 두었고, 각계 전문가들로 구성된 가전제품 재활용 사전 평가 심의회를 설치하였다. 더불어 환경대책협의회는 환경문제의 국내외 정보를 조사 분석하고 정책 대응방안을 강구하여 시행하며 업계 간 협력 및 공동 사업을 펴 나가기로 하였다.

전자업계는 1992년 12월, 「자원의 절약과 재활용 촉진에 관한 법률」 제정에 따라 1993년부터 사전재활용평가제도를 시행했다. 사전재활용평가제도는 기업에서 제품을 만들기 전, 설계에서부터 부품 조달, 조립 생산 및 시험 검사에 이르기까지 전 공정에서 자원 및 에너지를 얼마나 투입하는지, 친환경 재질의 자재 및 부품을 얼마나 사용하는지를 평가하는 제도로, 제품을 생산하는 과정에서 환경부하를 최소화하여 원천적으로 환경오염을 줄이려는 목적을 갖고 있다. 이 제도는 제품 생산공정에서 자발적으로 시행해야 더욱 빛을 발한다. 이러한 특징을 인지한 기업들은 제도 도입 시기부터 당시 상공부, 환경처와 객관적 평가방법 등을 충분히 협의하는 등 적극성을 보였다. 주요 기업에서는 리사이클링센터를 건립하면서 이른바 제품의 녹색화 경영 전략을 선언하고, 친환경설계 기법을 개발, 적용하여 환경성을 크게 개선하였다고 발표했다.

전자업계의 노력은 여기서 그치지 않았다. 정부가 1995년에 가전제품 포장 완충재의 감량화 목표를 1998년 10%, 2000년 30%, 2005년 50%로 고시하였을 때, 업계는 상당한 어려움을 토로했지만 환경규제에 능동적으로 대처해 나가야 한다는 긍정적 자세로 감량화 활동에 들어갔다. 사전재활용평가제도 등으로 생산시 감량을 최대화하고 판매시 회수 · 재활용량을 증가시켜 결국 전자업계는 1998년에 목표를 초과 달성했으며, 나아가 선도업계로써 포장 완충재 재질을 친환경적 종이로 대체하는 연구까지 상당 수준 진행하였다.

전기 · 전자제품 재활용 체계 구축을 위해서 전자업계는 재활용산업 시설에 공동으로 투자하고 이용하여 시너지 효과를 극대화하는 것이 가장 효율적이라는데 의견을 모았다. 가장 친환경적이고 기술적으로 뛰어난 고성능 재활용 시설을 이용하여 국내외 소비자들에게 자원 재순환의 가치를 제대로 알려주는 것이 재활용 사업의 또 다른 의의라는 사실에도 동의했다. 나아가 재활용 사업은 궁극적으로 폐기물예치금제도를 뛰어넘어 위기를 기회로 바꾸는 전자업계 환경 전략의 일환이어야 했다. 이러한 과제를 해결하려면 전문조직이 필요함을 공감한 협의회는 1996년, 한국전자산업진흥회 내에 업계 전문가로 구성된 '가전제품 리사이클링 사업단'을 발족하였다.

원래 가전제품은 부피가 크고 중량이 무거워 사용이 종료된 후 회수 운반할 때에도 막대한 비용이 든다. 또 다품종 소량의 부품 소재를 정밀하게 조립하여 생산하기에 이를 재활용하기 위해서는 생산의 반대 공정으로 분해, 분리하는 데에도 많은 인력과 기계 장치를 필요로 하며 많은 비용이 소요된다. 그러나 당시에는 그 과정을 운영할 인프라 시설조차 갖추어지지 않았다. 그럼에도 당장 폐전기 · 전자제품을 회수, 재활용해야 하는 냉혹한 현실에서 업계의 공조는 필연적이었다.

먼저 '가전제품 리사이클링 사업단'은 지역별, 품목별로 폐전기 · 전자제품 발생량을 조사하고 수거, 운반 등 물류체계를 정립한 후 물류단지 및 리사이클링센터 유망부지를 조사하였으며, 표준센터의 설치 계획도 수립했다. 이에 따라 전자업계는 리사이클링센터 건립 및 민간 재활용업체와 협력관계를 구축하여 생산자책임재활용제도(EPR) 수행을 위해 능동적, 선도적 역할을 이행하였으며, 마침내 2000년 6월 1일, 국내 최초로 폐전자제품의 회수, 재활용에 관한 정부와 전자업계 간 EPR 자발적협약을 체결하였다. 협약을 이행할 전담조직으로 한국전자산업환경협회를 2000년 9월에 창립하여 폐전기 · 전자제품에 대한 EPR 시범사업을 성공적으로 수행하였다.

정부는 2008년부터 재활용촉진법이 아닌 「전기 · 전자제품 및 자동차의 자원순환에 관한 법률」을 시행하여 글로벌 수준의 환경성보장제도를 도입하였고 전자업계는 소비자에게서 폐전자제품을 수거하는 시점부터 리사이클링센터에 운반되는 과정까지 폐전자제품의 물류흐름을 철저하게 관리해 유해물질의 누출을 방지하고 재활용 프로세스의 친환경성을 확보하기 위해 끊임없는 노력을 강구하였다.

또한, 정부는 2014년 재활용 목표관리제도 도입을 통해 국민 1인당 연간 재활용 목표량(3.9kg/인 · 년)을 설정하여 점차적으로 재활용 목표량을 늘려나갔다. 당시 2018년까지 국민 1인당 연간 재활용 목표량은 6.0kg로 산정하였으며, 향후 2023년까지 제 2차 장기 재활용 목표량은 약 8.6kg으로 설정하였다. 한편, 2014년부터는 「전기 · 전자제품 및 자동차의 자원순환에 관한 법률」 일부 개정을 통해 폐전기 · 전자제품 회수 및 재활용 의무대상품목을 10개에서 27개로 확대하였으며, 2020년부터는 추가로 23개 품목을 지정하여 총 50개 품목에 대해 전기 · 전자제품 회수 및 재활용 의무를 부과할 예정이다. 이러한 정부의 정책기조에 맞추어 전자산업계는 재활용 목표관리제도에 부여된 회수 · 재활용 의무 달성을 위해 재활용 센터의 선진 기술 도입, 공정개선 지원 사업, 중 · 소형가전 회수를 위한 기반시설(Infrastructures) 구축 등 의무 이행을 위한 최선의 노력하고 있다.

한편 환경부, 한국전자산업환경협회 및 전자산업계는 국민의 폐전기 · 전자제품 배출 용이성 향상 및 자원순환체계 구축을 위해 2012년부터 폐전기 · 전자제품 무상방문수거 서비스를 시범운영하였으며, 2014년부터 이를 확대하여 전국단위로 시행하였다. 2014년 말 한국전자산업환경협회를 청산하고, 2015년부터 한국전자제품자원순환공제조합이 공익법인으로 새롭게 출범하여 폐전기 · 전자제품 무상방문수거 서비스를 확대 운영하였으며, 2015년 78만대, 2016년 122만대, 2017년 159만대의 괄목할 만한 회수 실적을 기록하여 가파른 성장을 보였다.

또한, 폐전기 · 전자제품 무상방문수거 서비스가 적용되지 않는 도서지역 환경보전을 위하여 정기 또는 비정기적 폐전자제품 육지이송 캠페인 및 소형가전 수거 캠페인 등 다양한 사회공헌 활동을 추진하고, 홍보교육관 개관 및 견학 프로그램을 운영하면서 대국민 홍보는 물론 전자업계 위상 제고에 끊임없는 투자와 노력을 기울이고 있다.

3. 재활용산업 역할 및 과제

재활용 산업도 산업의 기본 원칙인 경제성을 고려하지 않을 수 없다. 그러나 산업의 특성상 시장성 논리에 사회적 편익 및 환경성 보장 또한 필요하다. 본질적으로 경제성을 갖추기 힘든 재활용 산업에 대해서는 정부의 정책적인 배려가 뒷받침되어야 한다. 물론 이제까지 성장 위주의 산업발전체제에서 경제발전과 환경보전의 대치적 개념보다는 양자가 상생하는 패러다임으로 전환되면 녹색기술이 21세기의 산업을 주도해 나아갈 것이다.

어느 산업에서도 폐기물의 발생은 피할 수 없다. 폐기물 제로화란 배출이 전혀 없는 것이 아니고 가능한 적게, 그리고 배출된 것은 모두 재자원화하자는 것이다. 이를 위해서 모든 제품은 재활용이 용이하도록 만들어져야 하며, 자원의 완벽한 순환이용이 실현될 수 있는 시스템 구축이 필요하다.

재활용 산업의 활성화를 이루기 위해서는 모든 사업에서와 마찬가지로 첫째, 폐기물 원료, 재활용 공정, 그리고 재활용 제품의 3박자가 원활이 가동되어야 한다. 즉, 폐기물의 발생, 배출 및 수거에 대한 흐름을 이해하고 있어야 재활용 산업의 원료를 원활히 확보할 수 있을 것이다. 어디서 어떻게 배출되고 수집되는지, 효과적인 물류는 어떻게 되는지 등에 대한 현황 파악이 급선무이다. 일반 제조산업의 원료가 유상인 것에 비해 재활용 산업에서는 역유상도 가능하므로 제품 생산에 소요되는 비용이 낮아질 수 있다. 즉, 재활용공정에 대한 추가적인 공정 운영으로 인한 비용 상승을 최소로 해야 하는 어려움도 재활용 산업계에 내재되어 있어 이들에 대한 정확한 분석이 중요하다.

둘째, 효율적인 자원화 공정이 있어야 한다. 일반적으로 재활용을 통한 생산품은 신재를 이용한 생산에 비해 원료물질 확보 과정에서 소비될 수 있는 에너지 및 오염물질 배출 저감의 이점이 있으나, 한편으로는 제품의 경량화 및 슬림화와 동시에 복합소재를 사용함에 따라 재생 공정이 복잡해질 수 있다. 따라서 재생자원의 고품위화를 만족시키면서도 효율적인 공정을 지속적으로 연구·개발해야 한다.

무엇보다도 2차 오염을 발생시키지 않는 청정생산기술의 접목도 필요하다. Eco-efficiency인 'Produce more from less(적은 양의 자원으로 더 많은 성과의 창출)' 개념 역시 도입하여야 한다. 이와 더불어 지구온난화와 관련하여 재활용 공정개발이 청정개발체제(Clean Development Mechanism : CDM)로 연계될 수 있을 정도로 온실가스 저감에 혁신을 도모해야 한다.

또한, 재활용 제품의 친환경성, 경제성, 시장점유율 등에 대한 정확한 판단이 이뤄져야 한다. 기술표준원에서 실시하고 있는 GR(Good Recycled) 인증마크는 재활용제품에 대한 품질인증제도로 의무구매와 품질보증보험 제도를 병행하여 활성화를 도모하고 있지만 이와 동시에 소비자의 인식전환이 이루어져야 한다.

이와 같은 재활용 산업을 활성화시키기 위한 기본 체계 속에서 세부적으로 재활용산업이 당면하고 있는 과제를 찾아야 한다. 무엇보다도 영세한 폐기물 처리업에서 벗어나 자동화, 환경친화적 공정기술 등을 갖추어야 하며, 현재의 「폐기물관리법」에 따라 분류된 재활용 업태를 산업분류 코드와 연계해야 한다. 따라서 제조업자가 재활용 산업을 용이하게 하도록 함으로써 자발적이고 능동적인 참여가 될 수 있다. 또한, 재활용 산업의 활성화를 위한 전문단지 또는 특화단지가 조성되어 현재와 같은 부지확보의 어려움이 해결되어야 한다. 일본 기타큐슈에 있는 에코타운이 좋은 예가 될 수 있다. 재활용 공장, 실증연구시설 등이 히비키나다 매립지를 중심으로 형성되어 있고, 산 · 학 · 관이 연계되어 환경 재활용 사업화를 위한 기초 · 실증 연구의 거점으로 성장하고 있다. 또한 가까운 곳에 에코타운 센터를 건설하여 홍보함으로써 재활용에 관한 의식을 고취시켜 나가고 있다. 이와 같이 재활용 산업의 장애요인을 제거하여야 경제적 취약성, 수요자의 호응에 대한 문제를 해결할 수 있다.

아울러 재활용 산업을 하나의 산업으로 뿌리내릴 수 있도록 장기계획과 투자 방안을 마련해야 할 필요가 있다. 재활용은 자원절약, 사회적 처리비용의 절감, 2차 환경오염의 저감 등 사회적 편익과 고용창출 효과가 크다. 그러나 현재 재활용 산업은 규모와 안정성 측면에서 비약적인 발전을 이루지 못하고 있으며 그에 따라 시장도 활성화되지 못하는 등 사회적으로 적정한 수준에 이르지 못하고 있다. 따라서 재활용 산업에 대한 금융지원과 지원대상 범위의 확대, 재활용 제품의 수요창출, 국민 의식 향상으로 분리수거, 재활용 제품생산, 소비에 이르는 재활용 전 과정이 원활히 움직일 수 있도록 체계적인 지원 대책이 필요하다.

마지막으로, 국내에만 한정되어 있을 것이 아니라 세계로 나가는 재활용 산업으로 발전되어야 한다. 국내에는 재활용 관련 제도 및 정책으로 재활용 기술과

노하우가 상당히 축적되어 있다. 효율적인 수거 및 물류 시스템, 친환경적인 재활용 처리 기술 등 지난 수십 년 동안 쌓아둔 우리의 노하우를 아직 재활용 산업이 미진한 동남아 및 남미 등의 국가들을 대상으로 수출할 수 있을 것이다. 물론 그들의 정책과 국민의식, 환경 등 주변 여건을 고려하게 수요자 맞춤형으로 추진하여야 할 것이다.

2장 법률 및 정책

1. 폐전기·전자제품 관련 법률
2. 폐전기·전자제품 관련 제도
3. 폐전기·전자제품 무상방문수거 서비스
4. 해외 법률 및 제도

1. 폐전기·전자제품 관련 법률

1.1 폐기물관리법(1986년~)

[폐기물 처리 중심]

1986년에는 「폐기물관리법」이 제정, 1987년 7월 발효함에 따라 기존 「오물청소법」은 폐지되었다. 「폐기물관리법」이 제정·시행됨으로써 폐기물 관리에 관한 일반법 내지 통합법 시대가 열렸다고 할 수 있다.

「폐기물관리법」은 폐기물을 적정하게 처리하여 자연환경 및 생활환경을 청결히 함으로써 국민보건 향상과 환경보전에 기여함을 목적으로 규정하고, 종래 "오물"의 개념과 "산업폐기물"의 개념을 종합하여, 폐기물의 개념을 정의하였다. 즉, "쓰레기·재·오니·분뇨·폐유·폐산·폐알칼리·동물의 사체 등으로써 사람의 생활이나 사업활동에 필요하지 아니하게 된 물질"을 의미한다. 이 법은 현행과 유사하게, 폐기물을 일반폐기물과 산업폐기물로 구분하여 관리하였는데, 일반폐기물은 "사람의 일상생활에 수반하여 발생하는 쓰레기·분뇨 등 산업폐기물외의 폐기물"로, 산업폐기물은 "사업활동에 수반하여 발생하는 오니·잔재물·폐유·폐알칼리·폐고무·폐합성수지 등 폐기물로써 보건사회부령이 정하는 것"으로 정의함으로써, 종래의 오물과 산업폐기물의 분류 기준을 그대로 유지하였다. 그리고 폐기물의 처리기준과 폐기물처리업에 관한 시설·장비 등의 기준, 지도·감독 등에 관한 사항을 정하였다.

그러나 당시 「폐기물관리법」은 폐기물의 "처리"에 중점을 두고 있었으며, "재활용"이라는 용어가 처음으로 등장한 것은 1991년 「폐기물관리법」이 개정되면서부터이다. 그 이전까지는 폐기물의 재활용이나 감량보다는 처리·처분에 중점이 두어져 있었다고 할 수 있다.

1.1.1 세부내용

「폐기물관리법」은 국내에서 발생 가능한 모든 형태의 폐기물에 대한 적정 재활용 방법 및 기준을 명시하고 있다. 전술한 바와 같이, 2008년 「전기 · 전자제품 및 자동차의 자원순환에 관한 법률」이 시행되어 전기 · 전자제품의 특성에 맞는 법 · 제도가 마련되기 전까지 「폐기물관리법」의 기준에 의해서 전기 · 전자제품이 재활용되었다고 볼 수 있다. 또한, 「전기 · 전자제품 및 자동차의 자원순환에 관한 법률」에 의해서 전기 · 전자제품의 재활용 방법 및 기준이 세분화 · 전문화되었음에도 불구하고, 여전히 '중간재활용업' 또는 '종합재활용업'을 득한 전기 · 전자제품 재활용사업장에서 배출된 재생산자원 및 폐기물은 폐기물관리법에서 명시한 '재활용 방법 및 기준'을 충족해야 한다.

「폐기물관리법」에 명시된 전기 · 전자제품 재활용과 관련된 주요 내용은 다음과 같다. 「폐기물관리법」은 주로 환경이나 인체에 유해하다고 판단되는 물질에 대한 세부적 관리 규정을 명시하고 있으며, 이에 대한 시설의 설치 및 검사기준에 대해 규정한다.

- 시행령 별표 4의2 【폐기물의 재활용 준수사항】
  - 재활용을 위해서는 폐기물의 유해특성을 물리 · 화학적인 방법, 생물학적인 방법 등을 이용해 제거하거나 안정화해야 한다.
  - 유해특성으로는 폭발성, 인화성, 자연발화성, 금수성, 산화성, 용출독성, 감염성, 부식성, 생태독성을 제시하고 있다.
- 시행규칙 별표 4의2 【폐기물 재활용 유형별 세부분류】
- 시행규칙 별표 4의3 【폐기물 종류별 재활용 가능 유형】
- 시행규칙 별표 5 【폐기물의 처리에 관한 구체적 기준 및 방법】
- 시행규칙 별표 5의3 【폐기물의 재활용 기준】
  - 공통기준 및 유형별 재활용의 세부기준을 제시한다.
- 시행규칙 별표 9 【폐기물 처분시설 또는 재활용시설의 설치기준】
- 시행규칙 별표 10 【폐기물 처분시설 또는 재활용시설의 검사기준】
  - 재활용시설의 일부에 대한 검사기준
- 시행규칙 별표 11 【폐기물 처분시설 또는 재활용시설의 관리기준】
  - 공통기준과 일부 재활용시설의 관리기준

1.2 자원의 절약과 재활용촉진에 관한 법률 (1993년~2007년)

[재활용 및 감량 본격화]

폐기물의 재활용과 감량이 폐기물제도의 전면에 등장하게 된 것은 1990년대부터이다. 1991년 3월 「폐기물관리법」이 전면 개정되었는데 폐기물의 재활용이라는 장이 별도로 신설되어 폐기물의 재활용과 감량화에 관한 사항이 강화되었다. 폐기물의 재활용 촉진을 입법 목적으로 하여, '재활용'을 "폐기물을 재생하거나 재이용하는 것"으로 정의하였다. 특히, "제3장 폐기물의 발생억제 및 재활용 등"을 신설하고, 폐기물의 감량화, 국가 등의 지원, 폐기물의 재활용신고, 폐기물의 회수조치, 폐기물의 회수 · 처리비용의 예치, 폐기물관리기금 등의 규정을 마련하였다. 이 중에서 사업자로 하여금 제품의 제조 · 가공 · 수입 · 판매 등을 함에 있어 그 제조 · 가공 · 수입 · 판매 등에 사용되는 재료 · 용기나 제품 등이 폐기물로 되는 경우 그 회수 및 처리가 용이하게 되도록 하고, 제조 · 가공 · 수입 · 판매업자에게 회수 및 적정한 처리 등 필요한 조치를 하게하고, 회수· 처리를 위한 예치금제도를 도입하는 등은 폐기물의 회수 · 처리비용 예치금제도 도입 등은 환경법상 원인자책임원칙에 기초한 것으로, 현행 EPR제도와도 연결되는 것으로 이해할 수 있다.

주목할 점으로 종래의 폐기물 분류방식을 변경하여, 유해성 여부에 따라 일반폐기물과 특정폐기물로 분류하는 방식이다. 즉, "특정폐기물"을 "사업활동에 수반하여 발생하는 오니 · 폐유 · 폐산 · 폐알칼리 · 폐고무 · 폐합성수지 등 환경 및 국민보건에 유해한 물질로써 대통령령이 정하는 물질"로 정의하고, 특정폐기물 외의 폐기물을 "일반폐기물"로 정하였다. 또한, 폐기물처리시설의 사후관리 강화를 위하여 예치금 제도를 도입하였고, 오수 · 분뇨 및 축산폐수에 관한 사항을 삭제하여 「오수 · 분뇨 및 축산폐수의 처리에 관한 법률」에서 이를 관리하도록 하였다.

1992년 12월 8일에는 단행법으로 「자원의 절약과 재활용촉진에 관한 법률」이 제정되었다. 동 법은 폐기물의 발생을 억제하고 자원재활용을 촉진하는 등 자원을 순환적으로 이용하도록 함으로써 환경의 보전과 국민경제의 건전한 발전에 이바지함을 명시적인 목적으로 규정하였다. 이에 따라 「폐기물관리법」상의 자원재활용 관련조항은 삭제되었다.

그리고 1995년 8월 4일, 「폐기물관리법」은 또 한 차례 개정을 맞이하는데, 현행과 같은 폐기물 분류방식이 도입된 것도 바로 이때이다. 즉, 1995년 개정 「폐기물관리법」은 폐기물을 생활폐기물과 사업장폐기물로 분류하는 한편, 사업장폐기물 중 특히 유해성이 인정되는 물질을 지정폐기물로 분류하고 별도로 규정하였다. 이밖에도, 사업장폐기물 감량화 제도를 도입한 것도 주목할 필요가 있다. 1999년에는 「유해폐기물의 국가간 이동 및 그 처리의 통제에 관한 협약」, 즉 바젤협약 가입에 따른 입법적 대응으로써 「폐기물의 국가간 이동 및 그 처리에 관한 법률」이 제정되었다.

1.2.1 세부내용

1992년 「자원의 절약과 재활용 촉진에 관한 법률」이 제정되면서 자원의 재활용에 대한 개념과 전기 · 전자제품 뿐만 아니라 모든 자원에 걸쳐 순환이용을 권장하게 되었으며, 이를 통해 환경 보전과 국민 경제의 건전한 발전을 주요 목표로 법률이 시행되었다.

「자원의 절약과 재활용 촉진에 관한 법률」에서 주목할 점은 정부는 생산자나 소비자에게 자원을 절약하고 폐기물의 발생을 억제하며 재활용을 위해 필요한 사항을 권고하거나 지도할 수 있다는 점이다. 전술한 바와 같이 이러한 특징으로 인해 「폐기물관리법」에서의 재활용 관련 조항은 삭제되었으며, 「자원의 절약과 재활용 촉진에 관한 법률」에서 구체적 재활용 방법, 인정기준 등이 명시되었다. 또한, 2008년 「전기 · 전자제품 및 자동차의 자원순환에 관한 법률」이 시행되면서 전기 · 전자제품의 구체적 재활용 기준은 「전기 · 전자제품 및 자동차의 자원순환에 관한 법률」에 기재되었으며 "재활용지정사업자, 재질 · 구조개선 대상사업자"를 각각 "재활용지정사업자"로 수정하여 제품의 생산자에게 재질구조 개선에 대한 의무를 부여하였다.

정부는 「자원의 절약과 재활용 촉진에 관한 법률」 개정을 통해 2003년부터 종이, 유리병, 금속캔, 합성수지 포장재, 전지, 타이어, 윤활류 등과 함께 전기 · 전자제품에 대해 생산자책임재활용제도를 시행하고 있다. 본 제도가 시행되면서 최초의 제조 · 수입업자에 대한 회수 · 재활용 의무는 「자원의 절약과 재활용 촉진에 관한 법률」에 명시되었다.

「자원의 절약과 재활용 촉진에 관한 법률」에 명시된 전기 · 전자제품 재활용과 관련된 주요 내용은 다음과 같다. 다만, 전기 · 전자제품에 대한 직접적 재활용 방법 및 기준은 「전기 · 전자제품 및 자동차의 자원순환에 관한 법률」로 이관되었다. 즉, 본 법률에서는 재활용 가능물질의 '재자원화', '순환자원화', '에너지회수 방법'

등에 대한 내용을 주로 다루고 있으며 특히, 전기 · 전자제품 재활용을 통해 발생한 가연성 재생산자원(예시 : 합성수지, 우레탄 등)의 고형연료화 및 에너지 회수방법 등이 가장 밀접한 관련이 있다고 볼 수 있다.

- 시행규칙 제1조의 2【폐자원에너지】
  - 폐기물을 이용하여 만든 고형연료에 대한 정의
- 시행규칙 별표 7【고형연료 제품의 품질기준】
- 시행규칙 별표 9【고형연료제품 제조시설 · 사용시설의 검사기준】
  - 폐전기 · 전자제품에서 발생한 가연성 재생산원료를 이용한 고형연료 제조와 관련한 제조기준, 시설기준, 고형연료 품질 기준 등이 본 법률 시행규칙에 명시되어 있다.

1.3 전기 · 전자제품 및 자동차의 자원순환에 관한 법률 (2008년~현재)

[전기 · 전자제품 세부 관리체계 마련]

2002년 2월 4일, 전면 개정된 「자원의 절약과 재활용촉진에 관한 법률」은 재활용촉진 및 자원순환을 위한 규정을 대거 신설하게 된다. EPR제도, 분리배출표시제도, 빈용기보증금제도 등이 도입되었으나 "자원순환" 개념은 법령에서 찾아볼 수 없었다. 2003년에는 「건설폐기물의 재활용촉진에 관한 법률」이 제정됨으로써, 폐기물 특성별로 재활용 관련 법률이 분화되기 시작하였다. 이 법은 건설폐기물의 분리배출 · 처리, 순환골재 품질기준인증, 재활용 기준 등을 정하였다.

그리고 2008년에는 「전기 · 전자제품 및 자동차의 자원순환에 관한 법률」이 시행되었다. 특히, 주목할 것은 이를 통하여 「자원의 절약과 재활용촉진에 관한 법률」에 따른 EPR제도 대상품목 가운데 전기 · 전자제품 품목이 이 법으로 이관되었다는 점이다. 또한, 이 법은 "자원순환"이라는 용어를 법명에서 최초로 사용하였을 뿐만 아니라, 더 이상 폐기물의 처리에 중점을 두는 것이 아니라 유해물질의 사용을 억제하고 재활용이 쉽도록 제조하며 그 폐기물을 적정하게 재활용하도록 하여 자원을 효율적으로 이용하는 "자원순환"체계를 구축하는 것을 입법목적으로 명시하였다.

특히, 2008년 3월 21일 개정된 「자원의 절약과 재활용촉진에 관한 법률」은 "자원순환"을 법적 개념으로 정의하고, 자원순환에 관한 기본원칙을 선언하기에 이른다. 즉, 이 법은 "자원순환"을 "환경정책상의 목적을 달성하기 위하여 필요한 범위 안에서 폐기물의 발생을 억제하고 발생된 폐기물을 적정하게 재활용 또는 처리하는 등 자원의 순환과정을 환경 친화적으로 이용 · 관리하는 것"으로 정의하고, 자원순환에 관한 기본원칙을 다음과 같이 정하였다.

- 법률 제9조 【유해물질의 사용제한대상 · 함유기준 등】

① 전기 · 전자제품과 자동차의 재활용을 쉽도록 하고 환경에 미치는 유해성을 최소화하기 위하여 일상생활에서 사용 · 유통되는 양이 많은 제품 중 대통령령으로 정하는 전기 · 전자제품을 제조하거나 수입하는 자(이하 "전기 · 전자제품 제조 · 수입업자"라 한다)와 대통령령으로 정하는 자동차를 제조하거나 수입하는 자(이하 "자동차 제조 · 수입업자"라 한다)는 제조단계에서 환경에 미치는 유해성이 높은 중금속 · 난연제(難燃劑) 등 대통령령으로 정하는 유해물질(이하 "유해물질"이라 한다)의 함유기준을 지켜야 한다. 다만, 제품의 특성상 유해물질의 제거가 불가능하거나 대체물질이 없다고 인정되어 대통령령으로 정하는 경우와 연구 · 개발이나 수출을 목적으로 하는 경우에는 그러하지 아니하다.

② 환경부장관과 산업통상자원부장관은 유해물질의 분석방법을 공동으로 정하여 고시할 수 있다.

1.3.1 세부내용

2008년 1월 1일부터 「전기 · 전자제품 및 자동차의 자원순환에 관한 법률」이 시행되어 전기 · 전자제품과 자동차에 대한 제품의 설계부터 최종 폐기에 이르기까지 친환경적 설계와 더불어 재활용의 적정 관리 방안을 제안함으로써 국내 환경보호 및 국제적 환경 규제에 적정하게 대응하도록 법률이 제정되었다.

우리나라는 「전기 · 전자제품 및 자동차의 자원순환에 관한 법률」이 시행된 2008년 환경성보장제도가 전격 도입 · 시행되었다. 물론 2003년부터 생산자책임재활용제도를 적용하였으나, 2008년부터는 유해물질 사용을 제한하는 규정이 포함되면서 전기 · 전자제품은 포장재, 용기, 전지 등 다른 분야와 달리 사전 및 사후부분으로 구분 · 관리되었다. 「전기 · 전자제품 및 자동차의 자원순환에 관한 법률」과 생산자책임재활용제도에서 궁극적 목표로 추구하고자 하는 '환경성보장제도' 세부사항은 다음 네 가지 사항으로 요약할 수 있다.

첫째, 전기 · 전자제품 및 자동차는 제조단계에서 제조 · 수입업자가 유해물질의 사용을 제한하고 제품의 재활용률을 확보 할 수 있도록 재활용이 용이한 물질을 최대한 사용하여야 한다. 이를 통해 유해물질 정보 및 재활용의 용이성에 대한 정보를 구축 · 제공하도록 하여 국제적으로 강화되고 있는 환경규제에 능동적으로 대처하도록 하였다.

둘째, 전기 · 전자제품 및 자동차는 상기 법률에 의거하여, 제조 · 수입 및 판매업자는 재활용사업자에게 재활용 업무의 용이성 확보를 위해 제품의 구성재질, 구성비율, 유해물질 정보 및 재활용 해체 · 분리 방법에 대한 포괄적 재활용 방법에 대한 정보를 제공하도록 명시되었다. 다만, 이 부분에서 실질적 마찰이 있는 부분은 제조 · 수입업자가 제품의 '구성재질' 및 '구성비율' 정보를 특정 회사의 '기밀'로 취급할 경우 재활용사업자에게 제공될 수 있는 정보의 범위가 축소된다는 단점이 존재한다.

셋째, 전기 · 전자제품 및 자동차의 재활용 촉진을 위해 제조 · 수입 및 판매업자는 재활용 기술개발 및 실증 기술의 보급 등에 대한 재정적 · 기술적 지원을 장려해야 하며, 재활용사업자는 재활용가능자원을 최대한 회수하여 재활용하도록 하며, 재활용방법 및 기준을 정하여 재활용이 적정하게 이루어지도록 이행 당사자간의 역할을 명확하게 설정하여 환경에 미치는 부정적 영향을 최소화하도록 해야 한다.

넷째, 지구온난화에 영향을 줄 수 있는 기후 · 생태계변화 유발물질을 회수 · 보관하도록 하고, '폐가스류처리업자'에게 적정하게 인계하여야 한다. 즉, 전기 · 전자제품 및 자동차에 사용되는 냉매 물질의 회수 · 보관 · 인계를 명시하고 있으며, 이를 미이행하여 대기로 냉매 물질이 누출되지 않도록 법제를 강화하였다.

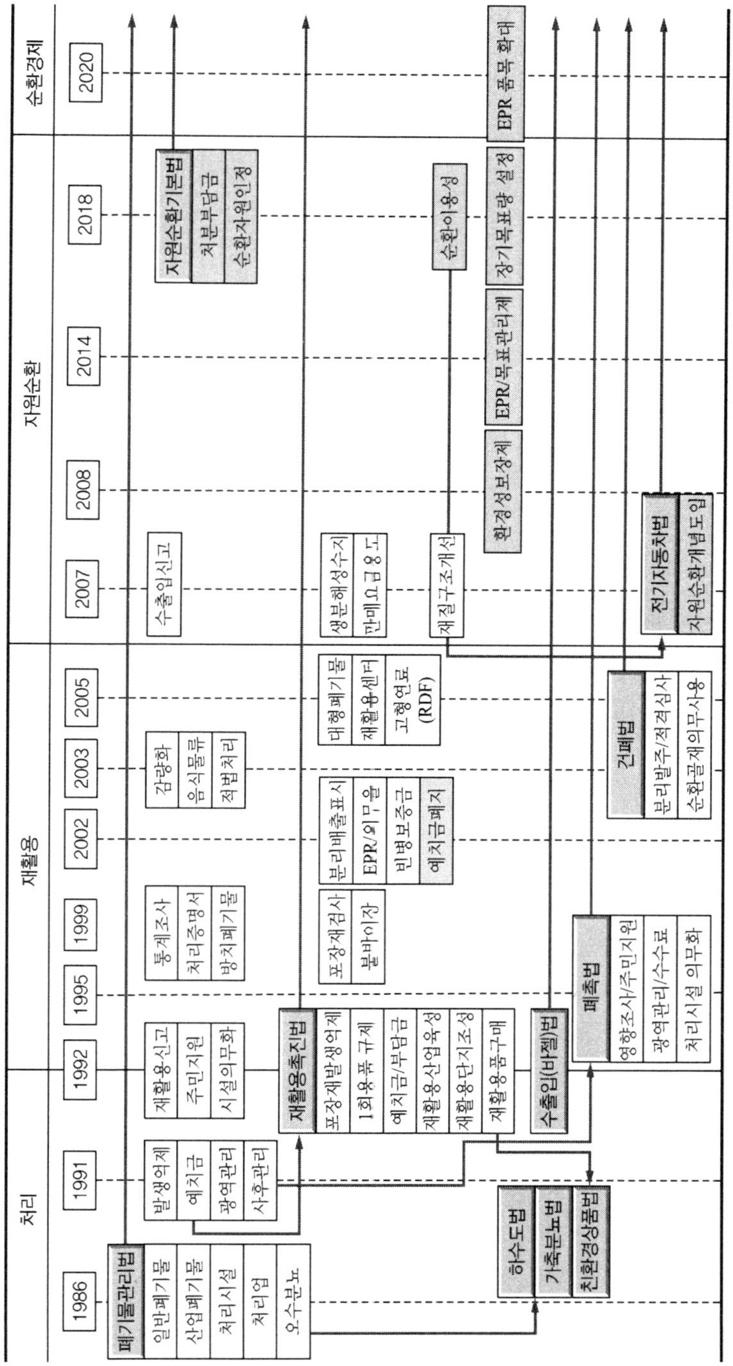

▲ 그림 2-1 폐기물 정책의 시대적 변천과정

1.4 자원순환기본법(2018년~)

[자원의 선순환 구조 및 순환경제 체제 구현]

2018년 1월 1일부터 「자원순환기본법」이 본격적으로 시행되었다. 「자원순환기본법」은 폐기물정책이 "안정적 처리"에서 폐기물의 "순환자원화" 및 "순환경제체제 구축"을 목표로 폐기물 관리의 패러다임 전환을 시도하고자 2016년 5월 제정되었다. 특히, 「자원순환기본법」은 「폐기물관리법」 이후, 우리나라 폐기물 관리의 총괄적 법체계를 이끌어나가기 위해 마련된 법률로써 그 의미와 기대가 크다고 볼 수 있다. 또한, 「자원순환기본법」의 성공적 정착을 위해 그로 인한 부가적 제도 장치들도 함께 마련되었다.

▲ 그림 2-2 자원순환기본법 개요

1.4.1 순환자원 인정제도

자원순환기본법은 폐기물 중 사람과 환경에 유해성을 야기하지 않으면서 실제 시장(market)에서 유상으로 거래 가능한 물질에 대해 환경부의 심사를 거친 후 순환자원으로 인정하여 「폐기물관리법」상 폐기물로 규제를 받지 않도록 제도화한 것이다. 이는 EU에서 시행중인 폐기물종료제도(End of Waste)의 운영 사례를 기본 벤치마킹 대상으로 적용되었으며 이를 통해 재활용산업 및 시장에 법적 안정성을 부여하고, 폐기물 처리허가 등에 대한 행정적 부담 경감, 안정적인 2차 원자재(재생재) 확보에 큰 도움을 줄 것으로 기대하고 있다.

환경부의 순환자원 인정 방법 및 기준에 따르면, 순환자원으로 인정받기 위해서는 개인(또는 법인 · 단체)은 인정신청 사업장의 주소지를 관할하는 유역 · 지방환경청에게 우선적으로 순환자원의 인정을 신청하야 한다. 이후, 유역 · 지방환경청장은 신청 대상 물질 또는 물건이 순환자원의 인정기준을 적법하게 충족하는지 여부를 확인하기 위해 필요 시 현장조사를 진행할 수 있으며, 필요한 경우 한국환경공단 등 관련 전문기관과 동행하거나 기술적 사항에 대한 검토 · 자문을 시행한다.

유역 · 지방환경청장은 현장조사 및 기술적 사항에 대한 검토가 완료될 경우 그에 대한 결과를 순환자원 인정을 요청한 개인(또는 법인 · 단체)에 60일 이내에 통보함을 원칙으로 한다. 다만, 그 과정에서 전문가의 의견 수렴이 필요한 경우 이를 활용할 수 있다. 순환자원의 인정을 받은 개인(또는 법인 · 단체)는 최초로 순환자원의 인정을 받은 날로부터 3년이 되는 날, 2회 이후의 순환자원 인정을 받는 경우 최종 순환자원 인정을 받은 날로부터 5년이 되는 날을 기준으로, 인정 기간이 종료되는 날의 10일 전까지 다시 인정을 받아야 한다. 순환자원 인정시 환경영향이 적은 폐지, 폐금속 등 대통령령으로 정하는 물질 또는 물건에 대하여는 순환자원의 인정 절차 · 방법 등을 생략하도록 하였다.

▼ 표 2-1 「자원순환기본법」 순환자원의 인정기준

동법 제9조 제1항	동법 시행령 제3조
사람의 건강과 환경에 유해하지 아니할 것	고체 상태로써 수분 함유량이 85% 이하거나 고형물 함유량이 15% 이상일 것
경제성이 있어 유상 거래가 가능하고 방치될 우려가 없을 것	다른 종류의 폐기물과 혼합되지 아니하고, 순환자원으로 이용하려는 물질 외에 다른 물질을 포함하지 아니할 것
그 밖의 대통령령으로 정하는 순환자원의 기준을 충족할 것	다음 각 목에 해당하는 물질 또는 물건이 아닐 것 가. 음식물류 폐기물, 유기성 오니류 및 동물성 잔재물 나. 에너지 회수 등의 활동이나 연료로 사용하려는 물질 또는 물건 다. 성토재, 복토재, 도로의 기층재 · 보조기층재, 채움재 등 토양 · 지하수 · 지표수에 접촉시켜 사용하려는 물질 또는 물건
	추가적인 가공 과정 없이 바로 제품의 원료 또는 재료로 사용할 수 있을 것
	순환자원으로 인정받으려는 물질 또는 물건의 순환이용 특성을 고려하여 환경부장관이 인정하는 용도로만 사용할 것

그 밖의 대통령령으로 정하는 순환자원의 기준을 충족할 것	유기성 폐기물(고형물 중 유리성 물질의 함유량이 40% 이상인 것)은 다음 각 목에 따른 용도로만 사용할 것 가. 다음의 어느 하나에 해당하는 제품의 원료 또는 재료 1) 「사료관리법」 제2조 제1호에 따른 시료 2) 「비료관리법」 제2조 제1호에 따른 비료 3) 목재성형제품, 톱밥 등 나무제품 4) 활성탄 또는 흑연 관련 제품 나. 시료 또는 비료로 직접 사용되거나 그 밖의 농업활동에 직접 사용될 것
	해당 물질 또는 물건을 직접 사용하려는 자에게 공급(수출은 제외한다)될 것
	폐기물의 순환이용에 관하여 다른 법령에서 용도, 방법, 기준 등을 정하고 있는 경우에도 그 용도, 방법, 기준 등에 적합할 것
	수입폐기물의 경우에는 관련 법령에 따른 처리계획서에 따라 처리되었을 것

▼ 표 2-2 **현장조사 절차·방법**

구 분	방 법
육안검사	• 폐기물의 형태·성질 및 순환자원으로 이용하려는 물질 외의 다른 물질의 포함 여부 등에 대한 육안검사
공정검사	• 순환자원의 생산 공정, 설비, 장비 및 품질유지관리 체계 등에 관한 검사
시험분석	• 폐기물의 이물질, 유해물질, 수분 및 유기물 함유량에 대한 분석. 다만, 육안검사로 확인할 수 있는 경우는 제외한다.

1.4.2 자원순환 성과관리제도

자원순환 성과관리제도의 배경은 역사적으로 1996년부터 시행된 "사업장폐기물 감량화제도"와 연관되어 있다. 즉, 「자원순환기본법」의 자원순환 성과관리제도는 감량화제도 후속 조치로 볼 수 있다. 감량화제도는 감량 목표를 사업자 스스로 설정함으로써 일정 수준 이상의 자원순환 성과를 달성함을 원칙으로 하였으나, 자발적 성과의 한계점이 발생하였고, 감량화제도 성과지표인 생산량 대비 원단위 발생량 추이 검토결과 2005년 이후 증가추세에 있다. 또한, 사업장폐기물 발생 총량은 최근 10년간 30%까지 증가하였다.

환경부는 「자원순환기본법」 제정을 통해 이러한 감량화제도의 단점을 보완하고자 하였다. 즉, 국가의 중장기 단계별 자원순환 목표를 설정하고 이를 바탕으로 폐기물 다량 배출자 및 지자체별로 자원순환 목표를 설정하고 이행토록 하였으며, 이행 실적에 대한 평가에 따라 피드백을 제공함으로써 자원의 선순환체계가 구축될 수 있도록 자원순환 성과관리제도를 활성화 하였다.

자원순환 성과관리제도의 주요내용은 폐기물의 발생에서 최종처분에 이르기까지 물질흐름에 따라, 실질적인 순환이용량과 최종 처분량에 대한 자원순환 목표를 설정 · 관리하여 폐기물의 발생을 억제하고 발생된 폐기물을 적정하게 재활용 또는 처리하는 등 자원의 순환이용을 증대시켜 최종처분을 억제하는 것을 말한다.

국가 자원순환의 목표는 국내 자원순환 여건과 각 국의 자원순환 동향 등을 고려하여 중장기 · 단계별 자원순환 목표를 10년 단위로 설정한다. 정부는 지방자치단체와 사업자가 자원순환 목표를 달성할 수 있도록 유기적으로 협력하여 폐기물의 다량 배출하는 지자체와 배출사업자를 중심으로 최종처분율과 순환이용률에 대해 상시적 관리를 통해 성과지표를 설정 관리하도록 계도한다.

자원순환 성과관리의 주요 대상자는 크게 시 · 도(특별시, 광역시, 특별자치시 · 도만 해당) 및 폐기물의 다량 배출 사업자로 나뉘며, 적용대상 폐기물은 관할 구역에서 발생하는 생활폐기물과 시 · 도지사 및 시장 · 군수 · 구청장이 설치 또는 운영하거나 위탁 운영하는 사업장 중에서 최근 3년간의 연평균 배출량을 기준으로 1천 톤 이상 배출하는 사업장에서 발생되는 사업장 폐기물을 말한다. 이러한 자원순환 성과관리 적용 대상 업종에는 "금속가공제품 제조업", "전자부품, 컴퓨터, 영상, 음향 및 통신장비 제조업", "1차 금속 제조업", "전기장비 제조업" 등이 포함된다.

1.4.3 폐기물처분부담금 제도

우리나라는 재사용 및 재활용이 불가능한 물질에 대해서는 소각 · 매립을 통해 최종 처분을 진행하고 있다. 특히, 1980~90년대는 소각 · 매립에 대한 단가가 낮게 책정되어 무분별한 소각 · 매립이 자행되었다. 이후, 정부는 소각 부산물(질소 및 황산화물) 및 토양오염 방지를 위해 소각 · 매립을 제로화하는 정책을 추진하고 있다.

정부는 「자원순환기본법」 제정 및 시행에 따라 주요 제도의 하나로써 "폐기물처분부담금" 제도를 전격 도입하였다. 이는 재활용과 소각 · 매립처분 간 가격 구조를 개선하여 폐기물이 순환이용되도록 경제적으로 유인하는 제도로써, 1980

년대 EU의 몇몇 국가들로부터 매립 · 소각에 대한 부담금제도와 미처분 폐기물 매립금지 제도에 대한 벤치마킹을 통해 국내에 적용되었다.

폐기물처분부담금 제도는 생활폐기물을 처리할 의무가 있는 '특별자치시 · 도지사/시장 · 군수 · 구청장'과 '사업장폐기물 배출자'가 폐기물을 소각 또는 매립의 방법으로 처분하는 경우에 부과 · 징수함을 원칙으로 한다. 징수방법은 전년도 소각 또는 매립 처분한 폐기물의 양(kg)에 폐기물의 유형별 부과요율(원/kg)을 곱하여 산정하며, 부과요율은 환경부가 국내 재활용/최종처분 여건 및 가격변동 지수를 고려하여 산정한다. 징수된 폐기물처분부담금은 국내 폐기물 관련 환경개선을 위한 연구, 전문인력 양성, 문화조성 등의 공익적 목적으로 활용되며 자원순환사회로의 촉진을 위한 시설 설치 및 운영과 폐기물의 발생 억제를 위한 범국민 캠페인 등의 목적으로 활용된다.

폐기물처분부담금의 부과대상폐기물은 소각 · 매립의 방법으로 최종 처분되는 폐기물이지만 폐기물관리법에서 재사용 및 재활용이 금지되는 폐기물은 제외된다.

폐기물처분부담금은 납부의무자가 폐기물 매립지를 조성하고 향후 재활용하기 위하여 일정기간 동안 매립하는 경우, 폐기물을 처분하는 과정에서 폐자원에너지를 일정 기준 이상 회수하는 경우 등 감면 기준을 명시하고 있다.

▼ 표 2-3 폐기물처분부담금 부과요율

구 분		요율	
		매립하는 경우	소각하는 경우
생활폐기물		kg당 15원	kg당 10원
사업장폐기물	불연성	kg당 10원	-
	가연성	kg당 25원	kg당 10원
건설폐기물		kg당 30원	kg당 10원

▼ 표 2-4 폐기물처분부담금 감면대상 및 감면비율

감면 대상	감면 비율(%)
사업장폐기물배출자가 「폐기물관리법」 제29조 제2항에 따라 환경부장관 승인을 받아 직접 설치 · 운영하는 폐기물매립시설에 폐기물을 다른 종류의 폐기물과 혼합하지 않고 별도로 매립한 후 2년이 지난날이 속한 연도의 12월 31일까지 해당 폐기물을 재활용한 경우 가. 폐기물을 매립한 연도의 12월 31일까지 재활용한 경우 나. 폐기물을 매립한 연도의 다음 연도 1.1일부터 2년 이내 재활용한 경우	 100 50
폐기물을 소각하는 과정에서 발생한 소각열에너지를 50% 이상 회수하여 이용하는 경우 가. 소각열에너지를 75% 이상 회수하여 이용하는 경우 나. 소각열에너지를 60% 이상 75% 미만 회수하여 이용하는 경우 다. 소각열에너지를 50% 이상 60% 미만 회수하여 이용하는 경우	 75 60 50
「자원의 절약과 재활용촉진에 관한 법률」 제12조 제1항에 따라 제품 · 재료 · 용기에 대하여 폐기물 부담금을 납부한 자가 해당 제품 · 재료 · 용기를 소각 · 매립하는 경우	100
「중소기업법」 제2조에 따른 중소기업으로 연간 매출액 120억 원 미만 가. 연간 매출액이 10억 원 미만인 경우 나. 연간 매출액이 10억 원 이상 120억 원 미만인 경우	 100 50
「폐기물관리법」 제2조제4호에 따른 지정폐기물을 소각 · 매립하는 경우	100
방파제 또는 교량 등으로 육지와 연결되지 아니한 도서(「도서개발 촉진법」 제2조에 해당하는 도서를 말한다)에서 발생한 폐기물을 해당 도서 내에서 소각 · 매립한 경우	100
「재난 및 안전관리 기본법」 제3조 제1호에 따른 재난으로 발생한 폐기물을 소각 또는 매립하는 경우로써 다음 각 목에 해당하는 경우 가. 지방자치단체 장이 「재난 및 안전관리 기본법」 제59조에 따른 재난복구계획 또는 「자연재해 대책법」 제46조에 따른 재해복구계획에 따라 폐기물을 소각 또는 매립하는 경우 나. 가목 이외의 경우로써 부과 · 징수 대상자가 재난으로 인해 발생된 폐기물을 소각 또는 매립하는 경우(관계 행정기관으로부터 재난으로 인한 피해임을 증명하는 서류를 발급받은 경우로 한정한다)	100

1.4.4 순환자원정보센터 운영

순환자원정보센터는 폐기물 공급자와 수요자간의 최적의 맞춤식 온라인 거래장터로써 폐기물 공급자가 종류, 성상, 물량, 품질 등에 대한 정보를 공유 · 등록하면 수요자가 순환자원정보센터 내에서 유용한 정보를 검색하여 가격, 지역, 품질 등의 조건검색을 통하여 필요한 물품을 최적의 조건으로 구매할 수 있도록 연결해주는 연계시스템이다.

순환자원정보센터는 일반시민, 사업장폐기물 배출자 등 약 100만 여명 가까운 회원을 보유하고 있는 폐자원 종합 거래장터로 발전하였으며, 폐기물, 중간가공폐기물, 중고물품 등 모든 품목을 거래할 수 있는 시스템으로 폐기물의 재사용 · 재활용을 확대하고 재활용산업 육성과 함께 궁극적으로는 자원순환율 제고를 목표로 한다.

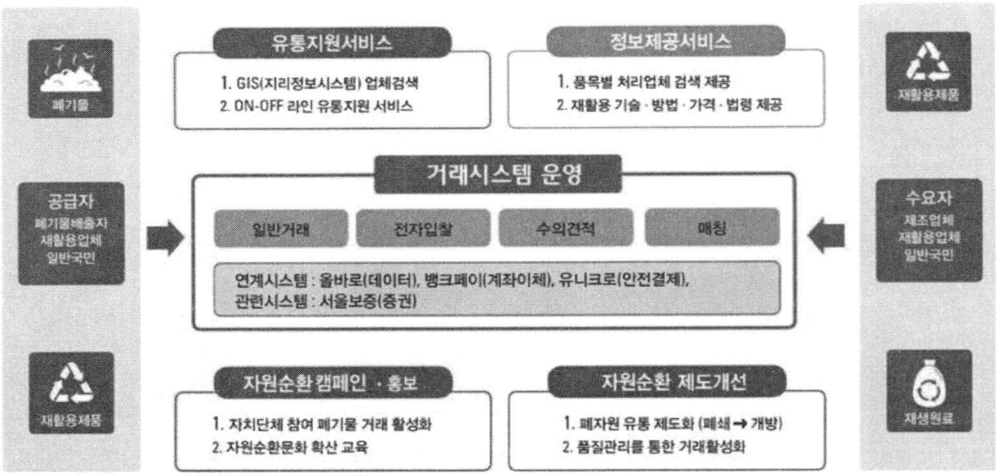

▲ 그림 2-3 **순환자원정보센터 이용 흐름도**

1.5 폐기물 및 자원순환 제도와 법률 간의 관계

이와 같은 발전과정을 거듭하여 현행 환경법상 폐기물은 폐기물관리의 기본이 되는 「폐기물관리법」, 명실상부한 상위법으로써 법체계성을 높이기 위한 법령 제·개정이 지속적으로 진행 될 「자원순환기본법」, 자원 재활용을 촉진하기 위한 「자원의 절약과 재활용촉진에 관한 법률」, 「건설폐기물의 재활용촉진에 관한 법률」, 「전기·전자제품 및 자동차의 자원순환에 관한 법률」, 폐기물처리시설의 입지선정절차 및 주변지역 지원 등에 관한 사항을 다루는 「폐기물처리시설 설치촉진 및 주변지역 지원 등에 관한 법률」, 폐기물의 수출·입을 통제하고 바젤협약의 국내 시행을 위한 「폐기물의 국가간 이동 및 처리에 관한 법률」, 자원순환을 촉진하는 사업을 효율적으로 수행할 수 있는 공단의 조직·운영·재원 및 사업에 관한 사항을 포함하고 있는 「한국환경공단법」, 수도권매립지 관리의 효율성을 제고하기 위한 「수도권매립지의 설립 및 운영에 관한 법률」 등에 의해 관리되고 있다.

하지만, 새로운 환경적 문제가 발생할 때마다 관련법이 제·개정되어 사회적 필요에 의하여 유연하게 대처할 수 있는 장점은 있으나 폐기물에 관한 법률이 통일적이지 못하고 전체 구조를 파악하기 어렵다는 결점이 있다.

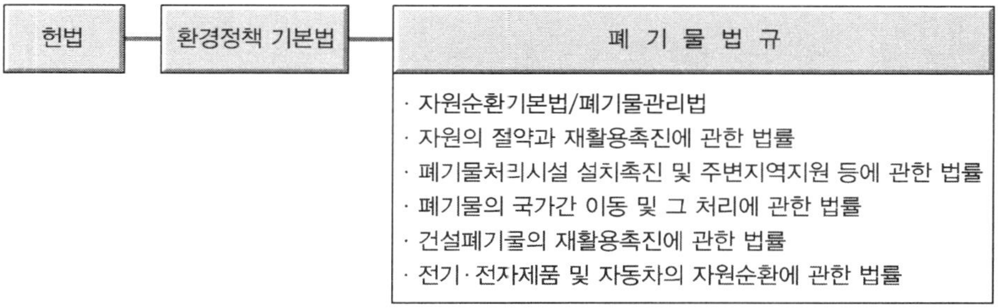

▲ 그림 2-4 현행 폐기물 관련 법제(法制)의 구조

법률 간의 관계를 보자면, 먼저 「폐기물관리법」이 폐기물의 관리 및 규제에 관한 일반법의 성질을 갖는다고 볼 수 있다. 따라서 폐기물에 관한 사항은 다른 법률에 특별한 규정이 없는 한 「폐기물관리법」의 적용을 받게 된다. 다만 2018년부터 「자원순환기본법」이 시행됨에 따라 관련 법 개정이 이루어지면서 법 체계성을 높이고 그 적용상 혼란을 최소화하려는 노력이 지속되고 있다. 점진적으로 「자원순환기본법」이 명실상부한 상위법으로의 성격을 갖출 것으로 보이며, 그 하부에 「폐기물관리법」은 폐기물처리법으로 「자원의 절약과 재활용촉진에 관한 법률」은 재활용관리법으로 자리매김하도록 보완이 필요하다.

다만, 「폐기물관리법」과 「자원순환기본법」의 법제적 지위 관계를 정리함에 있어 관련 법규의 제·개정이 불가피하다. 즉, 단기적으로 두 법률간의 지위 고하를 논하기는 어렵다. 「자원의 절약과 재활용촉진에 관한 법률」, 「건설폐기물의 재활용 촉진에 관한 법률」, 「전기·전자제품 및 자동차의 자원순환에 관한 법률」은 관련 폐기물 재활용과 관련하여 타법에 대한 특별법적 지위에 있다고 볼 수 있다. 즉, 「전기·전자제품 및 자동차의 자원순환에 관한 법률」은 전기·전자제품과 자동차의 재활용 촉진과 관련하여 「자원의 절약과 재활용촉진에 관한 법률」이나 「폐기물관리법」 등에 대하여 다른 법률에 우선 적용된다고 볼 수 있다.

▼ 표 2-5 **폐기물 및 자원순환 관련법제의 구조**

법 률	입법목적	특 징
폐기물관리법(1986년 제정)	폐기물 발생억제 및 적정 처리	폐기물관리의 일반법 "재활용"에 관한 규정 포함
자원의 절약과 재활용촉진에 관한 법률(1993년 제정)	폐기물 적정처리 및 효율적 자원 이용	자원순환 개념 도입 재활용에 관한 일반법 성격 EPR 제도 도입
폐기물처리시설 설치촉진 및 주변지역지원 등에 관한 법률(1995년 제정)	폐기물처리시설의 원활한 설치 및 주변지역 주민복지증진	NIMBY 현상극복을 위한 입법
폐기물의 국가간 이동 및 그 처리에 관한 법률(1999년 제정)	유해폐기물 수출·입 및 국내 경유 규제	바젤협약 이행법률
건설폐기물의 재활용 촉진에 관한 법률(2003년 제정)	건설폐기물 적정 처리 및 재활용 촉진	건설폐기물 대상 자원절약법 등에 대한 특별법적 지위
전기·전자제품 및 자동차의 자원순환에 관한 법률(2007년 제정)	유해물질 사용억제 및 재활용 용이한 제품 제조	전기·전자제품 및 자동차 대상 자원절약법 등에 대한 특별법적 지위
자원순환기본법(2016년 제정)	지속가능한 자원 순환 사회 형성	폐기물 관리를 통해 자원의 순환 과정을 친환경적으로 운용하기 위한 법적 지위

2. 폐전기·전자제품 관련 제도

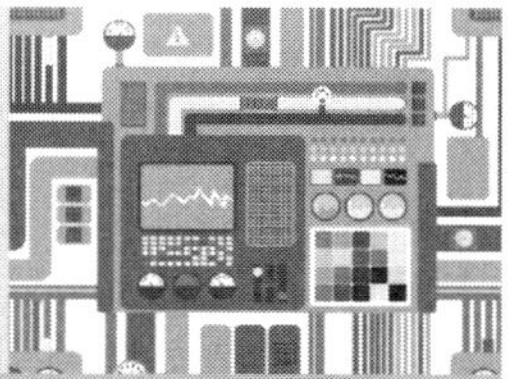

2.1 생산자책임재활용제도

2.1.1 도입배경 및 목적

생산자책임재활용제도 도입 이전인 1993년~2000년까지는 폐기물예치금제도가 운영되었다. 폐기물예치금제도는 전기·전자제품 생산자가 출고한 제품의 양에 대한 일정한 요율을 정해서 정부(환경부)에 회수·재활용 비용을 예치하고, 회수·재활용한 양에 대해 예치한 금액을 되돌려 받는 제도이다. 폐기물예치금제도는 몇 가지 현실적인 문제점을 가지고 있었는데, 그 중 가장 큰 문제점은 전자산업계의 예치금 반환노력과 정부의 기금관리이 대한 이해관계가 서로 상충되어, 예치금 운영에 대한 갈등이 깊어진 사례가 대표적이다.

이러한 폐기물예치금제도에서 비롯된 이해관계 당사자 간의 문제점을 보완하고, 폐전기·전자제품의 적극적인 회수 및 재활용을 통해 재활용 부산물을 친환경적으로 처리할 수 있는 국가 차원의 재활용 체계를 구축하기 위해, 환경부와 전자산업계간 협의를 거쳐 2000년 6월 최초의 자발적 협약을 체결함으로써 생산자책임재활용제도의 기초를 마련하였다. 자발적 협약의 주요 내용은 전자업계가 당시 한국자원재생공사가 상암동에 운영 중이던 서울 대형폐기물 처리공장을 인수·이전 및 설치를 적극적으로 진행하는 것, 전국적인 폐전기·전자제품 회수 및 재활용을 적극적으로 추진하는 것, 재활용 체계를 단계적으로 구축하는 것, 판매 시 회수한 폐전기·전자제품과 지방자치단체가 인계한 폐전기·전자제품을 최대한 재활용하고 잔재물을 친환경적으로 처리한다는 것 등에 대한 합의가 명시되었다. 결과적으로, 생산자책임재활용제도는 1993년부터 시행한 폐기물예치금제도의 문제점을 개선하고 생산자의 책임이 보다 강화하는 측면으로 발전되었으며, 2002년 2월 관련 법규인 「자원의 절약과 재활용촉진에 관한 법률」을 전면 개정하여 기존의 폐기물

예치금제도를 폐지하고 대신 생산자책임재활용제도를 2003년 1월부터 정식적으로 도입 · 시행하였다.

2003년 생산자책임재활용제도의 최초 도입 시 대상 전기 · 전자제품은 냉장고, 세탁기, 에어컨, TV, 개인용 컴퓨터(본체, 모니터) 등 다섯 품목이었다. 이후, 오디오와 휴대폰(이상 2품목)은 2005년부터 의무대상품목으로 추가 포함되었으며, 프린터, 복사기, 팩시밀리(이상 3품목)는 2006년부터 의무대상품목에 추가됨으로써 2006년부터 전기 · 전자제품 10개 품목이 생산자책임재활용제도로 운영되었다.

2.1.2 추진경과

2001년부터 2002년까지 생산자책임재활용제도의 시범사업이 실시되었다. 2000년 전자제품 전체 재활용 실적 1,076천대 가운데 생산자 실적이 전체의 50%인 26.5천 톤(538천 대), 2001년 60%인 32.0천 톤(649천 대), 2002년 70%인 37.5천 톤(760천 대), 2003년 80%인 42.4천 톤(860천 대)의 목표를 설정하였다. 생산자책임재활용제도 시범사업을 마무리하는 시점에서 당초 목표량인 69.5천 톤(1,409천 대) 대비 91.4천 톤(1,789천 대)의 실적을 달성함으로써 목표대비 약 131%를 달성하는 성과를 나타냈다. 각 제품별로 실적을 살펴보면, 냉장고, 세탁기, TV는 각각 169%, 140%, 101%를 달성했다. 단, 에어컨 달성률이 10%로 저조하였다.

▼ 표 2-6 생산자책임재활용제도 시범사업 시행 결과 실적(2001~2002)

[단위 : 톤, %]

구분		냉장고	세탁기	TV	에어컨	합계
'01	목표	13,694	10,800	6,293	1,235	32,022
	실적	19,146	13,950	5,301	65	38,462
	달성률	140	129	84	5	120
'02	목표	16,355	12,400	7,440	1,300	37,495
	실적	25,765	18,450	8,494	195	52,904
	달성률	158	149	114	15	141
합계	목표	30,049	23,200	13,733	2,535	69,517
	실적	44,911	32,400	13,795	260	91,366
	달성률	149	140	101	10	131

2003년 생산자책임재활용제도가 본격화되면서 이에 대한 성공적 수행은 재활용 의무량의 증가 추이로 확인할 수 있다. 2007년 재활용 의무량은 89.9천 톤으로 2003년 45.5천 톤보다 약 2배가량 증가했다. 이는 김치냉장고와 에어컨의 보급이 크게 늘어나고 재활용 의무대상품목어 오디오, 이동전화단말기, 프린터, 복사기, 팩시밀리 등이 추가되었기 때문이다.

▼ 표 2-7 **생산자책임재활용제도 시행 결과 실적(2003~2007)**

[단위 : 톤, %]

구분		2003	2004	2005	2006	2007	합계
냉장고	목표	17,689	25,573	34,369	43,842	45,253	166,726
	실적	29,926	30,511	34,939	44,645	50,833	190,854
	달성률	169	119	102	102	112	114
세탁기	목표	15,463	15,458	22,456	22,200	23,908	99,485
	실적	20,818	20,549	26,289	22,200	23,908	113,764
	달성률	135	133	117	100	100	114
TV	목표	8,762	9,695	9,899	11,322	11,432	51,110
	실적	9,893	10,114	11,089	14,543	19,000	64,639
	달성률	113	104	112	128	166	126
에어컨	목표	603	674	181	2,211	2,476	6,145
	실적	816	1,301	181	2,211	2,907	7,416
	달성률	113	193	100	100	117	116
PC	목표	3,033	3,572	3,474	3,640	4,547	18,266
	실적	3,341	4,958	4,529	4,887	6,061	23,776
	달성률	110	139	130	134	133	130
휴대폰	목표			318	450	468	1,236
	실적			514	450	468	1,432
	달성률			162	100	100	116

오디오	목표			212	274	259	745
	실적			347	377	403	1,127
	달성률			164	138	156	151
OA	목표				1,388	1,614	3,002
	실적				1,497	2,215	3,712
	달성률				107	137	124
합계	목표						348,715
	실적						408,720
	달성률						117

2.2 환경성보장제도

2.2.1 도입배경 및 목적

인구증가와 생활수준 향상으로 전기 · 전자 및 자동차산업은 빠르게 성장하며, 그로 인한 제품 폐기물 발생량 역시 급증하는 추세에 따라 국민의 건강과 환경보호는 물론, 국내 산업의 환경경쟁력 강화를 위한 제도의 필요성이 제기되었다. 이에 따라 기존 생산자책임재활용제도에서 관리해오던 전기 · 전자제품과 정책관리가 미비했던 자동차를 통합적으로 관리하고자 「전기 · 전자제품 및 자동차의 자원순환에 관한 법률」이 마련되었다.

「전기 · 전자제품 및 자동차의 자원순환에 관한 법률」은 전기 · 전자제품 내 유해물질 사용을 억제하고 재활용이 쉽도록 제조하는 사전예방정책과 폐전기 · 전자제품의 재사용 및 재활용을 촉진하기 위한 사후재활용정책으로 구성되어 전과정에 걸친 체계적인 관리를 통한 환경부하 최소화를 목적으로 한다. 환경성보장제는 상기 법률에 근거하여 운영되었으며 기존 생산자책임재활용제도에서 관리해오던 '전기 · 전자제품'과 '자동차'가 동시에 관리되면서 유럽(EU)의 유해물질 사용제한 지침(RoHS), 폐전기 · 전자제품처리지침(WEEE), 폐차처리지침(ELV) 등의 규정을 아우르는 특징을 갖게 되었다.

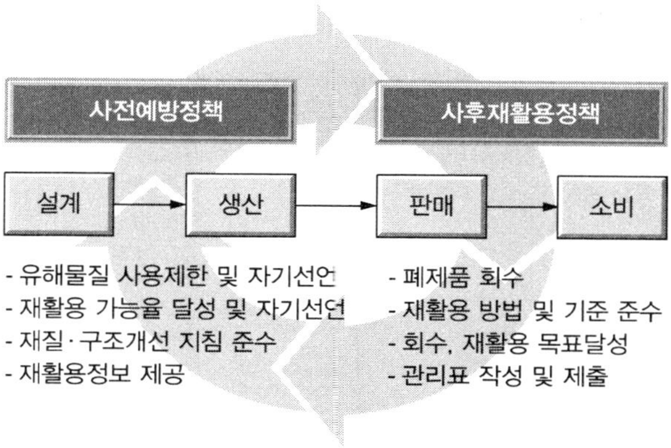

▲ 그림 2-5 **환경성보장제도 기본 개념**

▼ 표 2-8 **전기·전자제품 자원순환정책의 변천사**

구 분		연 도	관 련 법	특 징
폐기물예치금제도		′93년~′00년	폐기물관리법	생산자는 예치금 납부 후, 재활용량에 따른 환급
생산자책임재활용제도	시범사업	′01년~′02년	자원의 절약과 재활용 촉진에 관한 법률	생산자에 재활용 의무량 부과, 미이행시 재활용 부과금 납부
	시행	′03년~′07년		
환경성보장제도		′08년~	전기·전자제품 및 자동차의 자원순환에 관한 법률	환경부하 최소화 및 재활용 촉진을 위한 전 과정 관리
재활용 목표 관리 제도		′14년~	전기·전자제품 및 자동차의 자원순환에 관한 법률	연간 인구 1인당 재활용 목표량 산정 및 달성

2.2.2 추진경과

이 법률은 2007년 4월에 공포되었고, 시행령 및 시행규칙은 같은 해 12월 해 마련되어 2008년 1월부터 시행되었다. 이로써 「전기·전자제품 및 자동차의 자원순환에 관한 법률」에 의해 2003년부터 5년간 지속된 생산자책임재활용제도에서 환경성보장제도로 탈바꿈하였으며, 지속적인 제도개선을 통해 2012년부터 생산자 및 수입업자에게 국한된 폐전기·전자제품 회수의무를 판매업자에게도 확대하여 폐전기·전자제품 배출 및 회수책임의 역할을 한층 강화시켰다.

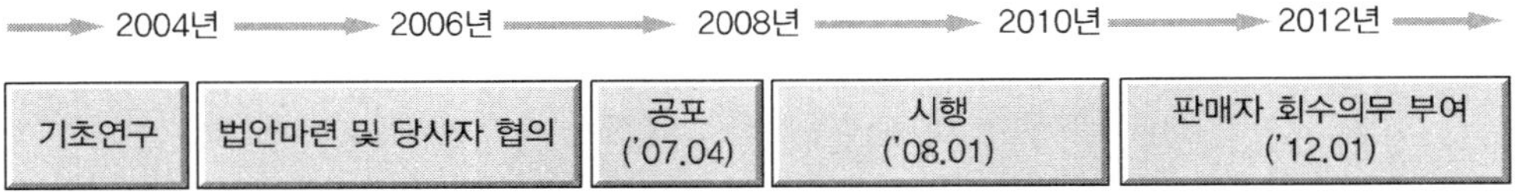

▲ 그림 2-6 환경성보장제도 추진경과

2.2.3 주체 및 역할

1) 회수·재활용 의무이행주체 정의

▼ 표 2-9 전기·전자제품 회수·재활용 의무이행주체 정의

주 체	정 의
재활용 의무생산자	• 의무대상 전기·전자제품 완제품을 제조·수입하는 자
판매업자	• 의무대상 전기·전자제품을 제조·수입업자로부터 직접 매입, 판매하는 자
재활용사업자	• 의무생산자 및 공제조합으로부터 전기·전자제품의 재활용을 위탁받은 자

※ 판매업자의 회수·인계의무 면제대상
- 판매업자의 연간 매출액이 50억 원 미만인 경우
- 제조·수입업자가 자사제품 판매를 목적으로 출자한 판매업자의 경우
- 전기·전자제품 도매업자로부터 매입하여 제품을 판매하는 소매업자 또는 점포 임대업자 등인 경우, 중고 전기·전자제품을 판매하는 경우

2) 주체별 역할

▼ 표 2-10 전기·전자제품 의무이행주체별 역할

주 체	역 할
재활용 의무생산자	• 출고·수입실적서 제출 • 유해물질 함유기준 준수 및 준수공표 • 재질·구조개선, 재활용정보 제공 • 재활용의무이행계획서, 재활용의무이행결과보고서 제출 • 폐전기·전자제품 직접 회수 및 재활용 또는 공제조합에 위탁
판매업자	• 매입·판매실적서 제출 • 구매자가 신제품 구입시, 폐전기·전자제품 회수 • 회수 제품을 제조·수입업자(또는 공제조합)의 수집소까지 인계 • 회수의무이행계획서, 회수의무이행결과보고서 제출

지방자치단체	• 폐전기 · 전자제품 직접 또는 위탁 수거하여, 직접 또는 위탁 재활용 • 관할구역의 폐기물 재활용촉진방안 마련
재활용사업자	• 의무생산자(또는 공제조합), 지자체와 위탁계약 체결하여 적정 재활용 • (수거)운반 관리표 및 재활용 관리표 작성
재활용사업 공제조합	• (의무생산자/판매업자 대행) 의무이행계획서 및 의무이행결과보고서 제출 • 폐전기 · 전자제품 직접 회수, 재활용, 또는 재활용사업자에 위탁 • 폐전기 · 전자제품 수집소 지정 및 판매업자에 통보
한국환경공단	• 환경성보장제도 운영 및 운영관리정보체계(EcoAS) 관리 • 출고 · 수입량, 매입 · 판매량 확인 · 조사, 재활용 · 회수실적조사 • 폐전기 · 전자제품 평균중량 조사 • 폐전기 · 전자제품 소형기기 제품군 내 타제품군 및 비대상 혼입비율
환경부	• 전기 · 전자제품 및 자동차의 재활용촉진을 위한 자원순환시책 마련

2.2.4 대상품목

전기 · 전자제품이란 전류나 전자기장에 의하여 작동하는 기계 및 기구를 말하며, 환경성보장제도 적용 대상품목은 27개로 품목별 정의는 아래와 같다.

▼ 표 2-11 **환경성보장제도 적용 대상 제품 정의(27개 품목)**

품 목	정 의
1. 텔레비전	브라운관(CRT) 텔레비전, 리퀴드 크리스털 디스플레이(LCD) 텔레비전, 플라스마 디스플레이 패널(PDP) 텔레비전 등 그 화면표시장치와 관계없이 영상제공 기능을 지니고 있는 것
2. 냉장고	김치냉장고 · 화장품냉장고 등 그 용도와 관계없이 냉장 또는 냉동 기능을 지니고 있는 것
3. 세탁기	건조 기능 등 추가 기능의 유무 등과 관계없이 세탁 기능을 지니고 있는 것
4. 에어컨디셔너	벽걸이형 · 스탠드형 등 그 구조나 공기정화 기능 등 추가 기능의 유무 등과 관계없이 실내 냉방 기능을 지니고 있는 것
5. 자동판매기	일정 액수의 돈을 직접 투입하거나 신용카드 등으로 결제하면 원하는 물건이 나오는 기능을 지니고 있는 것
6. 개인용 컴퓨터	노트북형 · 데스크탑형 등 그 구조와 관계없이 논리적 연산기능을 지니고 있는 것

품 목	정 의
7. 프린터	잉크젯 · 레이저 등 그 방식이나 복사 · 팩시밀리 기능 등 추가 기능의 유무 등과 관계없이 프린터 기능을 지니고 있는 것
8. 복사기	컬러식 · 디아조식 등 그 방식이나 프린터 · 팩시밀리 기능 등 추가 기능의 유무 등과 관계없이 복사 기능을 지니고 있는 것
9. 팩시밀리	프린터 · 복사 기능 등 추가 기능의 유무 등과 관계없이 정지영상을 전기적인 신호로 변환하여 통신채널을 통하여 전송하는 기능을 지니고 있는 것
10. 전기정수기	냉온수기 · 이온수기 기능 등 추가 기능의 유무 등과 관계없이 물리적 · 화학적 · 생물학적 과정을 거쳐 물을 깨끗하게 하는 기능을 지니고 있는 것
11. 전기오븐	밀폐기구 내의 가열된 공기와 벽의 방사열 등을 이용하여 식품을 가열하는 기능을 지니고 있는 것
12. 전자레인지	전자기파를 이용하여 식품을 가열하는 기능을 지니고 있는 것
13. 음식물처리기	건조식 · 분쇄식 · 냉동식 등 그 처리 방식과 관계없이 음식물쓰레기의 보관 · 처리 기능을 지니고 있는 것
14. 식기건조기	소독 · 살균 · 건조 기능 등 추가 기능의 유무 등과 관계없이 식기를 자동으로 세척 또는 건조하는 기능을 지니고 있는 것
15. 전기비데	욕실 · 화장실 등에 설치하는 위생기구로써 냉온수 분사를 통하여 항문 등을 세정하는 기능을 지니고 있는 것
16. 공기청정기	정화 방식과 가습 · 제습 기능 등 추가 기능의 유무 등과 관계없이 공기 중 세균이나 분진 등을 여과하여 공기를 정화하는 기능을 지니고 있는 것
17. 전기히터	열원 및 가열방식 등과 관계없이 실내 난방 기능을 지니고 있는 것
18. 오디오	전축 · 라디오 등 음향재생 기능을 지니고 있는 것
19. 전기밥솥	전기 저항에 의하여 발생하는 열을 이용하여 자동으로 밥을 조리하는 기능을 지니고 있는 것
20. 연수기	경수에 들어 있는 칼슘과 마그네슘 같은 양이온을 제거하여 연수를 만드는 기능을 지니고 있는 것
21. 가습기	기화식 · 가열식 등 그 방식이나 공기청정 · 제습 기능 등 추가 기능의 유무 등과 관계없이 공기 중에 수분을 공급하는 기능을 지니고 있는 것
22. 전기다리미	열과 압력을 가하여 옷 · 섬유의 구겨진 주름살을 펴는 기능을 지니고 있는 것
23. 선풍기	전동기를 이용하여 바람을 일으키는 기능을 지니고 있는 것

품 목	정 의
24. 믹서	종류나 용도와 관계없이 재료를 갈거나 이겨서 가루 또는 즙을 내는 기능을 지니고 있는 것
25. 청소기	전력 공급 방식과 관계없이 청소 기능을 지니고 있는 것
26. 비디오플레이어	전기 녹화장치로써 자기테이프 및 디지털저장장치에 텔레비전 등의 영상을 기록하고 재생하는 기능을 지니고 있는 것
27. 이동전화단말기	무선기지국을 이용하여 일반 전화 가입자나 다른 이동통신 전화 가입자와 통화할 수 있는 기능을 지니고 있는 것

2.2.5 주요 관리규정

1) 사전예방규정

○ 유해물질 사용제한 및 자기선언

▼ 표 2-12 **유해물질 사용제한 및 자기선언 내용**

구 분	내 용
유해물질 사용제한	• 납, 수은, 6가크롬, PBB[1], PBDE[2] : 동일물질 내 중량기준으로 0.1% 미만 • 카드뮴 : 동일물질 내 중량기준으로 0.01% 미만
자기선언	• 전기 · 전자제품 및 제조 · 수입업자는 유해물질의 함유기준 준수여부를 스스로 확인하거나 평가하여 공표 - EcoAS에 게재, 또는 자사 홈페이지에 게재 - 제조업자는 출고일, 수입업자는 수입신고일로부터 1개월 이내

○ 사용제한 유해물질 4종 추가

환경부는 ´18년 10월 「전기 · 전자제품 및 자동차의 자원순환에 관한 법률」 입법예고를 통해, 국제환경기준 RoHS II(Directive 2015/862/EU) 내용을 반영하여 플라스틱 가소제로써 인체에 유해하고, 환경에 부정적 영향을 미치는 디에틸헥실프탈레이트(DEHP), 부틸벤질프탈레이트(BBP), 디부틸프탈레이트(DBP), 디이소부틸프탈레이트(DIBP) 등 프탈레이트계 4종을 사용제한 물질로 포함시키고자 하였다.

1) PBB(Polybrominated biphenyl) : 폴리브롬화비페닐
2) PBDE(Polybrominated Biphenyl Ethers) : 폴리브롬화디페닐에테르

▼ 표 2-13 추가 유해물질 목록(입법예고 : 2018. 10 기준)

구 분	내 용	
	항목	함유기준
유해물질 사용제한	• 디에틸헥실프탈레이트(DEHP) • 부틸벤질프탈레이트(BBP) • 디부틸프탈레이트(DBP) • 디이소부틸프탈레이트(DIBP)	동일물질 내 중량기준(wt)으로 0.1% 미만

○ 재질 · 구조개선지침 준수

- 정부는 환경성보장제도를 통해 전기 · 전자제품 제조 · 수입업자가 설계단계에서부터 재질개선 및 구조개선 사항을 반영하도록 권고하고 있다.
- 제조 · 수입업자는 재질 · 구조개선사항을 평가한 품목에 대하여 재질 · 구조개선사항 평가서를 작성하고 기록 · 보존(다만, 재질 · 구조개선사항 평가서를 「전기 · 전자제품 및 자동차의 자원순환에 관한 법률」 제38조에 따른 운영관리정보체계에 게시한 경우에는 기록 · 보존한 것으로 간주)
- 제조 · 수입업자는 재질 · 구조개선사항 평가서를 다음 연도 1월 말까지 '한국전자정보통신산업진흥회'(이하 "진흥회"이라 한다)에 제출

▼ 표 2-14 제조 · 수입업자 재질 및 구조개선 내용

구 분	내 용
재질개선	• 플라스틱 재질 부품에 대한 재질 종류의 단순화 • 재활용이 가능한 플라스틱의 사용 확대 • 플라스틱 재질 부품에 대한 재질기호의 표시 • 기타 재활용촉진을 위하여 필요한 재질개선사항
구조개선	• 재활용이 가능한 부품에 대하여 재질별로 분리 용이한 구조로 개선 • 처리하는 경우에 해체가 용이한 구조로 개선 • 2가지 이상의 재질로 접합된 구조에 대하여 단일 재질 사용구조로 개선 • 제품의 감량화 등을 위한 구조로 개선 • 기타 재활용촉진을 위하여 필요한 구조개선사항

▼ 표 2-15 재질·구조 개선사항 평가기준

평가항목	평가내용	평가기준
재질개선	재질 종류의 단순화	재활용 용이성을 고려하여 플라스틱 재질수를 단순화한 정도
	재활용가능 플라스틱의 사용 확대	재활용가능 플라스틱의 사용 확대와 기구·부품의 PVC 사용량 억제 정도
	재질기호 표시	플라스틱 재질의 부품에 대한 재질기호 표시 여부
	재활용원료의 사용	재활용원료의 사용량 증가 정도
구조개선	분리의 용이성	재활용 용이성을 고려한 제품의 분리 용이성
	해체의 용이성	해체의 용이성을 고려한 구조개선 정도
	단일재질 사용구조 개선	2가지 이상의 재질로 접합된 구조에 대하여 단일 재질 사용구조로 개선 정도
	제품의 감량화	사용원재료의 감량화 정도(※ 포장재 중량 제외)
	제품의 소형화	제품의 소형화 정도(※ 부피=너비×길이×높이)
	포장재의 감량화	1) 포장재의 중량비 2) 포장재 감량화 정도
기타	사전평가의 기록·보존	사전평가사항의 기록 및 보존여부
	재활용정보 제공	재활용정보의 제공여부
	권고사항에 대한 개선	권고사항에 대한 개선 여부
	재활용촉진을 위한 기술개발 노력	재활용촉진을 위한 기술개발 여부
	환경부하를 고려한 제품 생산	제품 전과정에 걸친 환경부하를 고려한 제품 생산여부

○ 재활용정보 제공

- 전기·전자제품 재활용사업자가 제조·수입업자에게 재활용정보의 제공을 요청하는 경우, 특별한 사유가 없다면 1개월 이내에 재활용 정보 제공. 단, 해당 제품의 출고일 또는 수입신고일부터 6개월이 지난날부터 요청하여야 한다.
- 폐기물관리법 제46조에 따른 폐기물재활용신고자, 재활용사업자가 재활용 촉진을 위하여 구성재질이나 재활용방법 등에 관한 정보를 요청하는 경우, 전기·전자제품 제조·수입업자는 재활용 정보를 1개월 이내 제공

▼ 표 2-16 **제조·수입업자 재활용정보 제공 내용 및 방법**

구 분	내 용
재활용정보	• 제품명, 출시연도, 모델명, 분해 또는 해체절차 • 합성고분자화합물의 구성제질 • 대상제품내 제거되어야 할 유해물질의 포함위치 및 제거방법 • 제조·수입업자가 알고 있는 부품의 효율적 처리 및 재활용방법
제공방법	• 운영관리정보체계에 게시 • 제조·수입업자나 운영 관리하는 홈페이지에 재활용 정보 게시

2) 사후관리규정

○ 의무이행절차

▼ 표 2-17 **재활용 및 회수 의무이행 대상 및 절차**

구분	재활용 의무이행	회수 의무이행
대상	• 「전기·전자제품 및 자동차의 자원순환에 관한 법률」 제15조에 따른 의무생산자 (동법 제21조에 따른 재활용사업공제조합) • 동법 시행령 제12조에 따른 재활용사업자 (재활용의무이행생산자와 재활용위탁계약을 체결한 자에 한함)	• 「전기·전자제품 및 자동차의 자원순환에 관한 법률」 제16조의 4에 따른 판매 업자(동법 제21조에 따른 공제조합 포함)

절차

시기	내용	근거	대상연도
12월까지	재활용의무대상 제품·포장재 출고·수입실적서 제출 (재활용의무생산자 → 한국환경공단)	법 제17조 제1항 영 제22조 제1항 (영 별표5)	재활용의무이행 전년도
1월	회수 및 재활용의무이행계획서 제출 (공제조합, 재활용의무생산자 → 한국환경공단)	법 제18조 제1항 영 제24조, 규칙 제15조	당해연도
2월	회수 및 재활용의무이행계획서 승인 (한국환경공단 → 재활용의무생산자 ,공제조합)	법 제18조 제1항 영 제25조, 규칙 제16조	당해연도
1~12월	재활용의무이행 (재활용의무생산자, 공제조합)	법 제16조 제1항 영 제29조, 규칙 제13조	당해연도 (1~12월)
4월 15일	재활용의무대상 제품·포장재 출고·수입실적서 제출 (재활용의무생산자 → 한국환경공단)	영 제22조 제2항 규칙 제14조	재활용의무이행 다음연도
4월 30일	회수 및 재활용의무이행 결과보고서 제출 (공제조합, 재활용의무생산자 → 한국환경공단)	법 제18조 제2항 영 제26조, 규칙 제 17조	재활용의무이행 다음연도
7월 31일	재활용부과가금 고지 (재활용의무량 미달성 재활용의무생산자 및 공제조합)	법 제19조, 영 제28조 제3항, 규칙 제18조	재활용의무이행 다음연도
8월 31일	재활용부과금 납부 (분납은 8.31(1회), 11.30(2회))	법 제19조, 영 제28조 제4항, 규칙 제18조의 2	재활용의무이행 다음연도

[재활용 의무이행]

○ 재활용 의무이행계획서 제출

> 전기 · 전자제품 제조 · 수입업자 및 재활용사업공제조합은 「전기 · 전자제품 및 자동차의 자원순환에 관한 법률」 시행규칙이 정하는 서류를 첨부하여 해당연도 1월 31일까지 제출(단, 해당연도 최초 출고일 또는 수입일로부터 1개월 이내, 12월 1일 이후에 최초로 출고 또는 수입하는 경우 12월 31일까지)

- 제출서류
  - 재활용의무이행계획서(「전기 · 전자제품 및 자동차의 자원순환에 관한 법률」 시행규칙 별지 제3호서식)
  - 재활용시설(위탁하는 경우 위탁받은 자의 재활용시설)의 종류 및 용량에 관한 서류
  - 재활용의무대상 전기 · 전자제품의 회수운반 계획
  - 「전기 · 전자제품 및 자동차의 자원순환에 관한 법률」 제 12조에 따른 재활용사업자임을 증명할 수 있는 서류
  - 회수 · 위탁계약서(위탁하여 회수하는 경우)
  - 수탁자의 폐전기 · 전자제품 회수 근거지를 증명할 수 있는 서류(위탁하여 회수하는 경우, 배출자의 거주지를 직접 방문하여 회수하는 경우는 제외)

○ 재활용 의무이행

> 직접 재활용 또는 재활용사업자에게 위탁 재활용하거나 재활용사업공제조합에 가입하여 의무이행

- 제출서류
  - 재활용의무대상 전기 · 전자제품 회수실적에 관한 자료
  - 「전기 · 전자제품 및 자동차의 자원순환에 관한 법률」 시행규칙 별표1에 따른 제품별 재활용의 방법 및 기준 준수방법을 증빙할 수 있는 자료(재생원료 및 재활용제품의 거래 · 납품자료, 생산 · 수출실적 등)
  - 재활용방법 및 기준 준수

▼ 표 2-18 **폐전기 · 전자제품 제품군별 재활용 기준**

제품군	재활용의 방법	재활용의 기준	
		공통 기준	제품군별 기준
대형기기	해체 · 압축 · 파쇄 · 절단 등의 중간 처리과정을 거쳐 재사용 가능부품을 재사용하거나 소재별로 분리하여 재활용하여야 한다.	폐전기 · 폐전자제품 인쇄회로기판(PCBs)의 유가금속을 회수하는 등 안전하게 재활용하여야 한다.	가. 냉장고, 에어컨디셔너 및 자동판매기는 염화불화탄소(CFC) 등 기후 · 생태계변화 유발물질을 별표 1의 2 기준에 따라 회수하여 분리 · 보관 및 처리하여야 한다. 나. 재사용 · 재활용하는 비율이 대당 중량기준으로 텔레비전[리퀴드 크리스탈 디스플레이(LCD)텔레비전 및 플라즈마 디스플레이 패널(PDP)텔레비전은 제외한다]은 65% 이상, 냉장고 및 자동판매기는 70% 이상, 세탁기 및 에어컨디셔너는 80% 이상이어야 한다.
통신 · 사무기기			가. 이동전화단말기의 전지는 「자원의 절약과 재활용촉진에 관한 법률 시행규칙」 별표 6 제7호의 전지류의 재활용의 방법 및 기준에 따른다. 나. 재사용 · 재활용하는 비율이 대당 중량기준으로 개인용 컴퓨터는 65% 이상, 프린터, 복사기 및 팩시밀리는 75% 이상, 이동전화단말기는 70% 이상이어야 한다.
중형기기			가. 전기정수기는 염화불화탄소 등 기후 · 생태계변화 유발물질을 별표 1의 2 기준에 따라 회수하여 분리 · 보관 및 처리하여야 한다. 나. 재사용 · 재활용하는 비율이 대당 중량기준으로 75% 이상이어야 한다.
소형기기			재사용 · 재활용하는 비율이 대당 중량기준으로 75% 이상이어야 한다.

○ 제품별 출고 · 수입 실적 제출

전년도 전기 · 전자제품별 출고량에 관한 자료를 매년 4월 15일까지 제출

- 제출서류
  - 재활용의무대상 전기 · 전자제품 출고 · 수입실적서(동법 시행규칙 별지 제2호 서식)
  - 사업자등록증 사본

- 결산보고서 등 전기 · 전자제품의 출고실적을 증명할 수 있는 서류
- 전기 · 전자제품의 중량산출 기초 자료

> 전기 · 전자제품 재활용의무생산자가 전년도의 제품군별 재활용 원료 사용량(전기 · 전자제품의 제조에 폐전기 · 폐전자제품을 재활용한 원료를 사용한 경우만 해당한다)에 관한 자료를 제출하는 경우 폐전기 · 폐전자제품 재활용 원료 사용 실적서를 제출

- 제출서류
  - 폐전기 · 폐전자제품 재활용 원료 사용 실적서(동법 시행규칙 별지 제2호의 2 서식)
  - 폐전기 · 폐전자제품을 재활용한 원료(합성수지류)를 제품의 제조에 사용한 실적 증빙 서류
  - 전기 · 전자제품의 재활용 원료 사용량 산출에 관한 기초 자료

○ 재활용의무이행 결과보고서 제출

> 전기 · 전자제품 제조 · 수입업자 및 공제조합은 재활용의무이행결과보고서에 환경부령이 정하는 서류를 첨부하여 매년 4월 30일까지 제출

- 제출서류
  - 재활용의무이행결과 보고서(동법 시행규칙 별지 제5호 서식)
  - 재활용의무 대상 전기 · 전자제품의 회수 · 재활용관리대장 사본(회수 또는 재활용을 위탁한 경우, 수탁자의 전기 · 전자제품의 회수 · 재활용관리대장 사본)
  - 재활용방법 및 기준 준수방법에 따른 증빙서류
  - 회수 · 재활용 비용 지급명세 등 회수 · 재활용 실적 증명서류
  - 수탁자의 폐전기 · 폐전자제품 회수 근거지를 증명할 수 있는 서류(위탁하여 회수하는 경우에만 첨부, 배출자의 거주지를 직접 방문하여 회수하는 경우 제외)
  - 동법 시행령 제32조제1항제1호나목에 따른 재활용의무대상 전기 · 전자제품의 회수 · 재활용 관리대장 사본

[회수의무이행]

○ 회수의무이행계획서 제출

> 전기·전자제품 판매업자 및 재활용사업공제조합은 환경부령이 정하는 서류를 첨부하여 해당연도 1월 말까지 제출해야한다.(단, 해당연도 최초 매입일로부터 1개월 이내)

- 제출서류
  - 회수의무이행계획서(동법 시행규칙 별지 제3호의2서식)
  - 회수의무대상 전기·전자제품의 회수·인계계획서
  - 회수위탁계약서(위탁하여 회수하는 경우에 해당)
  - 수탁자의 폐전기·폐전자제품 회수 근거지(수탁자가 폐전기·폐전자제품을 인계받는 주요 지점 또는 사업장 등을 말함)를 증명할 수 있는 서류(위탁하여 회수하는 경우에만 첨부, 배출자의 거주지를 직접 방문하여 회수하는 경우 제외)

○ 회수의무이행

> 직접 회수하거나 재활용사업공제조합에 가입하여 의무이행을 할 수 있으며, 회수한 폐전기·폐전자제품을 전기·전자제품 제조·수입업자나 공제조합이 지역별로 설치한 수집소까지 운반·인계

- 제출서류
  - 회수의무대상 전기·전자제품 회수실적에 관한 자료

○ 제품별 매입·판매 실적 제출

> 전년도 전기·전자제품별 매입량 및 판매량에 관한 자료를 매년 4월 15일까지 제출

- 제출서류
  - 회수의무대상 전기·전자제품 매입·판매실적서(동법 시행규칙 별지 제2호의 3서식)
  - 결산보고서 등 매출액, 전기·전자제품의 매입량 및 판매량을 증명할 수 있는 서류
  - 회수 대상 전기·전자제품별 매입 및 판매 산출 기초자료

○ 회수의무이행 결과보고서 제출

> 전기 · 전자제품 판매업자 및 공제조합은 회수의무이행결과보고서에 환경부령이 정하는 서류를 첨부하여 매년 4월 30일까지 제출

- 제출서류
  - 회수의무이행결과 보고서(동법 시행규칙 별지 제5호의2서식)
  - 회수의무대상 전기 · 전자제품의 회수 관리대장 사본
  - 회수 비용 지급명세 등 회수실적 증명서류
  - 수탁자의 폐전기 · 폐전자제품 회수 근거지를 증명할 수 있는 서류(위탁하여 회수하는 경우에만 첨부, 배출자의 거주지를 직접 방문하여 회수하는 경우 제외)

2.2.6. 업무처리 프로세스

1) 의무량 산정

- 재활용의무량은 전기 · 전자제품 출고량, 폐전기 · 폐전자제품 분리수거량, 재활용실적과 재활용시설규모 등을 고려하여 환경부장관이 매년 6월 말에 확정 고시(단, 재활용 목표량은 해당연도가 시작되기 전 12월 말에 확정 고시)
- 회수의무량은 전기 · 전자제품 판매량, 전기 · 전자제품 제조 · 수입업자의 재활용의무량, 그 밖의 분리수거량, 분리수거 체계 등 회수에 영향을 미치는 요인을 고려하여 환경부장관이 매년 6월 말에 확정 고시

▼ 표 2-19 의무량 산정기준 및 방법

의무량산정식
제품군별 재활용의무량＝연도별 재활용목표량×인구수×의무이행 전년도 모든 전기 · 전자제품 재활용의무생산자 총 출고량 중 의무이행 전년도 해당 전기 · 전자제품 재활용 의무생산자의 제품군별 출고량 비율
제품군별 회수의무량＝연도별 재활용목표량×인구수×회수의무량 반영계수×의무이행 전년도 모든 전기 · 전자제품 판매업자의 총 매입량 중 의무이행 전년도 해당 전기 · 전자제품 판매업자의 제품군별 매입량 비율

2) 재활용 실적인정기준

- 「전자제품 등 「전기 · 전자제품 및 자동차의 자원순환에 관한 법률」」시행령 별표 4에 따른 품목별로 재활용 · 회수실적 인정
- 재활용 의무생산자나 공제조합은 재활용의무량을 초과하여 재활용한 경우 그 초과한 양을 다음 또는 그 다음 연도의 재활용 실적에 포함시킬 수 있다.
- 제품군 "초과실적량"이란 재활용방법이 같은 전기 · 전자제품군 내에서 의무량을 초과하여 달성한 제품군의 실적을 의무량을 달성하지 못한 제품군의 실적으로 인정하는 경우로 달성하지 못한 제품군의 의무량의 100분의 20 범위 내에서 실적으로 사용가능

▼ 표 2-20 **재활용 실적인정기준**

구 분	방 법
대당 관리제품군 (대형기기 등 4개 제품군)	재활용실적＝제품군 내 품목별 재활용량의 합 • 품목별 재활용량＝투입대수×평균중량
중량 관리 제품군 (소형기기)	재활용실적＝투입중량×(1－타제품군 및 비대상품 혼입비율) • 혼입비율＝타제품군 및 비대상 중량/총량
재사용 · 재활용률 미달성	재활용실적＝재사용 · 재활용량/[품목별재사용 · 재활용비율×0.01]
의무량 대비 재활용실적 부족시	• 달 성 → 금년 재활용량 • 미달성 → 금년 재활용량＋초과재활용량 사용(전년도, 전전년도) • 미달성 → 금년 재활용량＋초과재활용량 사용(전년도, 전전년도) ＋제품군 초과재활용량 사용(20% 이내)

▼ 표 2-21 **전기 · 전자제품군별 재활용실적 인정을 위한 제품군 및 품목**

제 품 군	품 목
1. 대형기기	텔레비전, 냉장고, 세탁기(가정용 한정), 에어컨디셔너, 자동판매기
2. 통신 · 사무기기	개인용 컴퓨터(모니터 및 자판 포함), 프린터, 복사기, 팩시밀리(교체용 잉크카트리지 및 토너카트리지는 재질 · 구조개선 대상으로 한정), 이동전화단말기(전지 및 충전기 포함)
3. 중형기기	전기정수기(냉 · 온수기 포함), 전기오븐, 전자레인지, 음식물처리기, 식기건조기(식기세척기 포함)
4. 소형기기	전기비데, 공기청정기, 전기히터, 오디오(휴대용 제외), 전기밥솥, 연수기, 가습기, 전기다리미, 선풍기(환풍기 제외), 믹서(주서 포함), 청소기, 비디오플레이어[VCR, DVD플레이어로 한정]

3) 회수 실적인정기준

- 「전자제품 등 전기·전자제품 및 자동차의 자원순환에 관한 법률」 시행령 별표 4에 따른 제품군별로 회수실적을 인정
- 초과회수량이란 판매업자 또는 공제조합이 의무이행결과 보고서를 제출하여 회수량으로 인정받은 실적 중 해당연도 의무량을 초과한 실적으로 다음 연도 또는 그 다음 연도의 회수실적에 포함시킬 수 있다.
- 제품군 초과회수량이란 재활용방법이 같은 전기·전자제품군에서 회수의무량을 초과하여 회수한 제품군의 회수량을 회수의무량을 달성하지 못한 제품군의 회수실적으로 인정하는 경우로 당해연도 초과한 제품군의 실적을 회수의무량을 달성하지 못한 제품군의 회수실적으로 포함시킬 수 있다. 회수의무량을 달성하지 못한 제품군의 회수의무량의 100분의 20 범위 내에서 실적으로 사용 가능

▼ 표 2-22 **회수 실적인정기준**

구 분	방 법
대당 관리제품군 (대형기기 등 4개 제품군)	회수실적＝제품군 내 품목별 회수량의 합 • 품목별 회수량＝회수대수×평균중량 • 회수대수＝해당연도 회수대수－해당연도 제조·수입업자 및 공제조합이 설치한 수집소(재활용업체)로 미인계 대수
중량 관리 제품군 (소형기기)	회수실적＝회수중량×(1－타제품군 및 비대상품 혼입비율) • 회수중량＝해당연도 회수중량－해당연도 제조·수입업자 및 공제조합이 설치한 수집소(재활용업체)로 미인계 중량 • 혼입비율＝타제품군 및 비대상 중량/총량
의무량 대비 회수실적 부족시	• 달 성 → 금년 회수량 • 미달성 → 금년 회수량＋초과회수량 사용(전년도, 전전년도) • 미달성 → 금년 회수량＋초과회수량 사용(전년도, 전전년도)＋제품군 초과회수량 사용(의무량의 20% 이내)
판매업자가 회수한 폐전기·전자제품 중 수집소로 인계하지 않고 재사용 목적으로 국내에서 임대한 폐전기·전자제품은 회수실적으로 1회만 인정(이동전화단말기에 한함)	

4) 실적증빙 구비서류

▼ 표 2-23 재활용 의무이행 실적증빙 구비서류

구 분	구 비 서 류
회수량	• 반입처별 세금계산서 : 세금계산서에 일자, 품목, 수량 등이 명시되어 있지 않을 경우, 확인 가능한 거래 명세서 등 첨부 • 폐자원매입세액신고 자료 : 조세특례제한법 제108조 및 동법 시행령 제110조 • 계량증명서(입고증) : 반입처명, 주소, 전화번호 등 기재 필수
재사용 · 재활용량	• 공급처별 세금계산서 : 세금계산서에 일자, 품목, 수량 등이 명시되어 있지 않을 경우, 확인 가능한 거래 명세서 등 첨부 • 계량증명서 : 공급처명, 주소, 전화번호 등 기재 필수
특별관리	• 냉매물질 안전하게 회수하였음을 증명할 수 있는 자료 : 적법 처리업체 공급 세금계산서 등 • 유가금속 안전하게 회수하였음을 증명할 수 있는 자료 : 인쇄회로기판(PCBs)의 유가금속 회수 적정처리업체 공급 세금계산서 등 • 전지류의 재활용방법 및 기준으로 재활용하였음을 증명할 수 있는 자료 : 전지류 적정처리업체 공급 세금계산서 등

2.3 재활용목표관리제도

2.3.1 도입배경 및 목적

재활용 목표관리제도는 한국의 전자제품 재활용 체계의 장기 로드맵을 수립 · 추진하게 된 계기로써 유럽연합(EU)의 출고량 대비 약 57%의 수준의 재활용량 달성을 벤치마킹하여 2018년까지 5년의 장기 재활용목표량과 2014년 재활용 목표량을 설정 · 고시하여 추진되었다.

▼ 표 2-24 연도별 국민 1인당 재활용 목표량(2014 ~ 2018)

구 분	2014년	2015년	2016년	2017년	2018년
목표량(kg/인)	3.9	4.5	4.8	5.4	6.0

재활용 목표관리제도는 기존 법률인「전기 · 전자제품 및 자동차의 자원순환에 관한 법률」의 일부 개정을 통해 진행되었으며, 주요 내용으로는 전기 · 전자제품 제조 · 수입업자의 재활용 목표량이 연도별로 조금씩 상승하면서 전자제품 제조 · 수입업자의 책임이 강화된다는 점이다. 재활용 목표관리제도를 토대로 한국의 재활용 목표량 변화 추이는 [표 2-24]와 같다.

또한, 2014년도부터 재활용 목표관리제가 시행됨에 따라, 기존 재활용 의무 대상품목도 17개 품목이 신규로 추가되어, 10개에서 27개로 증가하였다. 전기 정수기, 청소기, 식기건조기 등 신규 대상품목들은 그 동안 관리 사각지대에서 대부분 불법으로 처리되거나 소각되어 온 제품들로써, 환경부와 전자산업계는 위 제품들의 재활용 필요에 대한 시급성을 인지하고 의무대상품목을 확대하였다.

신규 포함된 17개 품목을 포함하여, 27개 품목은「전기 · 전자제품 및 자동차의 자원순환에 관한 법률」에 근거하여 기존의 생산자책임재활용제도 및 환경성보장 제도의 지침을 그대로 적용받게 되었다.

2.3.2 의무대상품목 추가

환경부는 2019～2023년(5년간) 동안에 대한 '제2차 장기재활용목표량' 산정 및 추진을 위하여 전기 · 전자제품 재활용 의무대상품목 및 그에 대한 적절 재활용방법 및 기준을 제시한「전기 · 전자제품 및 자동차의 자원순환에 관한 법률 시행령」및 동법「시행규칙」개정(안)을 2018년 10월 4일에 입법예고 하였다.

입법예고의 주요 내용으로는 회수 · 재활용의무이행 대상 전기 · 전자제품을 확대하여 27개 품목에서 23종의 품목을 신규로 추가하여 총 50개 품목으로 확대하는 것이다. 즉, 환경부는 의무대상품목 추가를 통해 철, 비철, 플라스틱, 희유금속 등 다량으로 함유된 자원의 회수율을 증가시키고, 폐전기 · 전자제품의 적정 처리를 통해 국가 재활용량을 EU 등 선진국 수준으로 달성하고자 이를 추진하였다.

특히, 23개 신규추가품목에 대한 품목, 정의, 기준비용(재산정), 그리고 재활용 방법 및 기준 등을 구체적으로 명시하여 재활용 목표량 향상과 달성 의지를 확고하게 정책에 반영하였다. 한편, 환경부는 본 입법예고에서 자동판매기 등 23종 전기 · 전자제품에 대하여 납 · 수은 등 유해물질 사용을 법정 기준치 이하로 제한하여 국내 제조 또는 해외제품 수입 시 발생할 수 있는 국민의 생활환경 안전 측면을 보강하였다.

마지막으로 국제환경기준 RoHS II(Directive 2015/862/EU)를 반영하여 플라스틱 가소제로써 인체에 유해하고, 환경에 부정적 영향을 미치는 디에틸헥실프탈레이트(DEHP), 부틸벤질프탈레이트(BBP), 디부틸프탈레이트(DBP), 디이소부틸프탈레이트(DIBP) 등 프탈레이트계 4종을 국내에서도 사용제한 물질로 추가하였다.

신규 추가를 입법예고한 23종의 항목과 정의는 다음 [표 2-25]와 같다.

▼ 표 2-25 환경성보장제도 의무대상 추가(예정) 품목(2018.10 입법예고)

품 목	정 의
1. 제습기 (온도교환기기)	기화식 · 가열식 등 그 방식이나 공기청정 · 제습 기능 등 추가 기능의 유무 등과 관계없이 공기 중에 수분을 공급하는 기능을 지니고 있는 것
2. 내비게이션 (디스플레이기기)	자동차에 사용하도록 고안된 위성 항법장치로 지도 안내를 통해 길찾기 기능을 지니고 있는 것
3. 스캐너 (통신 · 사무기기)	휴대용을 제외하고 내장된 센서로 이미지 또는 문서 등을 디지털화하는 기능을 지니고 있는 것
4. 빔프로젝터 (통신 · 사무기기)	휴대용을 제외하고 리퀴드 크리스털 디스플레이(LCD), 브라운관(CRT), 디지털광원처리(DLP) 등 빛을 이용하여 슬라이드나 동영상 이미지 등을 화면으로 영사하는 기능을 지니고 있는 것
5. 유 · 무선 공유기 (통신 · 사무기기)	유선 · 무선 등 그 방식에 관계없이 하나의 인터넷 회선으로 여러 대의 PC, 휴대폰에서 인터넷을 사용하는 기능을 지닌 것
6. 토스트기 (이하 일반 전기 · 전자제품)	전기를 이용하여 식빵이나 빵을 굽는 기능을 지니고 있는 것
7. 전기주전자	마실 물을 가열하기 위해 전기를 이용한 자체 가열 기능을 지니고 있는 것
8. 전기온수기	저장식 · 순간식 등 그 방식에 관계없이 전기를 이용하여 물을 가열하여 온수를 공급하는 기능을 지니고 있는 것
9. 전기프라이팬	팬에 전열체가 붙어 있으며 가열장치의 온도를 조절할 수 있는 장치가 되어 있어 음식을 가열하는 기능을 지니고 있는 것
10. 헤어드라이어	모발의 수분을 말리기 위해 차갑거나 따뜻한 공기를 발생하는 기능을 지니고 있는 것
11. 러닝머신	실내에서 달리기와 걷기를 위해 전원을 공급받아 전동모터의 힘으로 고무 롤러를 돌리는 기능을 지니고 있는 것

12. 감시카메라	그 형태 및 기능 등과 관계없이 CCTV를 구성하는 카메라로 녹화 기능을 지니고 있는 것
13. 식품건조기	열풍, 적외선, 고주파 등의 방식에 관계없이 식품의 수분을 증발시켜 건조하는 기능을 지니고 있는 것
14. 전기안마기	지압봉을 전동으로 움직여 신체 일부 부위를 마사지하는 기능을 지니고 있는 것
15. 족욕기	물을 따뜻하게 가열하여 발을 발목까지 담그는 족욕 기능을 지니고 있는 것
16. 재봉틀	천이나 가죽 등을 실로 엮는 기능을 지닌 것
17. 영상게임기	휴대용을 제외하고 비디오 출력을 이용하여 게임을 주목적으로 하는 전자기기
18. 제빵기	빵이나 발효식품을 만들기 위해 반죽, 발효, 굽기 등의 기능을 지니고 있는 것
19. 튀김기	기름을 가열하거나 기름 없이 열풍을 이용하여 식품을 튀기는 기능을 지니고 있는 것
20. 커피메이커	분쇄된 원두가루를 필터에 담아 넣고 끓는 물이 떨어지게 하여 커피를 만드는 기능을 지니고 있는 것
21. 약탕기	물과 함께 약재를 가열하여 달이는 기능을 지니고 있는 것
22. 탈수기	강한 원심력을 이용하여 세탁물의 수분을 기계적으로 제거하는 기능을 지닌 것
23. 태양광패널	생산된 전기를 인버터로 연결해주는 정션박스를 포함하고 충전재 및 유리 등의 보호재로 압축된 태양전지를 종 및 횡으로 연결하여 결합한 형태로 전압과 전류를 생성하기 위한 기능을 지니고 있는 것

또한, 환경부는 23개 품목 추가에 따라 전기전자제품 기능/특성별 제품군에 대한 재분류를 실시하였으며 새롭게 분류된 제품군 정보도 입법예고에 포함하였다. 이에 따라, 2020년부터 폐전기 · 전자제품 회수 · 재활용에 대한 의무 이행은 다음 [표 2-26]과 같이 제품군으로 통합되어 관리된다.

새롭게 분류된 제품군을 살펴보면 '온도 교환기기(냉매 포함기기)', '디스플레이 기기(100cm^2 이상의 화면을 포함하는 장비)', '통신사무기기', 그리고 '일반 전기전자제품' 총 4개 제품군으로 분류되어 관리되게 된다. 입법예고에 따른 제품군 분류 특징은 전자제품에 사용되는 '잔류 냉매', '액정(디스플레이)', 그리고 '토너 · 잉크' 등 인체 및 환경에 유해 가능성을 내포한 물질에 대해 동일 제품군으로 묶어, 유해물질에 대한 철저한 관리 체계를 확립하려는 환경부의 계획을 확인할 수 있다.

다만, 상기 추가품목 중, '태양광패널'은 2023년까지 적용이 될 것으로 보이며, 세부 적용 시기는 환경부, 산업통상자원부, 태양광산업계에서 논의 중이다.

▼ 표 2-26 의무대상 추가에 따른 제품군 변경 기준(2018. 10 입법예고)

제품군	품목
1. 온도 교환기기 (냉매 포함기기)	가. 냉장고 나. 전기정수기(냉 · 온수기를 포함한다) 다. 자동판매기 라. 에어컨디셔너 마. 제습기
2. 디스플레이기기 ($100cm^2$ 이상의 화면을 포함하는 장비)	가. 텔레비전 나. 컴퓨터(모니터, 노트북, 랩탑 등) 다. 내비게이션
3. 통신 · 사무기기	가. 컴퓨터(본체, 자판 등) 나. 복사기(교체용 토너카트리지는 법 제10조제1항에 따른 재질 · 구조개선 대상으로 한정한다) 다. 프린터(교체용 잉크카트리지 및 토너카트리지는 법 제10조제1항에 따른 재질 · 구조개선 대상으로 한정한다) 라. 팩시밀리(교체용 토너카트리지는 법 제10조제1항에 따른 재질 · 구조개선 대상으로 한정한다) 마. 스캐너 바. 빔프로젝터 사. 유 · 무선 공유기 아. 이동전화단말기(전지 및 충전기를 포함한다)
4. 일반 전기 전자 제품	가. 세탁기(가정용으로 한정한다) 나. 전기오븐 다. 전자레인지 라. 음식물처리기 마. 식기건조기(식기세척기를 포함한다) 바. 전기비데 사. 공기청정기 아. 전기히터 자. 오디오(휴대용은 제외한다) 차. 전기밥솥 카. 연수기 타. 가습기 파. 전기다리미 하. 선풍기(환풍기는 제외한다) 거. 믹서(주서를 포함한다) 너. 청소기 더. 비디오플레이어[브이시아르(Video Cassette Recorder) 및 디브이디(Digital Video Disk) 플레이어로 한정한다] 러. 토스트기 머. 전기주전자 버. 전기온수기 서. 전기프라이팬

4. 일반 전기 전자 제품	어. 헤어드라이어 처. 감시카메라 터. 전기안마기 허. 재봉틀 노. 제빵기 로. 커피메이커 보. 탈수기	저. 러닝머신 커. 식품건조기 퍼. 족욕기 고. 영상게임기 도. 튀김기 모. 약탕기
5. 태양광 패널	태양광 패널	

3. 폐전기·전자제품 무상방문수거 서비스

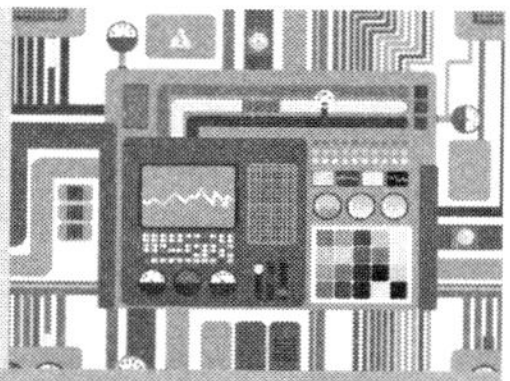

3.1 무상방문수거 서비스 개요

3.1.1 도입배경 및 목적

폐전기·전자제품 무상방문수거 서비스(이하 '무상방문수거')는 환경부 정책사업으로, 대국민 편의를 위하여 배출 신청자의 거주지를 직접 방문하여 폐전기, 전자제품을 회수하는 서비스로, '한국전자제품자원순환공제조합'이 운영하고 있다.

무상방문수거는 1인 가구, 노인 가구의 증가 및 전기·전자제품의 대형화로 인하여 가정에서 주민이 직접 대형제품(냉장고, 세탁기, 에어컨, TV 등) 배출·폐기 시 직면하는 어려움을 해소하기 위한 목적으로 시작되었으며, 신제품을 구매할 경우 전기·전자제품 생산 또는 판매사에서 폐전기·전자제품을 무상으로 수거(역회수)하고 있으나, 신제품 구매가 아닌 가정에서 단순 배출할 경우 주민이 지정된 장소까지 대형제품을 옮겨야 하는 불편함 해소와 배출수수료(3천원~1만 5천원)

공동주택 증가 및 제품 대형화

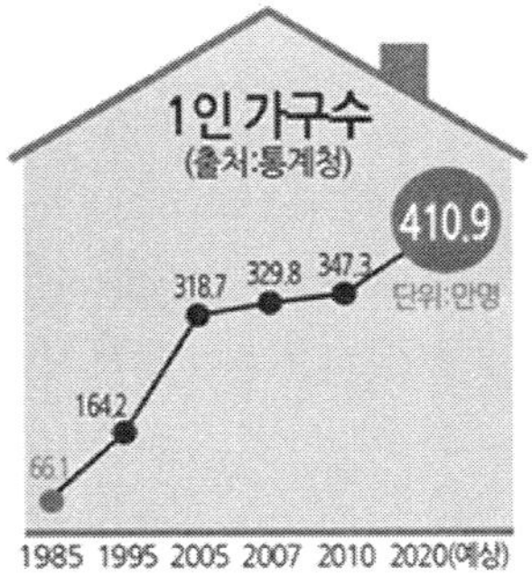

가구 당 인구수 감소 (1인 가구 증가)

인구 고령화(도시/농어촌)

▲ 그림 2-7 **폐전기·전자제품 무상방문수거 서비스 도입 배경**

부담을 최소화하기 위한 공익사업이다.

한편, 무상방문수거는 일부 비도덕적인 사업장에서 발생할 수 있는 '주요 유가물 탈취 후 잔재폐기물 방치' 등의 부적절 사례 발생을 예방할 것으로 기대가 높았으며, 방치폐기물 발생예방(주요유가물 불법 탈취) 및 전자폐기물이 아프리카 또는 동남아시아로 불법 수출 될 수 있는 경로를 사전에 차단함으로써 국가 위상을 드높이는 등 환경보호 및 자원 재활용 극대화에 이바지하고 있다.

불법 방치폐기물 예방

냉매(CFC, HCFC) 등 적정처리

금, 은, 구리 등 금속자원 재활용

▲ 그림 2-8 **폐전기·전자제품 적정처리 및 기대효과**

3.1.2 추진경과

무상방문수거는 효율적인 물류운영을 위해서는 지자체가 제공하는 관내 중간 집하장(선별장, 적환장 등)이 필요하며, 집하장 내 수거된 제품의 구분적재, 밴딩, 상하차 협조 또한 필요하기 때문에 지자체의 협조가 필요하다. 이에 환경부와 공제조합은 2012년부터 지자체와의 지속적인 협력체계를 구축하고 있다[표 2-27, 2-28].

무상방문수거는 2012년 서울특별시를 대상으로 시범사업을 운영하였으며, 환경부 · 생산자 정책간담회 30회 이상, 지자체별 사업 설명회 10회 이상, 환경부, 생산자, 공제조합간 3자 협의회 5회 이상 등을 통해 대상 확대를 위해 지속적인 협의를 추진하였다.

2013년 5월, 국회환경노동위원회와 함께 환경부, 지방자치단체(6개 시 · 도), 생산자(4개사)등이 무상방문수거 서비스 추진을 위해 협약을 실시하였으며, 환경부(홍보 및 정책지원), 지자체(집하장 운영 및 관내 홍보), 생산자(조합 : 예약접수, 수거, 운반 물류 운영 및 기본 재정 지원)의 역할을 구분하여 협약서에 명시하였다.

▼ 표 2-27 **연도별 무상방문수거 시행지역 및 참여율(%)**

시행년도	시행지역	추진경과
2012	시범사업 : 서울시(25개 기초단체, 인구 19.9%)	사업 확대 계획 수립
2013	광역단체 확대(69개 기초단체, 인그 62.9%)	환경부－지자체－생산자 방문수거 추진 협약체결
2014	기초단체 확대(219개 기초단체, 인구 96.2%)	도서지역 육지이송 (캠페인 : 울릉, 신안, 완도 등)
2015	전국 확대(227개 기초단체, 인구 98.2%)	수거품목 확대(중, 소형) 도서지역 정기수거 실시
2016	전국 시행(228개 기초단체, 인구 100%)	'플러스 1' 서비스 시행 도서지역 수거지역 확대
2017	전국 시행(228개 기초단체, 인구 100%)	접수방법 개편 (모바일 신청 웹 운영 등)
현재	전국 시행(228개 기초단체, 인구 100%)	인프라 확대, 서비스 품질 제고

▲ 그림 2-9 **무상방문수거 지자체 협약식 및 협약서(2013년 5월)**

2013년 이후, 사업 시행 지자체 수는 69개(62.9%)에서 점진적으로 증가하여 2015년 227개(98.2%) 기초단체에서 방문수거를 실시하였으며, 이에 따라 공제조합은 추가된 지자체에 대한 회수 인프라 시설(집하장 등) 구축 및 물류망 확보를 지속적으로 추진하였다. 마침내, 2016년 이후에는 전국 228개 기초자치단체에서 방문수거 서비스를 시행하게 되었으며, 도서지역(섬)을 제외한 전 국민이 본 서비스를 이용할 수 있도록 서비스 대상을 확대하였다.

▼ 표 2-28 **무상방문수거 지자체 협약식 및 협약서(2013년 5월)**

주 체	역 할
생산자	• 2013년 6개 시·도 시행 및 2014년부터 단계적 확대 실시 • 배출예약시스템, 공공물류 등 사업시행(공제조합 대행) • 수거·운반·인계 제반비용 부담
지방자치단체	• 지역 내 선별장, 집하장 등에 부지제공 및 관련 장비 지원 • 지역주민 홍보 및 행정지원 • 수거 제품의 운영관리정보체계(EcoAS) 입력
환경부	• 서비스 대국민 홍보 및 정책적 지원방안 마련 • 법적, 제도적 방안 마련

3.2 수거기준 및 이용방법

3.2.1 수거기준

▼ 표 2-29 폐전기 · 전자제품 무상방문수거 기준

<table>
<tr><th colspan="2">항 목</th><th>세부사항</th></tr>
<tr><td colspan="2">수거방법</td><td>주민이 예약한 배출품목 가정 내 방문 수거
※ 단, 주민의 요청 시 문전 수거(현관문 앞)</td></tr>
<tr><td colspan="2">유의사항</td><td>• 에어컨, 벽걸이 TV는 기본 철거가 되어 있어야 함
• 필수 수거 제품이 있을 경우 소형가전 함께 수거 가능
• 인력으로 수거가 불가한 제품은 배출 주민이 수거 가능한 상태가 되도록 조치 후 수거(사다리차, 크레인 없이 수거가 불가능한 경우, 제품을 분해해야만 수거가 가능한 경우, 에어컨 실외기가 위험한 곳에 설치된 경우 등)
• 프린터, 복사기, 팩시밀리 수거 신청시, 잉크, 토너 등이 밖으로 새어나가지 않도록 고정 조치 후 배출</td></tr>
<tr><td rowspan="2">수거 불가 제품</td><td>비가전 제품</td><td>• 폐가구(장롱, 책상, 의자, 안마의자 등)
• 러닝머신을 제외한 운동기구
• 악기류(피아노, 전자 피아노 등)
• 장판류(전기장판, 옥장판, 온수매트 등)
• 의료기기(안마기, 찜질기 등)</td></tr>
<tr><td>가전 제품</td><td>• 원형 훼손 제품(냉장고 냉각기(콤프레셔), 세탁기 모터 훼손, TV화면 파손, 온전한 형태가 아닌 분해되어 있는 제품 등)
• 맞춤 제작된 대형 제품(냉장, 냉동창고 등)
• 선택품목(소형 가전제품) 5개 미만 요청 시</td></tr>
<tr><td colspan="2">수거불가제품 배출방법 및 예시</td><td>인력수거불가 (사다리차 등 필요)

에어컨 실외기 난간 설치

원형 훼손제품

주문제작 대형 냉장, 냉동고
</td></tr>
</table>

3.2.2 이용방법 및 프로세스

무상방문수거는 국민이 편리하게 이용할 수 있도록 다양한 형태로 예약 서비스를 제공하고 있다. 컴퓨터나 모바일(휴대폰/태블릿)을 이용한 인터넷 예약이 가능하며, 자체적으로 운영 중인 콜센터를 통해서도 예약이 가능하다.

▼ 표 2-30 무상방문수거 신청방법

경 로	신청방법
인터넷, 모바일	신청 URL : http://www.edtd.co.kr(폐전기 · 전자제품 수거예약센터)
콜센터	• 1599-0903으로 전화하시면 콜센터 상담원이 예약을 진행한다. • 콜센터 운영시간/평일(월~금) : 08시~18시

무상방문수거를 통해 회수된 폐전기 · 전자제품은 공제조합 또는 지자체에서 운영하는 폐전기 · 전자제품 집하장으로 우선적으로 옮겨진다. 이 후, 접근성이 용이한 인근의 자원순환센터와 연계되어 폐기물 수집운반차량을 통해 자원순환센터로 입고되어 재활용 공정을 거치게 된다.

▼ 표 2-31 무상방문수거 신청절차

경 로	신청방법
1. 서비스신청	인터넷(모바일), 콜센터 신청 및 예약완료 건에 대하여 해당지역 수거차량 배차
2. 고객예약정보 전송	• 예약 신청 고객 : 예약일시 및 수거차량 기사정보 제공(SNS 알림톡) • 수거기사 : 고객명, 주소, 연락처 등 고객 예약정보 제공
3. 제품수거	고객 방문전 예약 확인 전화, 안내 및 제품수거
4. 집하장	• 집하장 하차 : 수거 제품 해당 지자체 관내 집하장 하차 • 구분 적재 및 적재 완료 물량 자원순환센터 운송
5. 자원순환센터	친환경 재활용 실시 : 해체, 파쇄, 선별 등 중간처리 과정을 거쳐 친환경적으로 재활용 실시

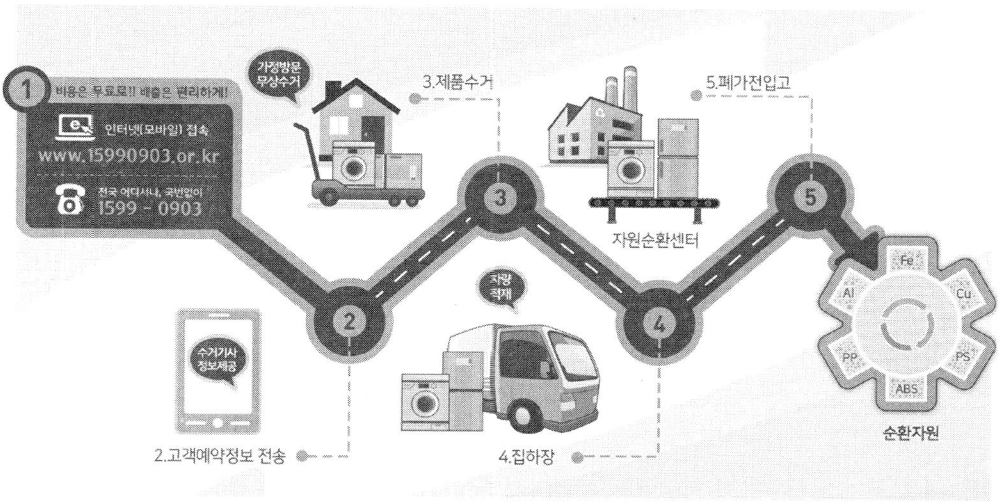

▲ 그림 2-10 **무상방문수거 세부 프로세스**

3.3 운영성과 및 기대효과

방문수거 서비스 물량은 '12년 이후로 지속적으로 증가되어 왔으며 방문수거 서비스가 전국 시행된 '16년 대비 '17년 증가율은 31%이고 중량기준으로는 18% 증가하였다. 더불어 2017년까지 본 서비스를 통하여 약 254만대(165천 톤)의 폐전기·전자제품을 수거하여 친환경 재활용 공정을 통해 재자원화 하였다.

[단위 : 대수] [단위 : 중량(톤)]

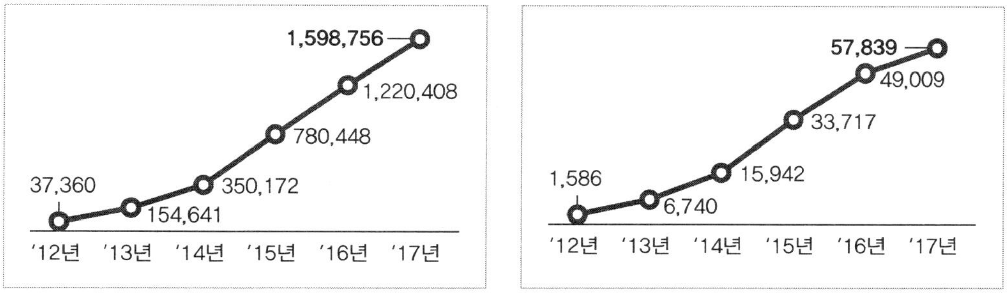

▲ 그림 2-11 **무상방문수거 실적(2012년~2017년)**

방문수거 실적을 환경적/경제적 편익으로 산출하면 아래와 같다. 천연광물 제조단계 에너지 절감 및 매립/소각 대체에 따른 온실가스 감축효과를 CO_2로 환산하였을 경우, 약 547,242톤의 온실가스를 감축하는 환경적 편익이 발생하였으며, 폐전기·전자제품의 재활용량을 통한 유가물 수익, 매립/소각 대체비용, 천연자원 수입대체 비용 및 주민 배출스티커 절감액으로 환산하였을 경우, 약 5,481억 원의 경제적 비용을 절감하였다.

방문수거 서비스를 이용한 고객을 대상으로 해피콜 추진결과 만족률이 99% 이상으로 집계되고 있으며, 직접 방문하여 수거하는 부분과 무상으로 배출할 수 있다는 부분에 대해 국민들은 방문수거 서비스에 만족한다고 응답하였다.

▼ 표 2-32 **방문수거 실적(2012년~2017년)**

구분		대형기기	중형기기	통신기기	소형기기	이동기기	합계
´12년	대	31,868	1,027	1,833	2,496	136	37,360
	톤	1,508	24	22	32	-	1,586
´13년	대	128,643	5,294	7,772	11,440	1,492	154,641
	톤	6,333	125	104	178	-	6,740
´14년	대	283,956	12,808	21,534	30,541	1,333	350,172
	톤	14,880	295	324	442	-	15,941
´15년	대	514,031	40,738	87,415	134,173	4,091	780,448
	톤	30,050	848	1,501	1,318	-	33,717
´16년	대	718,612	61,971	186,283	247,329	6,213	1,220,408
	톤	42,904	1,226	2,924	1,954	-	49,008
´17년	대	834,810	77,573	275,253	392,330	18,790	1,598,756
	톤	50,522	1,491	3,493	2,331	2	57,839

▼ 표 2-33 무상방문수거를 통한 경제적 이익(추산)

[단위 : 백만원]

구분	유가물 판매수익	매립/소각 대체비용	천연자원 수입대체	배출스티커 절감액	온실가스 감축효과 (TCO_2)
´12년	2,924	222	1,776	386	5,264
´13년	12,429	944	7,549	1,603	22,377
´14년	29,396	2,232	17,855	3,611	52,926
´15년	62,174	4,720	37,763	7,391	111,941
´16년	90,372	6,861	54,890	10,928	162,708
´17년	106,654	8,097	64,779	13,320	192,024
합계	303,949	23,076	184,612	37,239	547,240

▼ 표 2-34 연도별 만족도 조사 세부 결과

[단위 : 응답자 수, %]

구분	만족	보통	불만	계	만족률
´13년	8,374	23	12	8,409	99.58%
´14년	20,860	-	46	20,906	99.78%
´15년	25,126	2	12	25,140	99.94%
´16년	16,843	119	29	16,991	99.13%
´17년	30,586	179	71	30,836	99.77%
합계	101,789	323	170	102,282	99.52%

4. 해외 법률 및 제도

4.1 미 국

미국에서는 폐기물 재활용에 대해 연방법으로는 처음으로, 1976년 「자원 보존 및 재생법(Resource Conservation and Recovery Act : RCRA)」이 제정되었다. 이 RCRA는 점차 늘어나는 지자체 및 산업계에서 폐기물로 인한 인간의 건강 및 환경을 보호하고, 자원의 회수 및 재활용을 통해 물질 및 에너지 자원을 절약하며, 유해폐기물의 발생 억제 및 발생량을 최소화하기 위한 목적으로 입법되었다. 그 후, 1984년 「유해 및 고형폐기물 수정 법안(Hazardous and Solid Waste Amendments : HSWA)」의 통과로 RCRA법이 개정 · 강화되었다.

미국은 전 세계에서 현존하는 가장 오래된 연방 국가이기에 각 주별로 각기 다른 형태의 폐전기 · 전자제품 관련법이 존재한다. 2013년 현재 미국 내 50개 주 중에서 25개 주가 폐전기 · 전자제품 재활용 관련 규제를 입법화하였으며 이는 미국 전체 인구의 66%가 관련법에 적용을 받고 있다.

▲ 그림 2-12 미국 내 폐전기·전자제품 재활용 관련제도 시행 주(州)

4.1.1 캘리포니아주 폐전기·전자제품 재활용법

1) 입법 개요

2003년 9월에 캘리포니아 「폐전기·전자제품 재활용법(Electronic Waste Recycling Act)」이 제정되었으며, 2004년 9월에 일부 개정되었다. 이 법은 생산자로 하여금 특정 전기·전자제품 내 납, 수은, 카드뮴, 육가크롬, PBBs, PBDEs 등 유해물질 사용을 제한하고, 제품 판매시 재활용비용을 소매가격에 포함시켜 소비자로부터 징수한 기금을 기반으로 재활용 시설 기반 구축 및 재활용 사업체 지원에 활용하도록 하고 있다.

2) 대상품목

대상품목은 4인치 이상의 CRT 및 이를 포함한 기기, LCD/PDP TV, 비디오 디스플레이 장치이다. 단, 분리가 불가능한 대규모 상업용·산업용 기기, 의료용 장비 및 자동차, 냉장고, 에어컨, 식기세척기 등에 포함되는 디스플레이는 제외된다.

3) 주요 법안내용

① 생산자의 의무

이 법의 적용을 받는 '생산자'는 캘리포니아주에서 판매되는 규제대상 전자제품을 생산하는 자와 자사 브랜드명으로 판매하는 자로 아래와 같은 의무를 진다.

▼ 표 2-35 미국 캘리포니아주 재활용법 주요 내용(생산자)

구 분	내 용
라벨링	생산자 이름 또는 브랜드명이 명시되지 않은 전자제품은 캘리포니아 주내에서 판매용으로 제공 또는 판매 불가
소비자 공지	제품 판매시 회수, 재활용, 폐기방법 및 폐전자제품을 수거, 회수할 수 있는 시설 공지
소매업자 공지	유해물질 포함제품, 리퍼비쉬 제품, 유해물질 미포함 제품임을 소매상에 공지
집행위원회 보고	매년 7월 1일 이전, 전년도 제품 총 판매대수, 유해물질 총 사용량과 감소량, 판매량 중 재활용 예상량과 증가량, 재활용 향상을 위한 디자인 계획 및 목표 등을 집행 위원회에 보고
유해물질 사용제한	납, 수은, 카드뮴, 육가크롬, PBBS, PBDEs

② 소비자 의무

소비자는 대상 전자제품 또는 리퍼비쉬 제품 구매시 재활용 비용을 지불한다. 재활용 비용은 제품판매가격에 포함되어 세무국이 징수를 담당하며, 이 가운데 3%는 징수비용으로 소매업자에 대한 상환이 가능하다. 또한 매년 CalRecycle (https://www.calrecycle.ca.gov)에서 재활용요금을 재산정하며, 징수된 재활용 요금은 폐전자제품 재활용기금으로 사용한다. 그리고 재활용기금은 지정 재활용업체에 대한 지원, 폐전기·전자제품 재활용 시민홍보 프로그램 등을 위해 사용된다.

▼ 표 2-36 미국 각주의 폐전자제품 재활용법상 적용 대상 제품의 범위

주 (State)	컴퓨터	노트북	모니터	TV	프린터	팩스	스캐너	키보드 마우스	MP3	DVD 재생기	VCR	휴대폰	게임기
캘리포니아		●	●	●						●			
코네티컷	●	●	●	●	●								
하와이	●	●	●	●	●								
일리노이	●	●	●	●	●	●	●	●	●	●	●	●	●
인디아나	●	●	●	●		●		●		●	●		
메인		●	●	●	●								●
매릴랜드	●	●	●	●									
미시간	●	●	●	●									
미네소타	●	●	●	●	●	●		●		●			
미저리	●	●	●										
뉴저지	●	●	●	●									
뉴욕	●	●	●	●	●	●	●	●	●	●	●	●	●
뉴욕시	●	●	●	●	●			●					
노우스 캐롤라이나	●	●	●	●	●			●					
오클라호마	●	●	●										
오레곤	●	●	●	●									
로드 아일랜드	●	●	●	●									
사우스 캐롤라이나	●	●	●	●	●								
텍사스	●	●	●										
버몬트	●	●	●	●	●			●					
버지니아	●	●	●										
워싱턴	●	●	●	●									
웨스트 버지니아	●	●	●	●									
위스콘신	●	●	●	●	●	●		●		●	●		

4.1.2 캘리포니아 휴대폰 재활용법

1) 입법 개요

휴대폰의 경우 평균 교체 주기가 18개월로 매우 빠른 편이지만, 대부분의 휴대폰은 재활용이나 재사용되지 않고 폐기되는 경우가 많다. 또한, 휴대폰 회로에는 수은, 구리, 납, 카드뮴 등이, 배터리에는 코발트, 납, 구리 등 환경에 해로운 물질을 다수 포함되어 규제의 필요성이 제기되었다. 이에 2004년, 휴대폰을 대상으로 별도의 「휴대폰 재활용법(Cell Phone Recycling Act)」이 제정되었으며 휴대폰 소매업자로 하여금 폐휴대폰이 재사용, 재활용, 혹은 적절하게 처분될 수 있도록 무료반환 및 수거 시스템을 구축하도록 하였다. 그러나 폐휴대폰 관리비용은 휴대폰 제조자 및 사용자의 부담 원칙을 명확히 함으로써, 오염자 책임원칙을 반영하였다.

2) 대상품목

캘리포니아 지역에서 판매되는 모든 휴대폰이 해당되며, 자동차 구성품인 카폰은 예외로 하고 있다.

3) 주요 법안내용

휴대폰 생산자는 다음과 같은 의무를 부담한다.

▼ 표 2-37 미국 캘리포니아주 휴대폰 재활용법 의무사항(생산자)

구 분	내 용
보고 의무	캘리포니아에서 판매된 휴대폰에 대한 재활용률을 캘리포니아 통합 폐기물관리 위원회 및 입법부 보고
공지 의무	전년도 휴대폰 판매량 및 재활용률 웹사이트에 공개
재정 의무	소매업자에 대해 폐휴대폰을 무료로 반환 및 수거하는 시스템 구축
입찰혜택 및 제한	법안 요구사항을 충족하고 수거시스템을 구축한 소매업자에 대해서만 주관할 관청의 조달 입찰자격 부여

4.2 유럽연합

4.2.1 EU의 폐전기 · 전자제품 처리지침(WEEE)

1) 지침 개요

유럽연합은 전기 · 전자제품 폐기물 증가에 대한 문제를 해결하기 위하여 2003년 「전기 · 전자제품의 특정 유해물질 사용제한에 관한 지침(Directive on the restriction of the use of certain hazardous substances in electrical and electronic equipment, 이하 "RoHS 지침"이라 한다)」과 「폐전기 · 전자제품 처리지침(Waste Electrical and Electronic Equipment Directive, 이하 "WEEE 지침"이라 한다)」을 제정하였다. 위의 두 지침의 제정으로 유럽연합은 폐기물 처리량과 폐기물에서 유출되는 유해물질을 감축하기 위하여 전기 · 전자제품의 제조자에게 자사 제품의 회수와 환경 친화적 처리에 대한 책임을 부여하였다.

WEEE 지침의 목적은 폐기물을 재사용 · 재생하여 폐기물 처리를 줄이고, 자원의 효율적인 사용 및 유용한 2차 원료의 재생에 기여함으로써 지속가능한 생산과 소비에 기여하는 것이라 할 수 있다. 또한 전기 · 전자제품 전과정에 걸친 이해관계자, 특히 폐전기 · 전자제품 수거 및 처리와 직접 관련된 당사자들의 환경적 성과를 개선하는데 목적이 있다.

2) 주요 내용

WEEE 지침은 제조자에게 폐전기 · 전자제품의 무료 수거의무를 부여하고 제품 유형별로 재사용 · 재활용 · 재생 비율을 정하여 2007년 1월 1일부터 이를 준수하는 제조자만이 유럽연합 역내에서 전기 · 전자제품의 판매를 허용하고 있다. 이 지침에 의하면 폐전기 · 전자제품의 회수 · 재활용 · 재사용 의무가 부과되는 제품은 교류전압 1,000V, 직류 1,500V 이하에서 사용되는 모든 유형의 전기 · 전자제품이다.

이후 2012년 7월 4일 WEEE지침은 개정(일명 'WEEE2')되어 기존 10개의 전기·전자제품 카테고리를 6개로 단순화하였으며, 국가별 수거 목표량 및 카테고리별 재활용 및 재생률을 조정하였다. 위 지침은 2018년 8월 14일까지 이행 기간을 거치며, 기본적으로 2019년 이후 과거 3년 평균 판매중량의 65% 또는 당해 연도에 발생된 폐전기·전자제품의 85%를 회수해야 한다. 2018년 8월 15일 이후 대상 범위는 모든 전기·전자제품으로 확대(Open Scope로 전환)되었다.

▼ 표 2-38 EU 국가별 회수 및 재활용 책임 주체

회원국	회 수						재활용
	물리적 책임			금전적 책임			물리적·금전적 책임
	생산자	판매자	지자체	생산자	판매자	지자체	생산자
오스트리아	○	○	○	○	○	○	○
프랑스	○	○	○	○	○	○	○
포르투칼	○	○	○	○	○	○	○
영국	○	○		○	○	○	○
체코	○	○		○	○		○
핀란드	○	○		○			○
그리스	○			○			○
스웨덴	○			○			○
아일랜드		○	○	○	○	○	○
스페인		○	○	○			○
벨기에		○	○		○	○	○
이탈리아		○	○		○	○	○
네덜란드		○	○		○	○	○
폴란드		○			○	○	○
덴마크			○				○
독일			○				○

▼ 표 2-39 기존 WEEE 및 WEEE2 카테고리 비교

구 분	범 위
2018.8.14. 이전 (부속서I 적용)	1. 대형가전기기
	2. 소형가전기기
	3. IT · 통신장비
	4. 소비자 장비, 태양광 패널
	5. 조명장비
	6. 전기 및 전자도구(대규모 고정산업도구 제외)
	7. 장난감 및 레저스포츠장비
	8. 의료장비(모든 이식 · 감염기기 제외)
	9. 검사 및 통제기기
	10. 자동판매기
2018.8.15. 이후 (부속서III 적용)	1. 온도교환장비
	2. 스크린 · 모니터 · 면적 $100cm^2$ 이상 스크린이 설치된 장비
	3. 램프
	4. 대형장비(50cm 이상)
	5. 소형장비(50cm 이하)
	6. 소형IT · 전자통신 장비(50cm 이하)

▼ 표 2-40 EU 회원국의 WEEE 수거 목표

기 간	수거목표	비 고
2015년 까지	가정배출 가전제품에 대하여 1인당 4kg	높은 수치 적용
	이전 3년간 WEEE 평균 수거 중량	
2016~19년	최종 수거율 45%(이전 3년간 공급된 EEE의 평균중량 기준)	
2019년 이후	이전 3년간 공급된 EEE의 65%	택일하여 적용
	이전 3년간 발생된 WEEE의 85%	

▼ 표 2-41 EU 회원국의 WEEE 재활용 및 재생 목표

구 분		Part 1			Part 2			Part 3			
기간		′12.8.13～′15.8.14			′15.8.15～′18.8.14			′18.8.15 이후			
폐기 전자 제품	재활용률 (%)	75	65	50	80	70	55	80	70	55	80
	재생률 (%)	80	75	70	85	80	75	85	80	75	80
	제품군 (범위)	부속서 I			부속서 I			부속서 III			
		1, 10	3, 4	2, 5-9	1, 10	3, 4	2, 5-9	1, 4	2	5, 6	3
폐기 램프	재활용률 (%)	80%			80%			-			

- 재활용(recycling) : 대상물을 원래 목적 또는 다른 목적을 위해 형태 가공 등 재처리하는 것(열에너지로 전환하는 소각 제외)
- 재생(recovery) : 대상물을 다른 에너지(열에너지 등) 형태로의 전환을 위해 재처리하는 것(ex. 소각, 퇴비 등)
- 재사용(reuse) : 형태에 대한 가공 없이 대상물의 본래 용도로 다시 사용한다.

유럽은 현재 총 32개 국가에서 WEEE 의무대행 및 회수, 재활용체계를 운영하고 있고, 4개국에서는 독점 운영, 28개국에서는 경쟁체제로 운영되고 있다. 일반적으로 정부를 통한 재정지원은 없으며, 회원사의 분담금을 기반으로 운영된다. 이러한 체계를 운용하는 Scheme은 회수, RC운영 등은 직접 운영하지 않고 해당 업체(위탁)와 계약을 통하여 관리하고 있으며 연 1회 시설/안전 점검 등을 실시한다.

▼ 표 2-42 회원국들의 WEEE Scheme 운영 현황(2017년 기준)

Waste streams	독점운영(국가 수)	경쟁체제(국가 수)
WEEE	4	24
배터리	8	28
포장재	12	18

4.2.2 독일 전기 · 전자제품법

1) 입법 개요

독일은 1986년 「폐기물법 14조」에 기초하여 폐기물의 발생방지, 감축과 회수에 관한 법령(일명 '전자폐기물법령')을 제정하였으며, 1998년 폐기물법이 '물질순환 및 폐기물관리법'으로 개정되면서 생산자책임재활용제도(Extended Producer Responsibility, 이하 : EPR)가 처음으로 도입되었다. 이후, 독일은 2005년 3월 「전기 · 전자제품의 유통, 회수 및 환경친화적 처리에 관한 법률(Das Gesetz üer das Inverkehrbringen, die Rüknahme und die umweltverträliche Entsorgung von Elektro-und Elekronikgeräen : Elektro-und Elektronikgeräegesetz－ElektroG, BGBl I, 762, 이하 "전기 · 전자제품법"이라 한다)」을 제정함으로써 유럽연합의 두 지침인 RoHS와 WEEE를 이행하기 위한 기반을 마련하였다.

「전기 · 전자제품법」은 전기 · 전자제품의 제조자에게 부여된 폐기물법상 제품 책임에 관한 요구사항을 규정하고 있다. 「전기 · 전자제품법」은 전기 또는 전자를 이용하여 작동하는 모든 제품에 적용된다. 제조자는 이를 위하여 적합한 인프라를 구축하여야 하며, 공공기관에 의하여 여러 곳에 설치된 폐전기 · 전자제품 수집소를 이용할 수도 있다. 독일은 2017년 생산자책임재활용제도가 일부 개정되었으며, 이로 인해 대상품목에 발열, 전도 · 전자 장치가 포함되었다. 독일의 생산자책임재활용제도 의무 이행자로는 전기 · 전자제품, 배터리, 태양열 제품의 생산자이며, 이 때 생산자의 정의는 경우에 따라 제조업자, 수입업자, OEM 제조업자, 독일 내 미신고 제품 유통업자, 원거리판매자(distant seller)를 지칭한다.

의무내용을 세부적으로 살펴보면, 먼저 자회사가 있는 유통업자, 원거리 판매자, 온라인 판매자는 보유하고 있는 전기 · 전자제품 창고의 크기/판매장소가 최소 $400m^2$ 이상인 대규모 업체의 경우, 소비자가 신제품 구매 시 가장자리의 길이가 25cm 이하인 소형 폐전기 · 전자제품을 소비자로부터 무료로 회수해야한다. 한편, 자회사가 없는 원거리 판매자, 온라인 판매자는 독일 내 공식 대리인을 지정해야 하며, 독일 내 공식 대리인은 행정적 의무과제 이행(제품 판매 신고) 및 폐전기 · 전자제품 회수의 업무를 대신해주는 재활용서비스 제공자이다.

2) 대상품목

「전기 · 전자제품법」은 1,000V 이하의 교류전압으로 작동하거나 1,500V 이하의 직류전압으로 작동하는 기기에만 적용된다. 단, 자동차에 부착된 자동차 오디오 및 자동차 비디오나 고정 시설물에 장착된 전기 · 전자제품(에어컨, 온수기 등)은 적용대상에서 제외된다.

▼ 표 2-43 **독일의 폐전기 · 전자제품 그룹**

구분	EU WEEE 카테고리	독일 WEEE 카테고리
수거그룹 1	① 대형가전	1. 대형가전(냉매 미포함)[①, ⑩]
	② 소형가전	
수거그룹 2	③ 정보통신기기	2. 대형가전(냉매포함) ①
	④ 소비자 전자기기	
수거그룹 3	⑤ 조명기기	3. 정보통신/소비자 전자기기[③, ④]
	⑥ 전동공구	
수거그룹 4	⑦ 장난감, 레저 및 운동기기	4. 조명기기 ⑤
	⑧ 의료기기	
수거그룹 5	⑨ 모니터링 및 제어기기	5. 소형가전 및 기타[②, ⑥, ⑦, ⑧, ⑨]
	⑩ 자동 디스펜서	6. 태양광 패널('16. 02 추가)

독일은 현재 EU WEEE 지침 및 독일 자국법 ElecktroG 2조에 따라 의무대상 제품군을 10개의 WEEE 카테고리로 분류하였으며, 추가적으로 독일의 WEEE법 ElecktroG 9조 4항에 따라 WEEE 카테고리 제품군을 6개 독일 카테고리 제품군으로 재분류하여 운영하고 있다.

3) 주요 내용

전술한 바와 같이, 독일은 2003년 발표된 EU의 WEEE 지침을 반영하여 2,004년 독일의 WEEE 법(ElektroG 법규) 발표 후 생산되는 모든 제품에 대해서는 재활용 및 처리의무를 생산자에게 부과하고 있다. WEEE 법에 따른 제조/수입업자에 속하는 업체는 다음과 같다.

- 전기 · 전자제품을 제조하고 판매하는 회사
- 전기 · 전자제품을 다른 공급업체에 재판매하는 회사
- 독일로 수입한 제품을 독일이나 다른 EU 국가에 판매하는 회사
- 등록되지 않은 제조업체의 기기를 판매하는 회사
- 조직(대표적 조직 : ERP_Germany)

법률에 따라 지방자치단체는 가정용 전기 · 전자제품의 폐기물을 수집할 시설을 설치하여야 한다. 이에 반하여 제조자는 지방자치단체의 수집시설에서 가정용 폐전기 · 전자제품을 다시 회수하여 재활용, 재사용 또는 처리해야 한다. 제조자에게 부여된 이러한 의무이행을 담보하기 위하여 제조자는 재정적 보증이 필요하다.

① 등록의무

전기 · 전자제품의 제조자는 폐전기 · 전자등록재단(EAR)에 온라인 등록되어야 한다. 등록의무는 B2B제품과 B2C제품의 범주 분류와 관계없이 모든 제조자에게 부여된다. 제조자는 EAR 홈페이지에 접속하여 등록신청 시, 상표, 회사, 주소, 대표자 정보를 포함하여야 하며, 등록번호를 제품 판매 시 각 제품에 부착해야 한다.

② 표시

가정용 전기 · 전자제품은 부속서 II에 따라 심볼(마크)이 표시되어야 하며, 일반 가정 폐기물 컨테이너가 아닌 전용 컨테이너에 회수하도록 알리는 기능이다.

③ 파산보증금

모든 제조자는 EAR에 매년 가정용 폐전기 · 전자제품의 회수와 처리에 필요한 재원에 대한 파산보증을 하여야 한다. 제조자가 파산한 후에도 해당 제조자가 판매한 전기 · 전자제품의 회수의무를 다할 수 있도록 하는데 목적이 있다.

④ 회수 및 재활용의무

제조자는 지방자치단체의 폐기물수집소에 설치된 B2C제품의 수집함에 수거된 폐전기 · 전자제품을 회수하여 환경 친화적으로 재사용, 재활용 또는 재제조하여야 하며, 그 비용을 부담해야 한다. 제조자가 회수하도록 설치된 컨테이너의 회수책임자는 EAR에서 결정한다. 폐전기 · 전자제품은 5개의 그룹으로 분리하여 수집한다.

⑤ 회수 프로세스

독일의 회수 및 처리 프로세스는 다수의 생산자 의무대행조직(Scheme)과 이들 조직을 관리하는 재단인 EAR(Elect ro- Altegeraete-Register)로 이루어진다. 생산자

의무대행조직(Schem)은 직접 회수 및 재활용 처리설비를 갖춘 조직(대표적 조직 : Remondis Electro recycling GmbH)과 제조/수입업자와 회수/처리업체 사이를 조율하는 조직(대표적 조직 : ERP_Germany)로 대표된다. 한편, EAR은 각 생산자 의무대행조직(Scheme)의 폐전기 · 전자제품 회수 및 재활용 처리에 대한 통계 데이터를 관리하고 독일 내 폐전기 · 전자제품 회수에 대한 업무조율의 역할을 수행한다.

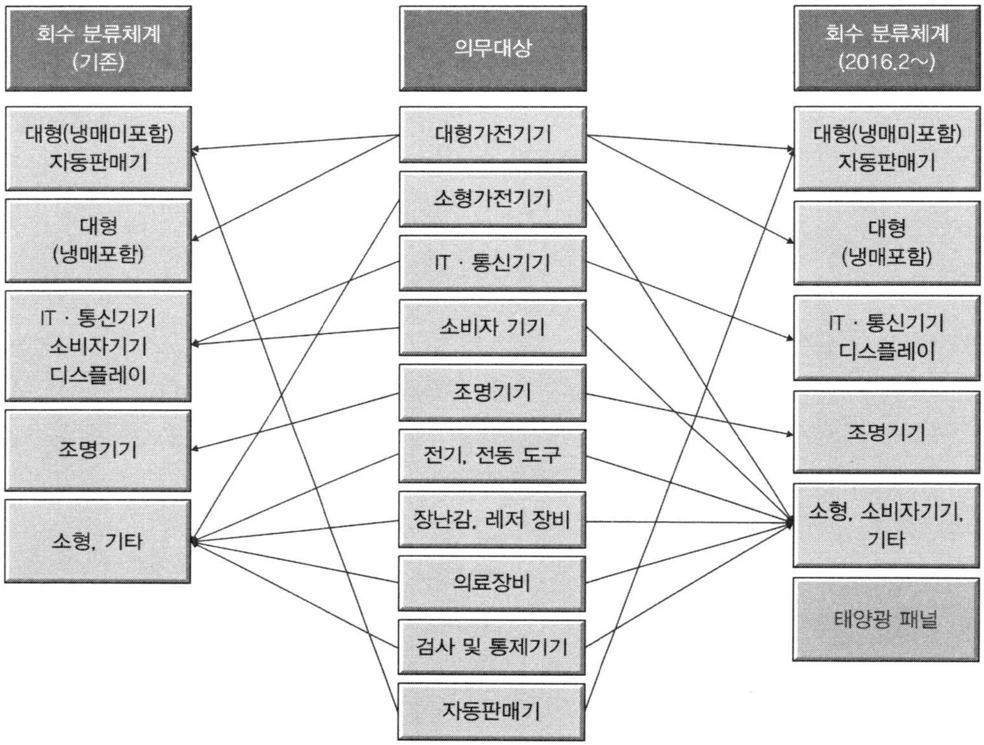

▲ 그림 2-13 **독일 WEEE 회수 의무대상과 분류 체계**

⑥ 친환경 제품설계의무

전기 · 전자제품은 합리적인 비용으로 처리될 수 있도록 분해와 재활용이 용이하도록 설계 및 제조되어야 한다. 다만, 해당제품의 특성 및 환경적, 안전적인 문제가 있을 때에는 예외사항으로 인정된다.

⑦ 특정 유해물질 사용제한

납, 수은, 6가크롬, PBBs 또는 PBDEs은 무게기준 0.1% 이상, 또는 카드뮴은 0.01% 이상 함유한 전기 · 전자제품은 유통될 수 없다.

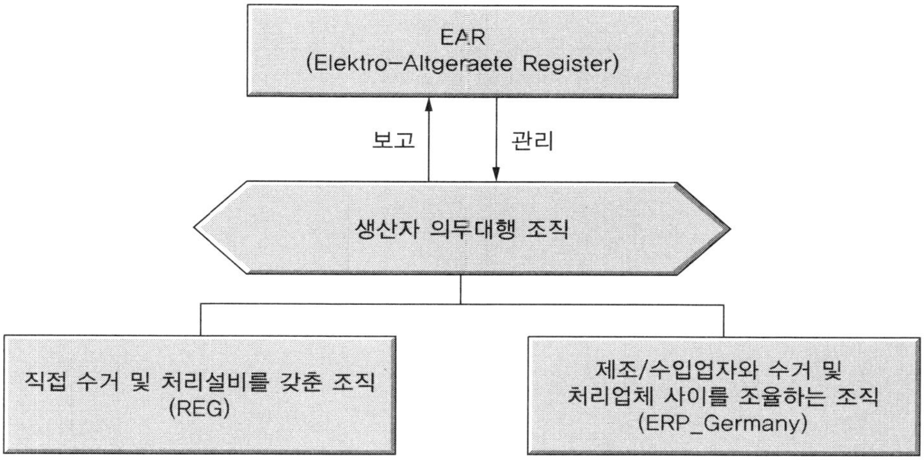

▲ 그림 2-14 **독일 생산자 의무대행조직(Scheme)의 구성**

⑧ 통보의무

제조자는 폐기물처리의무의 이행을 보장하기 위하여 EAR에게 통보 및 정보제공 의무가 있다. 제조자는 EAR에 매월 유통된 제품의 종류와 양 및 회수·수집·재사용·재활용, 또는 수입된 폐전기·전자제품에 대하여 통보하여야 한다. EAR은 제조자의 회수의무를 시장 점유율에 따라 책정한다. 제조자는 전기·전자제품에 대한 정보를 제품 유통 1년 이내에 책자 또는 전자문서 형태로 작성하여 제공해야 한다. 해당정보로는 제품 내 부품과 구성성분, 유해물질 사용 위치 등에 대한 내용이다.

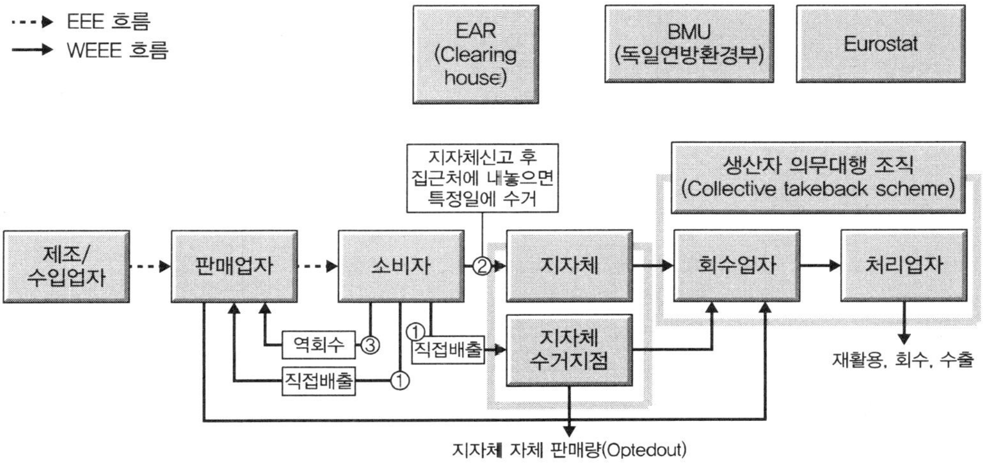

▲ 그림 2-15 **독일 WEEE 회수 및 처리 프로세스**

⑨ 폐기비용 부담

독일의 WEEE 회수/운반/재활용에 관련된 비용 체계도는 [그림 2-16]과 같다. 그림의 1~4단계에 대한 세부 설명은 다음과 같다.

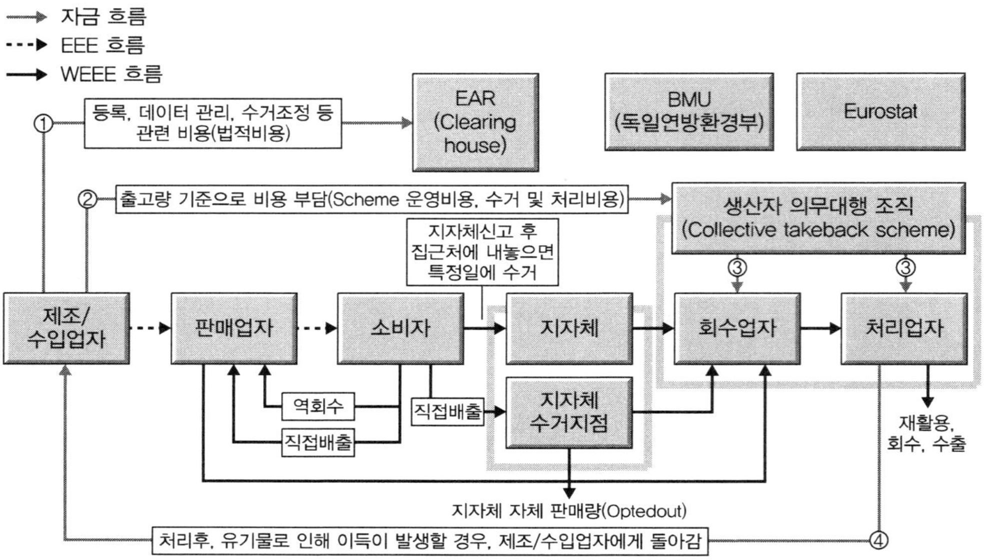

▲ 그림 2-16 **독일 WEEE 회수/운반/재활용 비용 체계**

(그림)1단계 데이터 관리, 회수조정 등의 관리를 위해 제조/수입업자가 EAR에 비용을 지불한다.

2단계 제조/수입업자가 출고량을 기준으로 생산자 의무대행조직(Scheme)에 운영비용, 회수 및 재활용처리 비용을 지불한다.

3단계 생산자 의무대행조직(Scheme)은 회수 및 처리업자에게 회수 및 재활용 처리 비용을 전달한다.

4단계 폐전기·전자제품 회수 및 처리 후 발생되는 유기물의 경제적 가치가 처리비용보다 높은 경우에는 재활용 회수 및 처리업자가 제조/수입업자에게 남은 이득의 일부를 반환한다.

4) 재활용 기술

주요 품목에 대한 재활용 공정 중, 냉장 및 냉동기기를 대표적으로 살펴보면, 독일의 냉장고 재활용 공정도 국내와 유사함을 알 수 있다. 다만 우레탄의 경우, 전처리 및 파쇄공정 후 풍력선별로 선별 뒤 우레탄에 포함되어 있는 잔류 냉매

회수를 위하여 90~100℃로 가열 한 뒤 배출되어 외부 소각 처리함. 냉매의 경우, 종류는 다르나 모두 소각처리 하기 때문에 혼합하여 보관하고 있다. 법적 재활용률 기준은 물질재활용 75%, 에너지회수 5%이다.

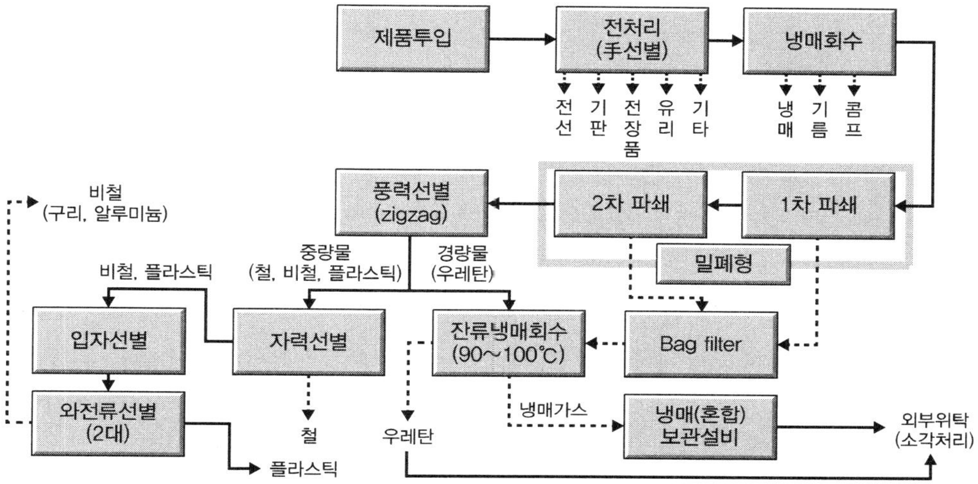

▲ 그림 2-17 독일 WEEE(냉장고) 재활용 공정도

4.2.3 벨기에 전기 · 전자제품법

1) 입법 개요

벨기에는 왕실 통칙과 지역별 환경정책 협약을 통해 폐기물과 전기 · 전자제품 회수 및 재활용에 대한 의무를 부과하고 있으며, 2001년 7월 1일부터 폐전기 · 전자제품(WEEE) 수집 및 처리 시스템(take-back)이 구축되었다. 관련 왕실 법령은 「전기 · 전자제품 및 폐기물의 유해물질에 관한 법령」(2004.10.20.)과 「전기 · 전자제품 및 폐기물의 유해물질에 관한 법령」(2006.06.14.)으로 구성된다. 또한, 벨기에의 경우, 아래와 같이 자국 내의 지역별로 크게 3개 지역(Flanders, Wallon, Brussels)으로 구분하여 각 지역별로 폐전기 · 전자제품에 관한 환경정책 협약을 체결하여 운영되는 형태이다.

- Flanders 지역의 폐전기 · 전자제품에 관한 환경정책 협약은 다음과 같다.
  - 「폐전기 · 전자제품 회수(VLAREA) 의무이행에 관한 협약」(2001.01.26)
  - 「폐전기 · 전자제품 회수(VLAREA) 의무이행에 관한 협약」(2008.10.17)
  - 「폐전기 · 전자제품 회수(VLAREA) 의무이행에 관한 협약」(2016.04.19)

- Wallon 지역의 폐전기 · 전자제품에 관한 환경정책 협약은 다음과 같다.
  - 「가정용 폐전기 · 전자제품 회수 의무이행에 관한 협약」(2001.02.19)
  - 「가정용 폐전기 · 전자제품 회수 의무이행에 관한 협약」(2010.05.11)
- Brussels 지역의 폐전기 · 전자제품에 관한 환경정책 협약은 다음과 같다.
  - 「폐전기 · 전자제품 회수 의무이행에 관한 협약」(2001.02.19)
  - 「폐전기 · 전자제품 회수 의무이행에 관한 협약」(2012.02.29)

한편, 벨기에는 기업과 소비자 간 거래(B2C)와 기업 간 거래(B2B) 2가지 경우로 나누어 생산자책임 및 의무를 부여하고 있다. 기업과 소비자 간 거래(B2C)는 전기 · 전자제품(EEE)의 제조, 수입 또는 재판매 업자는 전기 · 전자제품(EEE)의 종류 및 수량에 따라 생산자 책임을 부여한다. 반면, 기업 간 거래(B2B)에서의 생산자 책임은 전기 · 전자제품(EEE)의 판매 계약에 의해 고객과 일부 또는 전체를 공유할 수 있다. 즉 기업 간(거래당사자) 책임을 분할하는 형태이다.

2) 대상품목

벨기에는 EU WEEE 10가지의 카테고리에 대해 6개의 범주로 분류하여 폐전기 · 전자제품을 회수 및 재활용하며 다음의 [표 2-44]와 같다.

▼ 표 2-44 벨기에의 폐전기 · 전자제품 그룹

벨기에	EU WEEE 카테고리
대형 가전제품	대형 가전제품
자동 디스펜서	
소비자 전자제품	TV & 컴퓨터 모니터
소형 가전제품	소형 가전제품
조명기기	코로나 방전 전구
측정 및 제어기기	화재감지기

3) 주요 내용

① 회수 프로세스

벨기에의 폐전기 · 전자제품 회수체계는 단일의 생산자 의무대행 공제조합(Recupel)을 통해서만 이루어지며 생산자 의무대행 공제조합(Recupel)은 벨기에의 전기 · 전자제품 제조/수입업자와 지방정부들의 후원으로 설립되어 폐전기 · 전자제품 전체의 회수에 대한 의무를 갖는다. 전술한 바와 같이, 전기 · 전자제품 제조/수입업자는 주로 3개 지역(Flanders 지역, Wallonia 지역, Brussels 지역)에서 활동하기 때문에 국가 차원에서 단일 회수시스템을 구현하고 있다.

폐전기 · 전자제품에 대한 단일 회수시스템 구현을 위해 지역 당국과 제조/수입업자간 지역별 협약을 주기적으로 체결하고 있으며, 이러한 특징을 기반으로 벨기에의 폐전기 · 전자제품 회수체계를 구분하면 다음과 같이 크게 4가지 채널로 분류할 수 있다.

- 소비자가 회수함에 직접 폐전기 · 전자제품을 버리는 경우
  - 소비자가 직접 폐전기 · 전자제품을 버릴 수 있는 장소는 각 지자체에 회수함과 전기 · 전자제품 판매점에 위치한 회수함이 존재한다.
  - 지자체는 회수함이 가득 찰 경우 생산자 의무대행 공제조합(Recupel)에 회수함의 수거를 요청한다.
  - 생산자 의무대행 공제조합(Recupel)에 속해있는 회수업자가 지자체 회수함의 폐전기 · 전자제품을 회수한다.
  - 벨기에는 2012년 기준으로 547개소의 지자체 수집소가 운영되고 있다.
- 생산자 의무대행 공제조합(Recupel) 홈페이지를 통해 직접 무상 회수요청
  - 배출자가 생산자 의무대행 공제조합(Recupel) 홈페이지를 통해 배출자 주변에 소재한 회수업자 등 세부사항을 직접 선택하면 회수업자를 통해 방문수거가 이루어진다.
  - 2012년 기준으로 4,117개의 회수업자가 생산자 의무대행 공제조합(Recupel)의 회원사로 등록되어 운영되고 있다.
- 판매업자가 소비자에게 신제품 판매시 발생하는 역회수
  - 이 채널의 경우 동일 제품군과 동일 수량에 한해 역회수가 이루어지며 소비자가 희망시 판매업자는 의무적으로 회수해야 한다.

• 폐전기 · 전자제품이 재활용센터로 배출되는 경로

- 재사용센터로 배출되는 폐전기 · 전자제품 수량을 회수량으로 산정하고 있다.
- 재사용센터에서 소비자에게 배출될 경우 또한 회수량을 산정하고 있어 중복 회수실적으로 산정된다.
- 2012년 기준으로 22개소의 재사용센터가 운영되고 있다.

② 회수 실적 및 현황

벨기에의 경우 2016년에 유럽에서 가장 많은 1인당 10.2kg의 폐전기 · 전자제품을 회수한다. 2016년의 경우 TV와 모니터의 회수량이 9.2% 감소하였지만 다른 폐전기 · 전자제품은 2015년보다 증가하는 추세였다. 대형 가전제품과 냉각 & 냉동제품의 경우에도 증가하였으나 램프의 경우 21.4%, 소형 전기 · 전자제품은 20.1%로 높은 회수율을 보였다.

③ 폐기비용 부담

벨기에의 폐전기 · 전자제품 회수 및 재활용 처리비용은 Visible fee 방식으로 지불되고 있다. Visible fee란 폐전기 · 전자제품을 회수하고 재활용 처리하는데 소요되는 비용을 소비자가 명확히 알 수 있도록 명시해놓는 방법을 의미하며, 일반적으로 제품 구매가격에 별도로 표시되어 있는 경우를 의미한다.

Visible fee는 소비자가 새로운 전기 · 전자제품을 구입하는 시점에서 해당 제품의 회수 및 재활용 처리를 위한 비용이 얼마인지 정량적인 액수를 바로 확인할 수 있으며, 폐전기 · 전자제품의 회수 및 재활용 처리비용을 소비자가 지불하는 것이 절차상 확실하게 드러나기 때문에 폐전기 · 전자제품의 회수 및 처리에 관한 비용, 진행 경로 및 처리 결과 등이 보다 투명하게 운영되며 국민을 대상으로 하는 홍보 활동 역시 활발히 운영되고 있다.

벨기에의 비용 운영 체계를 살며보면, 제조/수입업자는 시장에 신제품 출고 시 제품별로 사전에 정해진 비용에 따라 생산자 의무대행 공제조합(Recupel)에 비용을 지불한다[그림 2-18]. 이후, 판매업자는 소비자가 지불한 Visible fee를 제조/수입업자에게 전달하게 된다.

위와 같은 Visible fee 운용체계는 결과적으로 폐전기 · 전자제품의 회수 및 재활용처리, 생산자 의무대행 공제조합(Recupel) 운영에 관한 비용 등은 소비자가 부담하는 것으로 귀결된다. Visible fee는 지난 분기의 폐전기 · 전자제품 회수율 및 회수, 재활용 처리에 대한 비용 등을 반영하여 각 지역 환경청과 생산자 의무대행 공제조합(Recupel)에서 6개월마다 재산정하도록 운영되고 있다.

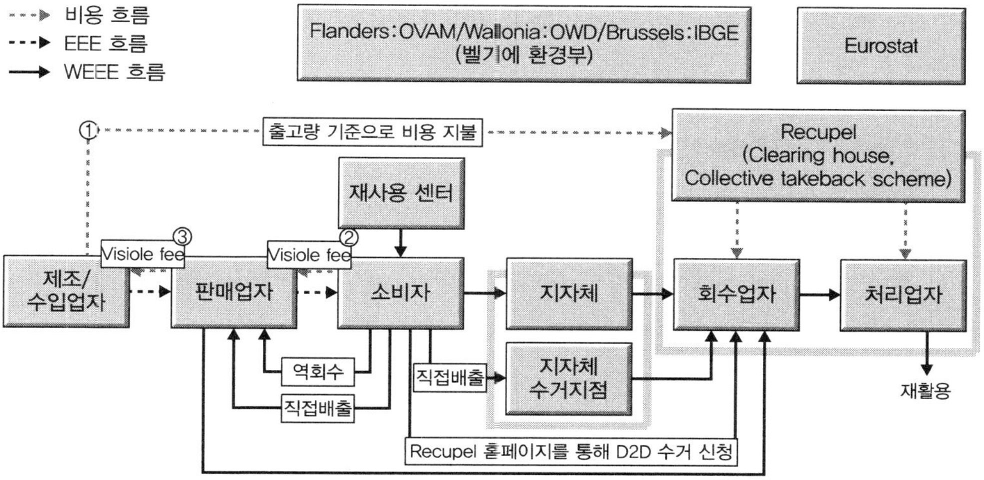

▲ 그림 2-18 **벨기에 WEEE 회수/운반/재활용 비용 체계**

4.3 일 본

일본은 폐기물에 대한 종합적인 규제대책으로 2000년 5월 26일 「순환형 사회 형성 추진 기본법」을 제정하고 6월 2일에 공포하였다. 이 법으로 다른 폐기물·재활용 관련법도 포괄적으로 정비 되었으며, 「폐기물 처리법」, 「재생자원 이용 촉진법」, 「건설자재 리사이클법」, 「식품 리사이클법」, 「녹색구매법」을 개정하였다.

▲ 그림 2-19 **일본의 가전제품 재활용 관련 법체계**

4.3.1 특정 가정용 기기 재상품화법(가전리사이클법)

1) 입법 개요

일본 「가전리사이클법」은 제조사에게 가전제품의 리사이클(재상품화) 의무를 부담하게 함으로써, 폐전기 · 전자제품의 재자원화를 통해 환경을 보전하는 것을 목적으로 하여, 1998년 6월에 공포된 법률을 가리킨다. 정식명칭은 「특정 가정용 기기 재상품화법」이라고 한다. 2001년 4월 1일에 시행되었으며 그 후 재활용의무 대상품목 추가 및 재상품화 기준 강화 등에 대한 법령이 2008년 12월에 공포, 2009년 4월부터 시행되었다.

소매업자는 소비자로부터 인수받은 폐전기 · 전자제품을 제조업자에 인계하고 제조업자 및 수입업자는 폐전기 · 전자제품을 인수하여 재상품화 의무를 진다. 한편 소비자는 사용하는 폐전기 · 전자제품을 소매업자에 인계하고 수거 · 재상품화에 관한 요금을 지불해야 한다.

2) 대상품목

TV, 냉장 · 냉동고, 세탁 · 의류건조기, 에어컨의 4개 품목을 의무대상품목으로 규정하고 있으며, 구체적인 내용은 하위법령에서 정한다.

3) 주요 내용

법률에서는 매년 각 품목에 대한 재상품화률(재활용률)을 정하고 있으며, 이는 품목에 따라 다르다. TV(LCD, PDP)는 각각 50%, 55%, 냉장 · 냉동고는 70%, 세탁 · 의류건조기는 65%, 에어컨은 70%의 재상품화율(재활용률) 부과한다.

① 대상

주로 대형 제품인 TV, 냉장고, 세탁기, 에어컨이(이하 4종) 포함된다.

TV	냉장고	세탁기	에어컨
	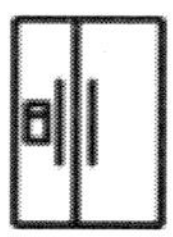		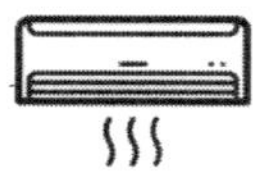

② 소비자의 역할

가전제품을 사용한 소비자는 수거, 운반, 재상품화에 드는 비용을 부담한다.

소비자 지불비용 = 수거 · 운반 비용 + 재상품화 비용(재활용 요금)

③ 소매업자의 역할

소매업자는 소비자로부터 폐전기 · 전자제품을 인수해야 하며 인수시, 관리표(가전 리사이클권)를 발행하여 소비자에게 발급해야 한다.

④ 제조업자 및 수입업자의 역할

가전 제조업자 등은 가전 소매점으로부터 인수한 가전제품을 재활용해야 할 의무가 있다. 재활용 시, 에어컨이나 냉장고에 포함된 냉매 프레온이나 단열재 프레온을 수거하여 파괴하여야 한다. 또한, 제조업자는 자원유효이용 촉진법에 따라 자원 절약, 재활용이 용이한 제품 설계, 제품 사용수명 연장 등을 고려하여 제품을 개발해야 한다.

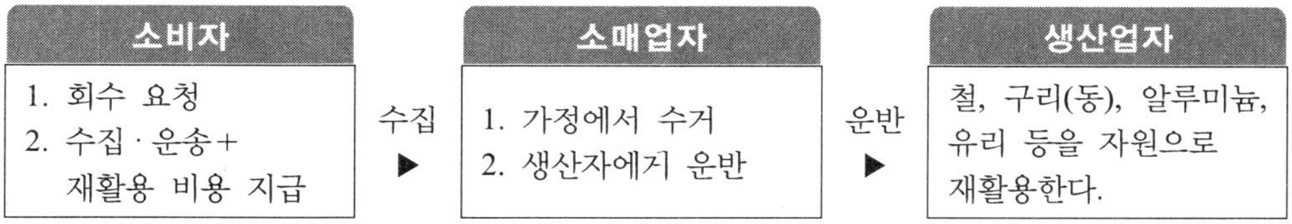

▲ 그림 2-20 **일본의 폐전기 · 전자제품 재활용 체계**

▼ 표 2-45 **일본 가전리사이클법 관련 주체별 역할**

관련주체	담당역할
생산자	• 수거의무 : 자사제품 수거해야 할 의무가 있으며, 회수시스템 구축 • 재상품화 의무 : 수거된 폐전기 · 전자제품 재상품화비율 이상 수준으로 이행
소매업자	• 수거의무 : 소비자가 신규제품 구입시 구제품을 반납하도록 독려하고, 수거한 제품은 생산자에게 인도(생산자가 불분명할 시 지정 법인에게 인도)
소비자	• 수거 및 재상품화를 위한 요금 지불
지자체	• 수거의무 : 소비자로부터 제품 수거 • 재상품화의무 : 수거제품을 생산자에게 인계하거나 스스로 재상품화 • 홍보 · 교육 : 지역주민을 대상으로 제도 홍보 및 교육
정 부	• 연구개발, 정보제공, 시설정비, 기술지원, 환경교육, 홍보 활동 등 실시

⑤ 회수 프로세스

가전리싸이클법에 근거한 기본적인 폐전기 · 전자제품의 흐름은 소비자 배출 후 판매업자 혹은 지자체에서 회수하여 지정 인수 장소까지 운반 및 보관하고, 이후 재활용센터로 운반하여 폐전기 · 전자제품을 재활용하는 형태로 구성된다.

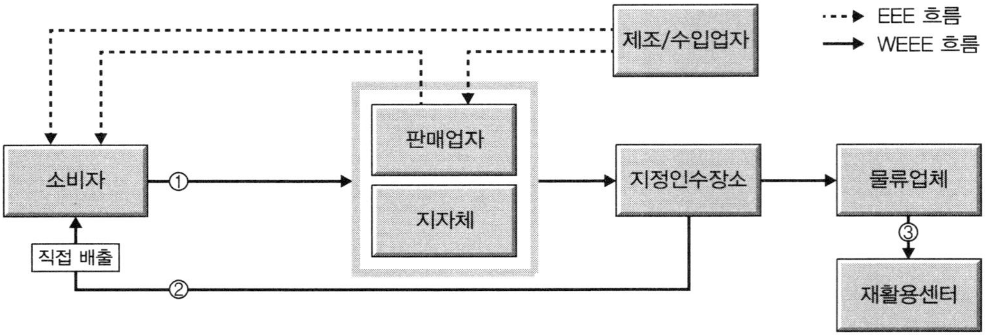

▲ 그림 2-21 **일본 가전리싸이클법 폐전기 · 전자제품 회수체계**

일본 가전리싸이클법에 근거한, 폐전기 · 전자제품 회수 채널은 일반적으로 세 채널로 나누어 볼 수 있으며, 세 가지 경로는 각각 다음과 같다.

(그림)1단계 소비가가 판매업자에게 새로운 제품을 구입했을 경우 또는 판매업자의 제품을 폐기할 경우, 운반비용과 재활용 비용을 지불하면 판매업자에게 폐전기 · 전자제품의 회수를 요청할 수 있다.

2단계 소비자가 지자체에 폐전기 · 전자제품의 운반비용과 재활용 비용을 지불하고 회수를 요청할 수 있다.

3단계 소비자가 운반비용을 지불하지 않고, 우체국에 재활용 비용을 지불한 뒤 가전리싸이클권을 받아 직접 지정인수장소로 폐전기 · 전자제품을 운반하여 배출할 수 있다.

또한, 일본은 폐전기 · 전자제품에 대한 가전리싸이클권에 추적 및 관리가 가능하며, 가전리싸이클권은 배출방법에 따라 다르게 부여된다. 먼저, 폐전기 · 전자제품을 소매점이나 지자체에 의해 배출할 경우 현장에서 비용을 지불하고 원본은 폐전기 · 전자제품 본체에 부착되어지며 소비자에게는 사본이 지급된다. 한편, 배출자가 직접 폐전기 · 전자제품을 배출할 경우 우체국으로 비용을 지불하고 가전리싸이클권을 받도록 되어있다.

회수된 폐전기 · 전자제품이 지정 인수장소로 모이게 되면, 이는 보관 및 분류되어 물류업체에 의해 인계된 후 최종적으로 재활용업체로 전달(운송)된다. 지정 인수장소는 제조/수입업자가 일명 "커뮤니티"로 불리는 그룹으로 분리되며 일본 내 현재 2개의 커뮤니티(A, B)가 운영 중이다. 지정 인수 장소는 두 개의 커뮤니티를 합쳐서 약 350여 곳을 보유중이다. 중소기업의 경우, 지정법인(가전제품협회)이 위탁 계약한 지정 인수 장소에서 처리된다.

재활용센터는 일본 전국에 약 47개 시설(커뮤니티A : 28개 시설, 커뮤니티B : 17개 시설, 공통 : 2개 시설)이 운영되고 있으며, 수집 · 운반의 편의성 등을 고려하여 점차 공동으로 운영되어질 것으로 전망된다.

⑥ 폐기비용 부담

가전리싸이클법의 폐기비용은 운반비용과 재활용 비용으로 구분하고 있다. 가전리싸이클법에서 폐전기 · 전자제품을 수집 및 운반에 사용되는 비용과 재활용 비용을 소비자(배출자)가 가전리싸이클권을 구매함으로써 부담하며, 이는 Visible fee 형태로 운영된다. [그림 2-22]에 따른 비용 흐름 및 내용은 다음과 같다.

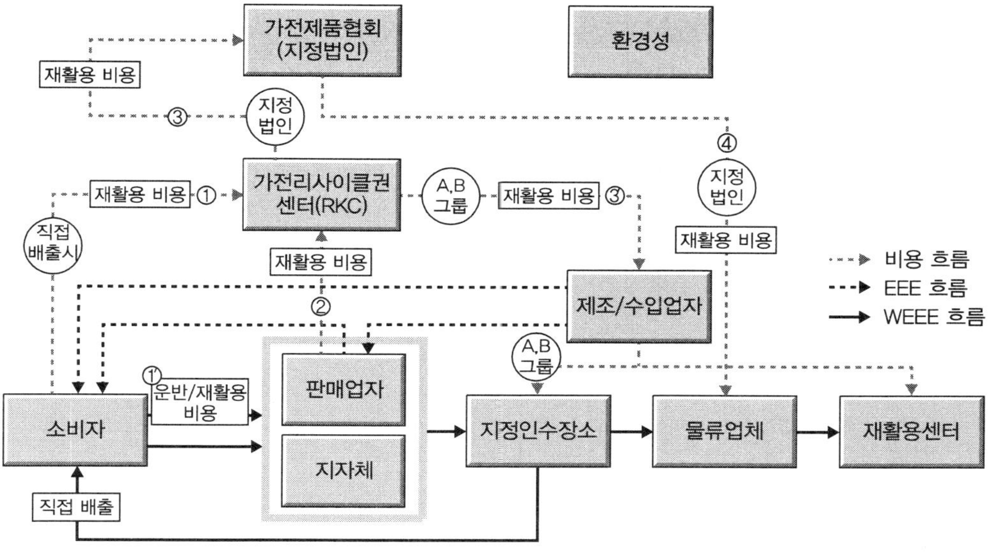

▲ 그림 2-22 일본 가전리싸이클법 비용 체계

(그림)1단계 소비자(배출자)가 가전리싸이클권 구매(수집 + 재활용 비용)

- 소비자가 지정된 인수 장소에 직접 배출 할 경우 우체국을 통해 가전리싸이클권 비용(운반비용을 제외한 재활용비용)을 가전리싸이클권

센터(RKC)에 납부한다.

2단계 판매업자와 지자체는 지정 인수 장소까지의 폐전기 · 전자제품 운반 비용을 사용하고 재활용비용은 가전리싸이클권센터(RKC)에 전달

- 가전리싸이클권센터(RKC)는 가전리싸이클권을 배부 후 재활용비용과 가전리싸이클권 용지(스티커) 비용을 집계하여 판매업자에게 청구한다.

3단계 가전리싸이클권센터(RKC)는 재활용비용을 제조/수입업자 또는 의무를 대행해주는 가전제품협회에 전달

- 중소기업의 경우, 직접 재활용센터를 운영하지 못하므로 가전제품 협회에 의해 관리된다. 즉, 가전리싸이클권센터(RKC)에서 재활용 비용은 가전제품협회로 전달된다.
- 커뮤니티 A, B에 직접 속하는 기업 또는 위탁하는 기업의 경우에 각 제조/수입업자에 의해 관리되어지므로 가전리싸이클권(RKC)에서 재활용비용은 각 제조/수입업자에게 전달한다.

4단계 제조/수입업자 및 가전제품협회에 전달된 재활용비용을 지정 인수 장소 관리 및 재활용 처리에 사용되어진다.

- 단, 제조/수입업자는 지정 인수 장소에서 재활용 시설로 운반하는 비용을 부담해야 한다.

4) 일본 폐전기·전자제품 회수 실적(연도별)

▼ 표 2-46 **일본 폐전기·전자제품 회수 실적(연도별)**

(단위 : 천대)

구분(연도)	에어컨	CRT TV	TV	냉장고	세탁기
2001	1,334	3,083	-	2,191	1,929
2002	1,635	3,517	-	2,563	2,425
2003	1,585	3,551	-	2,665	2,662
2004	1,814	3,787	-	2,802	2,813
2005	1,990	3,857	-	2,820	2,953
2006	1,828	4,127	-	2,716	2,943
2007	1,890	4,613	-	2,725	2,884
2008	1,968	5,365	-	2,746	2,821
2009	2,154	10,320	218	3,007	3,087
2010	3,142	17,368	654	3,400	3,136
2011	2,341	7,866	599	2,843	3,151
2012	2,359	2,282	491	2,919	3,145
2013	2,961	2,042	698	3,432	3,599
2014	2,225	1,872	847	2,775	3,142
2015	2,355	1,551	1,033	2,799	3,139
2016	2,567	1,184	1,278	2,829	3,339
2017	2,833	1,039	1,493	2,982	3,538

※ 자료 : 가전 리사이클 연차보고서(2018년)

4.3.2 자원의 유효한 이용의 촉진에 관한 법률(PC리싸이클법)

1) 입법 개요

2001년 4월에 제정된 「자원의 유효한 이용의 촉진에 관한 법률」은 「재생 자원의 이용의 촉진에 관한 법률」을 개정한 법률로 2003년 10월부터 시행되고 있으며, 이후 몇 차례 개정되었다.

「자원의 유효한 이용의 촉진에 관한 법률」은 자원순환형 사회를 형성하기 위한 3R(Reduce · Reuse · Recycle) 정책을 전면적으로 추진하기 위한 법으로 대량생산, 대량소비로 인한 대량폐기 경제시스템으로부터 순환형 경제시스템으로 전환을 목적으로 한다.

이에 따라, 1) 사업자에 의한 제품의 회수 · 재이용 등 리사이클 대책 강화, 2) 제품의 자원절약, 수용 주기 증가 등에 의한 폐기물의 발생억제, 3) 회수한 제품으로부터 부품 재사용을 통해 순환형 경제시스템을 구축하는 것을 목표로 한다.

2) 대상품목

데스크탑 컴퓨터, 노트북, 브라운관식 디스플레이, 액정식 디스플레이를 대상 제품으로 규정한다.

3) 주요 내용

법률에 따르면 컴퓨터 관련 기기에 대한 일정한 재자원화 목표율 산정방식과 목표비율을 정하고 있다.

〈PC의 재자원화 목표 비율의 산정〉

$$\text{재자원화 목표비율} = \frac{\sum \text{중량(재생부품이용할 수 있는 것 + 재생자원으로 이용할 수 있는 것)}}{\text{해당 } PC\text{의 총주량}}$$

▼ 표 2-47 일본 PC리사이클법 PC재활용 목표율

품 목	목표율(%)
데스크탑 컴퓨터	50
노트북	20
브라운관식 디스플레이	55
액정식 디스플레이	55

① 소비자

소비자는 제품수명이 다할 때까지 제품을 사용하고 재생자원과 부품으로 사용될 수 있도록 분리수거 및 판매대리점으로 인계하거나 국가 및 지방공공단체의 수거 정책에 협력해야 한다.

② 사업자

원재료 사용 최소화, 재생자원 및 재생 부품 이용, 사용 후 폐전기 · 전자제품 재생자원 및 재생부품으로 이용 촉진을 위해 노력해야 한다.

③ 지방자치단체

지방자치단체는 지역의 경제적 · 사회적 조건에 따라 자원의 유효한 이용을 촉진하도록 노력해야 한다.

④ 정부

정부는 교육 활동이나 홍보 활동을 통하여 자원의 유효한 이용의 촉진에 관한 국민의 이해의 증대와 국민의 협조를 독려해야 한다.

▼ 표 2-48 **일본 PC리사이클법 관련 주체별 의무**

주 체	의 무
정부 · 지자체	• 재생 · 재활용 자금 확보, 재생자원 구매촉진, 재활용기술개발, 국민홍보
생산자	• 재이용 및 재활용이 용이한 제품설계 및 제조를 통해 재생자원 및 재생부품이용 촉진 • 폐기물과 부산물 발생 억제를 위해 원재료의 합리적 사용, 재생자원 및 재생부품 이용
소비자	• 제품 사용 후, 분리, 수거에 협력, 재생자원 이용촉진에 참여

⑤ 회수 프로세스

PC리싸이클법에 따른 재활용 순서는 다음 1~6단계와 같다.

(그림)1단계 소비자가 제조/수입업자의 접수창구에 컴퓨터 회수 요청을 진행한다.
※ 단 제조/수입업자가 회수할 수 있는 상황이 아닌 경우 컴퓨터 3R 추진협회에 회수요청을 할 수 있다.

2단계 제조/수입업자는 소비자에게 요금 지불 용지를 제공하여 비용을 청구한다.

3단계 소비자가 요금을 지불한다. 지불방법으로는 우편으로 은행에 지불, 편의점을 통해 지불, 신용카드로 지불 등의 방법 중 선택한다.

4단계 제조/수입업자는 에코 우편 팩 전표를 지급한다.

5단계 제조/수입업자랑 연계하고 있는 운반업자(우체국 택배 서비스)가 직접 방문하여 폐PC를 회수한다.

6단계 운반업자는 회수한 컴퓨터를 재활용센터로 전달한다.

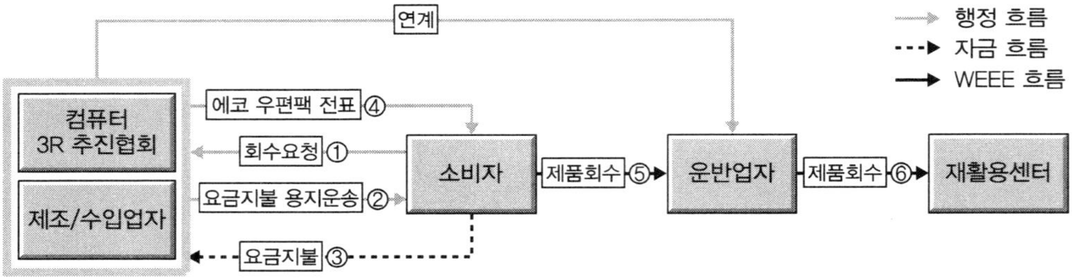

▲ 그림 2-23 **일본 PC리싸이클 재활용 체계**

⑥ 폐기비용 부담

일본 PC리싸이클법은 가정용 컴퓨터에 대해서는 2003년 10월부터 제조업자가 회수 및 재활용을 하도록 실시되어졌다. 2003년 10월 이후에 판매된 가정용 컴퓨터에는 PC리싸이클 마크가 부착되며, 이러한 경우 재활용 비용은 제조업자에 의해 부담되어진다. PC리싸이클 마크가 부착되어져 있지 않으면 폐기비용은 소비자의 사후부담을 통해 부담된다. 실질적으로 2018년을 기준으로 볼 때. 2003년 이전 제작된 컴퓨터를 가정에서 사용하기란 어렵다고 볼 수 있다. 즉, 현재는 PC 리싸이클 마크가 부착된 PC가 일본 내수시장에서 사용되고 있으며, 회수 및 재활용 비용은 제조업자에 의해 부담되어지고 있다고 볼 수 있다.

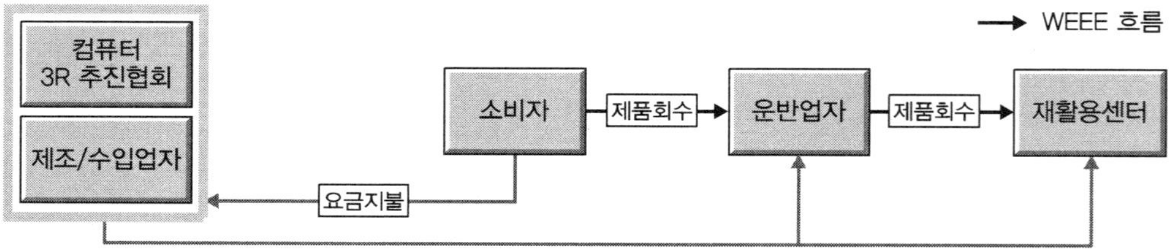

▲ 그림 2-24 **일본 PC리싸이클 비용 체계**

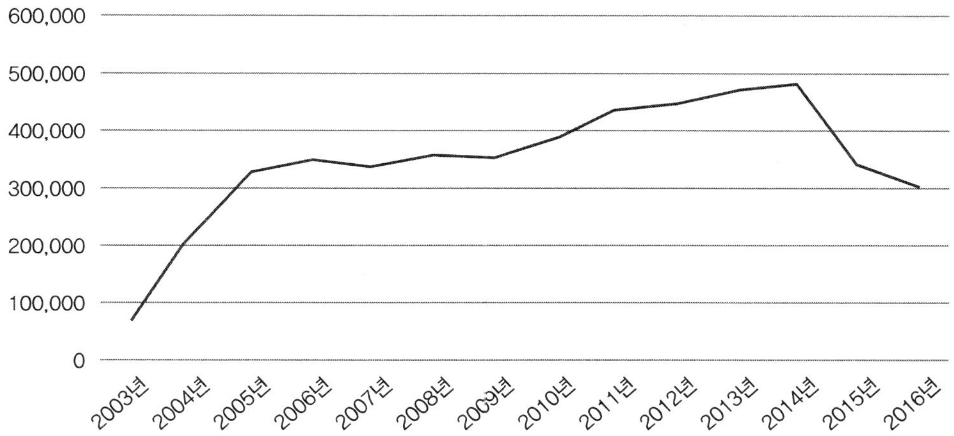

▲ 그림 2-25 **일본 PC리싸이클 가정용컴퓨터 회수 및 재활용 실적[단위 : 대 수]**

4.3.3 소형 가전리싸이클법

1) 입법 개요

소형 가전리싸이클법은 소형 폐전기·전자제품의 회수 및 재활용을 통해 금속과 그 외의 유용한 자원의 대부분을 순환자원으로 활용하여 일본 자원관리 측면에 이바지하고 적정 재활용 공정을 통해 친환경적으로 소형가전을 재활용하자는 취지에서 비롯되었다.

소형 가전리싸이클법은 가전리싸이클법(대형가전 대상)과 달리, 주무대신의 인정을 받은 사업자인 인정 사업자에 의해 소형 폐전기·전자제품의 재자원화 사업을 실시하는 형태로 운영되며 각 지자체에 따라 다양한 형태의 시스템으로 회수 및 재활용이 이루어진다.

2) 대상품목

▼ **표 2-49 소형 가전리싸이클법 대상품목**

분류	대상품목
유선 통신 기기	전화기, 팩시밀리 장치, 등
무선 통신 기기	휴대 전화 단말, PHS, 등
수신기	라디오 수신기 , TV 수신기
영상용 기기	디지털 카메라, 비디오, 카메라, DVD레코더, 등
전기 음향 기기	디지털 오디오 플레이어, 스트레오 세트, 등
컴퓨터	개인용 컴퓨터
기억기기	자기 디스크 장치, 광디스크, 등
인쇄기기	프린터, 복사기, 등
표시기기	디스플레이 등
단말기기	전자 서적 단말기기
전동 의류 기기	전동 미싱기기
전동 공구	전기 그라인더, 전기 드릴, 등
사무용 전기 기기	전자식 탁상 계산기, 등
계량용 또는 측정용의 전기 기기	체중계 등
의료용 전기 기기	전동식 흡입기 등
필름 카메라	필름 카메라
취사용 전기 기기	전기밥통 밥솥, 전자렌지, 등
에어컨 조절용 전기 기기	선풍기, 전기 제습기, 등
위생용 전기 기기	전기다리미, 전기 청소기, 등
보온용 전기 기기	전기난로, 전기스토브, 등
이발사용 전기 기기	헤어드라이어, 전기면도기, 등
전기 마사지기	전기 마사지기
운동용 전기 기기	런닝머신 등
원예용 전기 기기	전기 잔디 깎는 기계 등

전기 조명기기	형광등 기구 등
전자 시계 및 전기 시계	전자시계, 전기 시계, 등
전자 악기 및 전기 악기	전자 악기, 전기 악기, 등
전자 및 전동식 완구	게임기 등

3) 회수 프로세스

소형 가전리싸이클법에서 소형 폐전기·전자제품의 회수 및 처리흐름은 기본적으로 택배업체, 판매업자, 지자체에 의해 집적소로 전달되어진다. 집적소(수집소)에서 모인 소형 폐전기·전자제품을 보관 및 운반하여 중간처리 시설을 거쳐 재활용센터로 이동된다.

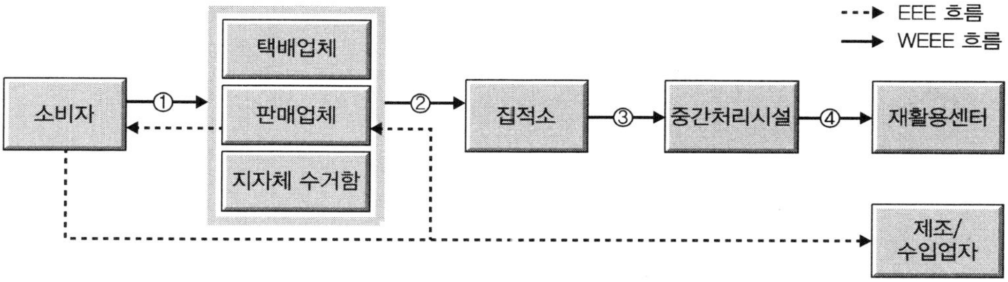

▲ 그림 2-26 **일본 소형 가전리싸이클법 회수체계**

(그림)1단계 소비자는 중·소형 폐전기·전자제품을 택배업체, 판매업자, 지자체 수거함(지자체 별로 상이)을 통해 배출

2단계 배출된 중·소형 폐전기·전자제품을 지자체에 의해 집적소로 전달

3단계 집적소에서 모인 중·소형 폐전기·전자제품을 보관 및 운반하여 중간처리 시설로 이동

4단계 중간처리시설에서 중간처리과정을 거친 중·소형 폐전기·전자제품을 재활용센터로 이동

소형 가전리싸이클법에서 소형 폐전기·전자제품의 회수체계는 각 지자체에 따라 다양한 체계가 존재하는데 대표적으로 1) 픽업 회수, 2) 스테이션회수, 3) 회수박스 회수, 4) 민간 사업자 회수를 예로 들 수 있다.

먼저, 1) 픽업 회수는 일본의 폐기물 배출 방법 중 불가연성 쓰레기를 배출하는 방법으로 소형 폐전기·전자제품을 함께 배출하여 지자체에서 소형 폐전기·전자제품을 선별하는 방식이다. 2) 스테이션 회수는 일반폐기물 분리회수 체제와 더불어 회수장소를 지정하여 회수 컨테이너 등을 설치하고 정기적으로 회수하는 방법으로 소형 폐전기·전자제품의 항목을 따로 두어 회수하는 방식을 의미한다. 3) 회수박스 회수는 인증 사업자가 공공기관 또는 협력업체에 회수박스를 설치하여 소형 폐전기·전자제품을 박스에 투입하여 수집하고 회수하는 방식이다. 마지막으로 민간 사업자 회수는 민간 사업자 회수는 민간 택배업체가 정해진 규격의 상자에 소형 폐전기·전자제품들을 담아 일정 비용을 받고 회수하는 방식이다. 일본에서 소형가전제품을 재활용하기 위한 인정 사업자의 기준은 사업 실시에 관한 계획을 작성하여 아래의 기준을 만족할 때에 주어지며, 주무대신의 인정을 받은 경우에만 사업을 수행할 수 있다.

- 재활용사업 내용의 기준
- 수집하고자 하는 지역의 기준
- 사업자의 능력 기준
- 시설 기준

4) 폐기비용 부담

소형 가전리싸이클법에서 소형 폐전기·전자제품의 회수 및 재활용에 대한 비용 체계의 흐름은 다음과 같다.

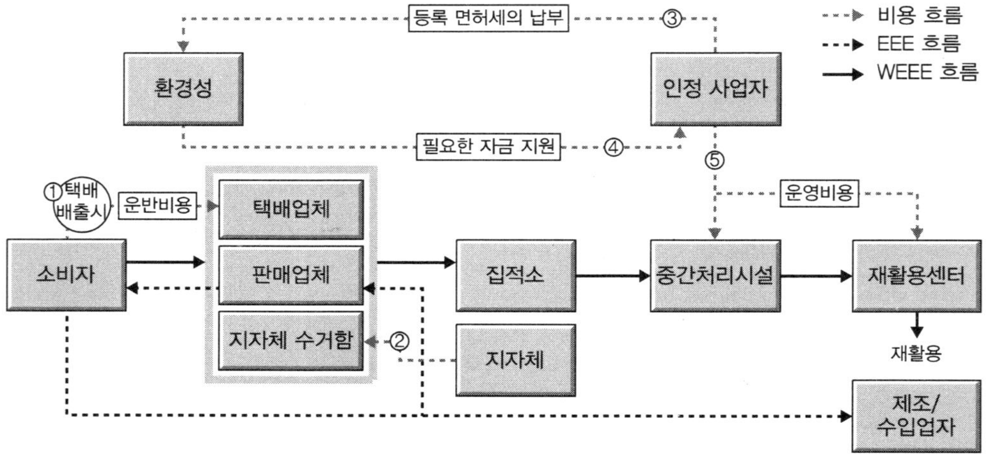

▲ 그림 2-27 **일본 소형 가전리싸이클법 비용 체계**

(그림)1단계 중 · 소형 폐전기 · 전자제품을 배출할 때 민간 택배업체를 이용할 경우 소비자가 운반비용을 부담

2단계 지자체 수거함의 경우 수거함 설치비용은 지자체에서 부담

3단계 인정사업자가 정부의 허가를 받아 등록 면허세를 납부

4단계 환경성은 인정사업자가 재활용에 필요한 자금을 지원

5단계 인정사업자는 중간처리시설 및 재활용센터를 운영

가전리싸이클법과 달리 소형 가전리싸이클법에는 재활용주체가 의무로 정해져 있지 않다. 다만, 정부에서 인정한 업체인 인정 사업자에 의해 회수 및 재활용이 진행되며, 필요한 비용의 지원은 정부에서 부담함을 원칙으로 한다.

회수비용의 경우 회수 방법에 따라 비용 부담의 주체가 달라진다. 지자체에서 운영하는 회수함의 경우 회수함 설치비용은 지자체에서 부담한다. 그러나 민간 택배를 이용할 경우 소비자가 운반비용을 부담한다.

▼ 표 2-50 **일본 소형가전제품 회수 실적**

분류	2013년		2014년		2015년	
	예상실적	실제실적	예상실적	실제실적	예상실적	실제실적
지자체 회수(톤)	6,500	20,507	33,000	38,546	104,000	47,942
소매점등의 회수(톤)	6,500	3,464	19,000	11,945	33,000	19,036
합계(톤)	13,000	23,971	52,000	50,491	140,000	66,978
소형 가전리싸이클 참가 지자체인구(만명)	2,500	6,896	6,400	10,001	10,000	11,443

4.4 중 국

4.4.1 중국의 폐전기 · 전자제품 회수 · 처리 제도

중국은 국민의 생활수준이 점차 높아짐에 따라, 갈수록 많은 전기전자제품이 폐기되고 있으며, 이에 따른 정부의 고민이 깊어지고 있다. 폐전기 · 전자제품은 자원의 성격을 갖기도 하지만 동시에 잠재적인 환경 위해성을 가지고 있으므로 중국 정부는 이른바 비 제도권으로 불리는 영역에서의 폐전기 · 전자제품 처리에 대한 대처 방안을 마련하고 있다. 다만, 중국정부의 규제에 앞서, 국민의 일반적인 인식은 폐전기 · 전자제품은 일종의 신흥 재생자원이라는 인식이 강하다. 그로 인해, 중국 정부는 일찍이 생산자의 책임 하에 관리되는 생산자책임재활용제도(EPR)의 핵심을 이용하여 정책을 수립하였다.

중국 폐전기 · 전자제품 회수 · 처리의 관리 제도인 EPR에는 재생자원과 환경보호 두 가지 영역이 포함되어 있고, 여기에는 전기 · 전자제품의 친환경 설계 및 제조, 재생산, 회수, 처리, 자원의 종합적 이용, 처치 등 여러 분야가 관련되어 있다. 인민대표대회(人民代表大会)의 입법과 국무원(國務院)의 「폐전기 · 전자제품 회수 · 처리 관리 조례」에서부터 주관 부 및 위원회(部委)의 관리방법, 규정, 표준에 이르기까지 비교적 완전한 관리 체계가 마련되었다. 특히, '07. 3월부터 「전자정보제품오염방지관리법」을 시행하여 EU의 RoHS 및 WEEE 제도에 대응하였다. 주요내용으로는 6대 유해물질 사용 통제, 환경오염 통제 및 최소화 방안을 담고 있다.

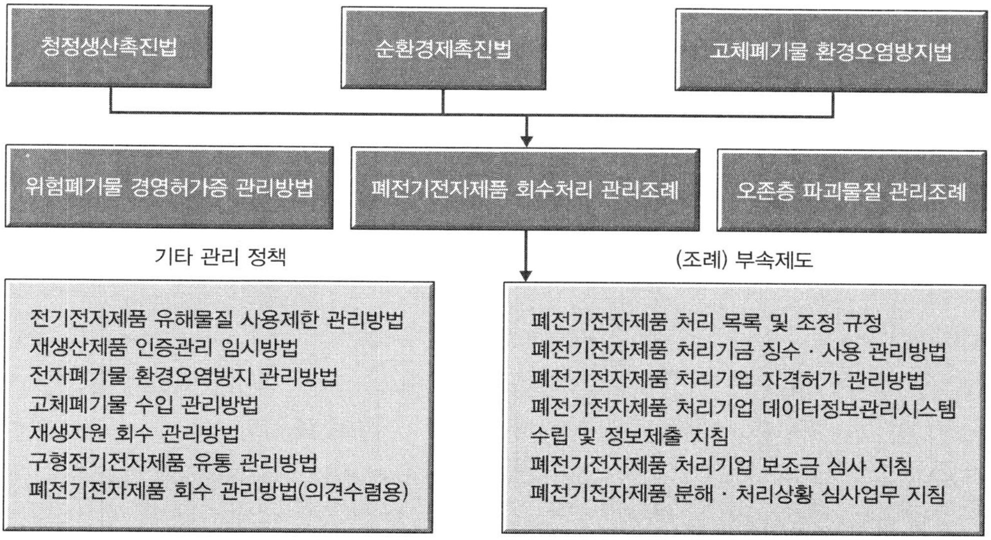

▲ 그림 2-28 **중국의 폐전기 · 전자제품 회수/처리 관리체계**

4.4.2 중국의 회수체계 발전 현황

중국 폐전기 · 전자제품 회수 체계는 3단계에 걸쳐 급격히 발전되었다. 3단계의 주요 내용은 1) 2009년 이전 시기로 시장경제체제 하에서의 개인회수업체 중심의 회수 모델단계, 2) 2009~2011년 시기로 가전제품 이구환신(以舊換新, 신제품을 구입시 보조금을 지급) 정책 하에서의 소매업체와 제조업체 중심의 정부 보조금 회수 모델단계, 3) 2012년 이후 시기로 기금을 통한 간접적인 보조금 지급으로 만들어진 개인회수 중심의 신형 다채널 회수 모델단계로 각각 해석된다. 중국 정부는 2012년에 「폐전기전자제품 처리기금 징수 · 사용 관리방법」를 발표 및 실시하였고, 기금 보조금을 통해 각 관련 당사자가 회수시스템 수립에 참여하도록 하여 폐전기 전자제품 회수 업계가 새로운 발전 단계에 진입할 수 있게 되었다.

3단계 이후, 4단계로 평가받는 2016년도 이후에는 인터넷과 회수를 융합한 '양망융합'의 성과로 대대적으로 신형 거래 플랫폼 및 스마트 회수 모델이 생겨났다. 이에 따라 대대적으로 회수업체가 늘어났다. 이에 따라, 중국 정부는 2016년을 중국 EPR 회수 모델 혁신의 원년으로 칭한다. 이듬해인 2017년에는 혁신형 회수 모델이 보다 더 빠르게 발전하였고, 폐전기 · 전자제품 회수 업계는 더욱 더 '빅데이터화', '지능화', '인터넷 기반 플랫폼'화 되었다.

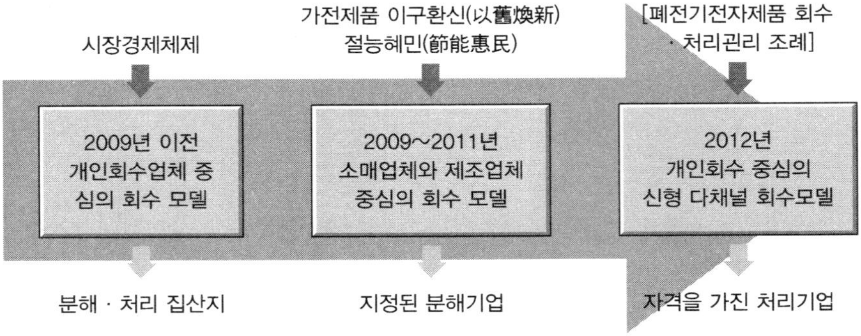

▲ 그림 2-29 **중국의 회수체계 3단계 변화**

위와 같이, 지속 발전한 중국의 폐전기 · 전자제품 회수체계에서 다음과 같은 특징들이 발생하였다.

1) 폐전기 · 전자제품의 친환경 회수율

- 친환경 회수율이란 자격을 갖춘 처리기업의 실제 분해 · 처리량을 말한다. 2015년 처리기업의 실제 처리량은 동기대비 6.84% 증가하였고, 예상 폐기량은 동기대비 9.32% 증가하였다. 2015년 친환경 회수율은 약 60.29%로 조사되었으며, 2014년과 비교할 때 기본적으로 동일한 수준을 유지하였고, 2013년에 비해서는 두 배 증가한 추세이다.

2) 폐전기 · 전자제품 친환경 반환율

- 친환경 반환율은 자격을 갖춘 처리기업이 실제 분해 · 처리량과 당해연도 판매량을 비율을 말한다. 중국가전제품연구원에 따르면, 2015년 친환경 반환율은 19.59%로 2014년에 비해 다소 하락하였다.

3) 전자제품 품목별로 친환경 회수율의 차이 심화

- 중국의 EPR 제도에서 자격을 갖춘 회수 · 재활용업자가 적절하게 재활용을 완료한 경우, 처리 보조금을 지급하게 된다. 보조금이 높고 잔존가치가 낮은 TV의 경우 아직 분해 · 해체되지 않는 폐TV가 다량으로 시장에 나오고, 자격을 갖춘 처리업자가 처리하는 양이 예상보다 많아져서 친환경 회수율이 100%를 넘어 약 180%에 달했다. 그러나 룸 에어컨의 경우 보조금이 낮고 잔존가치가 높아 친환경 회수율이 줄 곧 1%대에 머물렀다. 이러한 문제점은 한국 EPR 도입 초기에도 발생했던 문제점이다.

4) 1차 회수채널은 개인회수자 중심으로 구성

- 중국가전제품연구원에 따르면, 2015년 회수채널 중 개인회수자의 비율은 약 85% 이상인 것으로 나타났다. 이로써, 여전히 1차 회수채널이 여전히 개인회수자 중심임을 확인할 수 있다. 다만, 「폐전기전자제품 회수·처리 관리 조례」가 제정되면서 생산자, 판매자, 유지보수업자, 처리업자 등 갈수록 많은 형태의 기업들이 회수업에 진출하였고, 이에 회수 모델이 다원화되었다 [그림 2-29], [그림 2-30].

▲ 그림 2-30 중국의 재활용(처리) 체계 4단계 변화

4.4.3 중국의 재활용(처리) 체계 발전 현황

중국 폐전기전자제품 재활용업계의 발전은 회수체계와 다르게 4단계에 걸쳐 이루어졌다. 각 단계별로 살펴보면, 1) 2005년 이전 시기로 분해·처리 집산지 모델이 자발적으로 형성된 단계, 2) 2005년~2009년 국가의 지원 하에 소수의 폐전기·전자제품 회수·처리 시범기업이 설립된 단계, 3) 2009~2011년 시기로 가전제품 이구환신정책 하에서 100여 개의 신흥 폐전기·전자제품 지정 분해기업이 우후죽순처럼 늘어난 단계, 4) 2012년으로 「폐전기전자제품 회수·처리 관리 조례」와 기금제도의 장려 하에 109개의 자격을 가진 재활용(처리) 기업이 형성된 단계이다. 재활용 기업의 형성에 따른 재활용 특성은 다음과 같이 구분된다.

1) 재활용(처리) 업계 규모의 안정화

- 2016년과 2017년도는 각각 약 7,935만대를 처리하였다. 전체 처리 대 수에서는 큰 차이가 없었다. 2017년 기준으로 기업의 처리능력은 계속해서 약 1.6억 대를 유지한 것으로 조사되었다. 2016년 103개의 처리 기업이 존재했으며, 2017년도 비슷한 수준으로 보인다. 2017년도 1사분기 공시 데이터에 따르면,

TV 처리 비율은 61.4%로 2016년에 비해 다소 상승하였고, 그 밖의 냉장고, 세탁기, 룸 에어컨, 컴퓨터 등의 처리 비율은 각각 8.0%, 16.8%, 3.3%, 10.5% 로 나타났다.

2) 한단계 높아진 처리업계의 집중도

- 2017년 1사분기 공시 데이터를 살펴보면, 처리량 상위 10위 처리 기업이 1사분기 전체의 49.3%의 재활용 처리비율을 차지한 것으로 조사되었다. 이는 2016년 1, 2사분기 처리량 상위 10위 처리 기업이 38.6%를 차지한 것에 비해 10.7% 상승한 것이다. 중국가전연구원은 위 결과를 "처리 업계의 집중도 강화"로 표현했으나, 실질적으로 규모가 큰 업체가 점차적으로 물량 확보에 우위를 보이고 있다는 점을 대변하고 있으며, 이는 회수 비용의 '카르텔' 등 다양한 위험성을 내포할 수 있으므로, 적절한 관리가 필요할 것이다.

3) 처리기업의 양극화 발생

- 시장에 진출한 처리기업 수가 많아지면서, 경쟁이 심화되어지고 있다. 처리기업은 심사를 받은 후, 보조금을 받을 수 있으므로, 보조금을 받기 위해 원료를 더 대량으로 구입하고, 원료 경쟁도 자금력에 의해 선점되는 부작용을 낳고 있다. 중국가전제품연구원에 따르면, 생산력 이용률이 업체 간 20～100%로 차이가 심각한 것으로 나타난다.
- 중국은 자본력을 동원하여, 전국 단위로 재활용 체계를 마련하는 기업/그룹들이 늘어나는 추세이다. 대표적인 기업/그룹들로는 중재생(中國再生資源開發有限公司), GEM(格林美), 쌍더(桑德集團), GREE(格力電器), 화신 뤼위안(華新綠源, Huaxin Environment), TES-AMM China(偉翔) 등이 있다.

▲ 그림 2-31 중국 GEM社 플라스틱 선별기(좌), 냉장고 유가물 배출부(우)

4.4.4 중국의 예상폐기량

중국의 2017년도 예상폐기량은 표 <2-51>와 같다. 그 중 1차 목록 즉 대형가전 제품을 살펴보면, 약 1억대에 달하며, 세부적으로 TV가 3,216만대, 냉장고 2,439만대, 세탁기 1,620만대, 룸 에어컨 2,723만대가 포함된다. 전년도(2016년)와 비교했을 때, 2017년에 1차 목록 제품의 예상폐기량은 증가와 감소가 모두 나타나지만, 전반적으로는 상승세를 보인 것으로 나타났다.

▼ 표 2-51 중국 폐전기·전자제품 예상 폐기 량

제품 명칭	2017		2016		동기 대비 폐기 수량
	폐기 수량 (만 대)	폐기 중량 (만 톤)	폐기 수량 (만 대)	폐기 중량 (만 톤)	
TV	3,216	83.6	3,060	79.6	5.1%
냉장고	2,439	87.9	2,142	77.1	13.9%
세탁기	1,620	33.9	1,468	30.8	10.4%
룸 에어컨	2,723	92.6	2,358	80.2	15.5%
마이크로 컴퓨터	2,524	37.9	2,185	32.8	15.5%
소계	12,523	335.9	11,213	300.5	11.7%
레인지후드	3,987	67.6	,525	8.9	659.3%
전기 온수기	2,585	51.8	1,201	24.0	115.2%
가스 온수기	933	11.2	856	10.3	8.9%
프린터	3,099	24.8	2,486	19.9	24.8%
복사기	669	39.4	629	37.1	6.4%
팩스	506	1.5	102	0.3	395.7%
유선전화	2,380	1.8	2,257	1.7	5.5%
휴대폰	23,275	3.7	18,291	2.9	27.3%
CCTV	48	0.7	97	1.4	-50.7%
총계	50,004	538.4	37,657	407.0	32.8%

3장 국내 폐전기·전자제품 재활용 현황

1. 국내 회수·재활용 의무량 및 실적
2. 국내 회수·재활용 중량 인정 체계

1. 국내 회수·재활용 의무량 및 실적

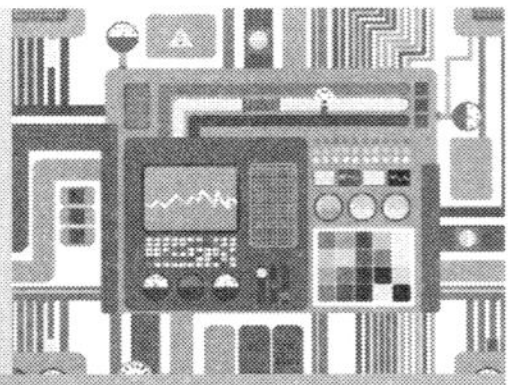

1.1 재활용 의무량 및 실적량

1.1.1 회수·재활용 의무율

앞서 살펴본 바와 같이, 전기·전자제품 재활용 제도는 EPR 및 환경성보장제도와 함께 발전해왔다. 2008년, 환경성보장제도 시행에 따라 제조·수입업자는 폐전기·전자제품에 대한 회수 및 재활용 의무를 갖게 되었는데, 이 때 의무할당량은 정부(환경부)가 고시하는 의무율(%)에 따라 결정되었다.

즉, 환경부는 매년 의무이행 당해 연도 개시 전(전년도 12월 말까지) 재활용 의무량을 산정하는 근거가 되는 회수 및 재활용 의무율을 고시하였으며, 의무율은 전기·전자제품의 출고량, 재활용가능 여건, 분리수거량, 재활용 실적 등을 고려하여 산정하였다.

[표 3-1]에 따르면, 냉장고는 ′08년 환경성보장제도 시작 당시 약 18.9% 수준이던 의무율이 ′13년 34.3%로 약 1.8배 증가하였고, 회수 의무율이 부과된 ′12년(11.8%)에 비해 ′13년(16.8%)에 약 1.4배 증가한 것으로 나타났다. 다만, 에어컨의 경우 ′08년 재활용 의무율이 2.1%인데 반해 ′13년에도 2.8% 수준에 머무르면서 1.3배 증가한 것에 그쳤다. 즉, 이러한 특징은 제품별로 매우 상이한 재활용·회수 의무율을 부여받는 차별성이 존재하므로, 환경부는 제품별 관리가 아닌 제품군 단위로 재활용 의무량을 산정하는 방식으로 문제를 해결하고자 하였다.

10개 품목으로 개별 관리되던 폐전기·전자제품은 2014년 「전기·전자제품 및 자동차의 자원순환에 관한 법률」 및 재활용 목표관리제도가 시행되면서 제품군으로 분리되어 관리되었다. 이 때, 10개 대상품목은 추가로 17개 품목이 더해져 총 27개 대상품목으로 확대되었으며, 제품군도 “대형”, “중형”, “소형”, “통신사무”, “이동전화단말기"로 분류되었다. 이에 따라, 환경부는 "의무율" 고시 방식을 전격 폐지하고 재활용 목표관리제를 적용하여 인구 1인당 재활용 목표량을 산정하는 방식으로 의무량 산정 기준을 변경하였다.

▼ 표 3-1 폐전기 · 전자제품 재활용 의무율(2008～2013)

[단위 : %]

품 목	재활용의무율						회수의무율	
	'08년	'09년	'10년	'11년	'12년	'13년	'12년	'13년
냉장고	18.9	20.6	22.1	25.0	26.7	34.3	11.8	16.8
세탁기	25.3	26.1	27.4	28.5	31.7	33.0	13.1	18.1
에어컨	2.1	2.3	2.4	2.4	2.7	2.8	1.0	5.0
TV	14.5	16.0	19.0	21.0	27.2	56.4	1.0	25.0
개인용컴퓨터	10.3	11.1	12.3	14.0	15.3	15.8	1.0	5.0
오디오	14.9	15.5	17.0	18.5	20.0	26.8	1.1	6.10
이동전화단말기	18.0	19.8	22.0	23.0	35.6	25.7	16.0	13.2
프린터	11.2	11.9	13.0	15.0	15.0	21.8	3.6	8.6
복사기	12.7	13.3	14.2	15.0	16.0	23.4	4.5	9.5
팩시밀리	11.4	12.1	13.4	15.0	15.6	22.3	5.3	10.3

1.2 의무량

재활용 의무량이 부과되었던 ′08～′13년의 재활용 의무량 산정방식은 다음과 같다.

〈재활용 의무량 산정방식(의무율 기반)〉

∴ 의무량＝당해 연도(의무이행 연도) 전기 · 전자제품 출고(수입)량×재활용 의무율

′14년도 이후부터 의무량 산정방식은 다음과 같다.

〈재활용 의무량 산정방식(재활용 목표관리제 기반)〉

∴ 의무량 = 연도별 재활용목표량 × 인구수 × 의무이행 전년도 모든 전기 · 전자제품 재활용의무생산자의 총 출고량(수입량을 포함한다. 이하 같다) 중 의무이행 년도 해당 전기 · 전자제품 재활용의무생산자의 제품군별 출고량 비율

환경성보장제도 이후부터 한국전자산업환경협회(′08～′14) 및 한국전자제품자원순환공제조합(′15～)이 할당받은 재활용 의무량 및 의무이행 실적을 [표 3-2]와 [표 3-3]에 연도별로 정리하였다. 또한 [표 3-4]는 각 의무이행 연도별 의무 달성률(%)을 조사하여 각각 나타내었다. [표 3-4]에 따르면, ′13년, ′15년도를 제외한 모든 해에 재활용 의무이행을 달성한 것을 확인할 수 있다.

▼ 표 3-2 폐전기 · 전자제품 재활용 의무량 및 실적(2008～2012)

[단위 : 대 수]

구분	'08년		'09년		'10년		'11년		'12년	
	의무량	실 적	의무량	실 적	의무량	실 적	의무량	실 적	의무량	실 적
냉장고	43,620	53,555	43,526	56,777	49,079	62,006	54,967	60,058	54,108	56,711
세탁기	20,179	22,035	24,894	26,046	29,215	29,215	27,885	27,892	30,304	30,304
에어컨	2,438	2,432	2,887	2,887	3,064	3,064	3,489	4,061	3,385	3,385
TV	13,791	18,658	11,788	18,544	16,358	21,491	15,291	19,585	21,645	35,189
개인용 컴퓨터	8,569	10,022	4,920	8,312	6,209	9,774	7,124	7,130	6,503	6,503
오디오	892	1,174	616	685	711	711	686	788	516	802
프린터	1,232	1,191	982	1,181	1,410	1,410	1,632	1,632	1,492	1,572
복사기	488	497	423	423	605	772	653	875	765	922
팩스 밀리	82	111	56	117	70	129	55	70	33	39
이동 전화 단말기	566	721	629	629	731	731	743	619	872	662
소계	91,857	110,396	90,721	115,601	107,452	129,303	112,525	122,710	119,623	136,089

▼ 표 3-3 폐전기 · 전자제품 재활용 의무량 및 실적(2013~2017)

[단위 : 대 수]

구분	'13년		'14년		'15년		'16년		'17년	
	의무량	실 적	의무량	실 적	의무량	실 적	의무량	실 적	의무량	실 적
대형기기	73,210	71,882	141,249	153,883	165,596	162,206	177,815	204,095	211,469	217,433
통신 · 사무기기	32,678	30,937	13,549	10,809	18,120	11,218	19,588	15,242	20,529	17,578
중형기기	1,178	2,291	6,416	4,624	9,900	8,730	12,566	10,615	14,278	10,840
소형기기	35,294	32,032	9,433	7,848	20,103	14,274	21,628	18,920	26,297	29,200
이동전화 단말기	492	411	1,116	384	-	-	-	-	-	-
소계	148,228	145,109	171,763	177,548	213,319	196,428	231,597	248,872	272,573	275,051

▼ 표 3-4 폐전기 · 전자제품 재활용 의무 달성율(2008~2012)

[단위 : %]

	'08년	'09년	'10년	'11년	'12년	'13년	'14년	'15년	'16년	'17년
의무 달성률	120.2	127.4	120.3	109.1	113.8	97.9	103.4	91.9	107.5	100.9

1.3 재활용 기준비용

재활용 기준비용은 회수 부문과 재활용 부문으로 나뉜다. 각 부문의 정식 명칭은 "재활용부과금의 기준비용"과 "회수부과금의 기준비용"이다. 즉, 기준비용은 제조 · 수입업자, 판매업자 또는 위탁업무를 수행하는 재활용 공제조합이 할당받은 재활용 및 회수 의무를 달성하지 못했을 때 부과되는 부과금 산출의 기본 산출 단위(비용)가 된다. 이때, 단위비용은 환경부가 고시한 날로부터 다음 년도로 넘어갈수록 재활용비용산정지수를 곱하게 된다. 재활용비용산정지수란 매년 전년도 재활용비용산정지수에 전년도의 물가상승률을 고려한 가격변동지수를 곱한 값이다.

회수부과금 기준비용도 재활용 부과금 기준비용과 마찬가지로 제품군별 회수에 드는 단위비용에 회수비용산정지수를 곱한 금액으로 산출된다. 회수비용산정지수도 매년 전년도의 회수비용산정지수에 전년도의 물가상승률을 고려한 가격변동지수를 곱한 값으로 한다. 다음의 [표 3-5]와 [표 3-6]은 '08년 이후 재활용부과금의 기준비용 및 회수부과금의 기준비용을 차례로 나타내었다.

▼ 표 3-5 회수 · 재활용 기준비용(2008~2013)

[단위 : 원/kg]

품 목	재활용 기준비용						회수비용	
	'08년	'09년	'10년	'11년	'12년	'13년	'12년	'13년
냉장고	152	155	159	167	197	197	50	50
세탁기	142	144	148	156	137	137	43	43
에어컨	103	105	108	114	98	98	42	42
TV	192	195	201	211	196	196	50	50
개인용 컴퓨터	192	195	201	211	188	188	50	50
오디오	225	229	236	248	225	224	45	45
이동전화 단말기	3,058	3,112	3,206	3,364	2,649	2,642	1,950	1,945
프린터	426	434	447	469	400	399	132	132
복사기	277	282	291	305	273	272	122	122
팩시밀리	439	447	460	483	403	402	127	127

▼ 표 3-6 회수 · 재활용 기준비용(2014~2016 이후)

[단위 : 원/kg]

품 목	재활용 기준비용			회수비용		
	'14년	'15년	'16년	'14년	'15년	'16년
대형기기	219	243	268	82	90	100
통신 · 사무기기	346	384	443	86	96	105
중형기기	339	376	414	86	95	105
소형기기	464	514	566	89	98	108
이동전화 단말기	2,174	2,410	2,654	1,730	1,918	2,112

현재 재활용 및 회수 기준비용은 ´14년 고시된 이후, 가격변동지수만(환경부 고시자료)을 고려하여 재 산정되고 있다. 그러나 환경부가 2020년부터 제품군의 재분류(50개 품목, 5개 제품군)를 목적으로 ´18년 10월 입법 내용에 따르면, 환경부의 재활용부과금의 기준비용 및 회수부과금의 기준비용에 따르면 제품군 변동에 따라 상이하나, 대체적으로 기준비용의 증가가 눈에 띈다. [표 3-7]

다만, 2018년 12월을 기준으로, "태양광패널"은 EPR 포함 여부에 대한 논의가 지속되고 있으므로 50개 제품군에 대한 EPR 체계가 2020년에 이루어지지 않고 일부 제품에 대해서는 1~2년간 유예가 발생할 수 있다.

▼ 표 3-7 회수 · 재활용 기준비용 입법예고(안)(2020~적용)

[단위 : 원/kg]

제품군	재활용 단위비용	회수 단위비용
가. 온도 교환기기 (냉매 포함기기)	470	155
나. 디스플레이기기 (100cm^2 이상의 화면을 포함하는 장비)	611	174
다. 통신 · 사무기기	811 (이동전화단말기는 4,123)	166 (이동전화단말기는 3,413)
라. 일반 전기전자제품	740	141
마. 태양광 패널	1,696	433

2. 국내 회수 · 재활용 중량 인정 체계

2.1 평균중량

2.1.1 정의 및 필요성

평균중량은「전기 · 전자제품의 재활용 · 회수의무이행에 관한 업무처리지침」의 제 1장 총칙의 제 2조(적용범위) 제 5호에 명시되어 있다. 폐전기 · 전자제품의 비대상품 혼입비율 및 평균중량 산출 조사 등에 관한 사항은 환경부 업무처리 지침에 의거하여 한국환경공단에 위탁한 업무를 처리함에 있어서 필요한 사항으로 규정되어 있다. 즉, 평균중량은 환경성보장제도 내에서 재활용 및 회수실적 산출을 위해 필요한 기초 지표이자, 실질적인 (재활용/회수)현장기반 산출 데이터라고 볼 수 있다.

「전기 · 전자제품의 재활용 · 회수의무이행에 관한 업무처리지침」제 16조에 따르면, 폐전기 · 전자제품별 재활용 방법과 기준에 적합하게 재활용하는 (재활용) 시설에 투입한 재활용의무대상품목의 대수×전년도 회수한 폐전기 · 전자제품의 평균중량으로 재활용량을 최종 산정하도록 명시되어 있다. 실제 재활용 의무를 이행하는 제조 · 수입업자 또는 공제조합에 가입한 (재활용)사업회원의 경우, 이와 같은 방법으로 재활용을 산정한다.

또한, 판매업자의 경우에도 마찬가지로 평균중량을 이용하여 회수실적을 산정하는데, 회수실적은 회수한 폐전기 · 전자제품의 품목별 회수대수×전년도 품목별 폐전기 · 전자제품의 평균중량으로 산정한다. 이를 통해, 재활용 및 회수실적을 산정하는 기준에서 평균중량은 객관적인 재활용 양을 산정하는데 활용되는 중요한 지표라고 볼 수 있으며, 전년도에 측정된 평균중량이 다음해에 적용되는 특징을 확인할 수 있다(매년 측정).

「전기 · 전자제품의 재활용 · 회수의무이행에 관한 업무처리지침」제 58조에 따르면, 평균중량 조사는 한국환경공단 이사장이 실시하도록 되어 있으며, 평균중량 조사에 필요한 조사업체 선정 및 표본 확보와 관련하여 공제조합은 협조하여야 한다.

- 평균중량은 최근연도 변동비율을 감안하여, 다음 항목을 준수하여 진행한다.
  - 변동비율 측정 후에 변동비율이 5% 이상인 품목은 매년마다 평균중량을 측정한다.
  - 변동비율이 5% 미만인 품목은 격년으로 평균중량을 측정한다.
- 차년도 조사면제 품목은 해당연도 조사완료 후 공단에 보고하여 확정한다.

「전기 · 전자제품의 재활용 · 회수의무이행에 관한 업무처리지침」에 따른 조사방법의 구체적인 내용은 다음 세 가지 항목을 기준하여 진행된다.

- 평균중량조사 표본채취는 재활용업체의 조사당일 반입되는 품목별로 표본을 선정하여 적용하되, 반입량이 없거나 적을 경우에는 재고량에 대하여 표본을 선정하여 적용한다.
- 재활용업체로 반입되는 양이 극히 적어 표본 채취가 어려울 경우에는 제조사에서 표본을 채취, 적용할 수 있다.
- 재고량에 대하여 표본을 채취할 경우에는 대상품의 수거형태 및 적재형태 적재장소별로 표본채취량에 비례하여 무작위 채취(적재 물량 중 상 · 중 · 하, 좌 · 우, 전 · 후 고르게 채취)한다.
- 표본 채취는 품목별 2개 이상의 업체를 선정하여 표본을 채취하되, 업체품목별로 회당 최소 표본 채취량을 채취하지 못한 경우에는 조사 차수를 증가하여 총 표본의 수가 회당 최소 표본 채취량 이상이 되도록 하여야 한다.

2.1.2 조사방법

평균중량 측정의 객관성 및 충분한 샘플링 개수를 확보하기 위하여, 「전기 · 전자제품의 재활용 · 회수의무이행에 관한 업무처리지침」제 62조에는 회당 최소 표본 채취량(대) 정보를 명시하고 있다[표 3-8]. 공제조합은 평균중량 측정을 추진하면서 지침에 명시된 최소 표본 수 확보를 위해 위탁받은 사업자(공제조합 사업회원 등)에 협조를 요청할 수 있다. 일반적으로 한 사업장에서 표본 수를 모두 확보하기가 어려우므로, 2～3개 사업장으로 나뉘어 측정하는 것이 일반적이다.

▼ 표 3-8 각 품목별 평균중량 측정을 위한 회당 최소 표본 채취량(대)정보

<table>
<tr><th colspan="5">구분</th><th rowspan="2">회당 최소 표본 채취량(대)</th></tr>
<tr><th>제품군</th><th>품목</th><th>분류</th><th colspan="2">세부품목</th></tr>
<tr><td rowspan="12">대형기기</td><td rowspan="3">텔레비전</td><td rowspan="3">일체형</td><td colspan="2">CRT</td><td>100</td></tr>
<tr><td colspan="2">LCD, PDP</td><td>200</td></tr>
<tr><td colspan="2">욕실용 TV, 주방용 TV</td><td>50</td></tr>
<tr><td rowspan="3">냉장고</td><td rowspan="3">일체형</td><td colspan="2">기본형(일반)</td><td>200</td></tr>
<tr><td colspan="2">김치, 와인냉장고</td><td>200</td></tr>
<tr><td colspan="2">화장품냉장고</td><td>50</td></tr>
<tr><td rowspan="3">세탁기</td><td rowspan="3">일체형</td><td colspan="2">기본형(일반)</td><td>200</td></tr>
<tr><td colspan="2">드럼</td><td>100</td></tr>
<tr><td colspan="2">경량(용량 3.5kg 이하)</td><td>50</td></tr>
<tr><td rowspan="2">에어컨디셔너</td><td rowspan="2">분리형</td><td colspan="2">실내기</td><td>100</td></tr>
<tr><td colspan="2">실외기</td><td>100</td></tr>
<tr><td>자동판매기</td><td>–</td><td colspan="2">자동판매기</td><td>50</td></tr>
<tr><td rowspan="13">통신 · 사무기기</td><td rowspan="5">개인용컴퓨터</td><td>일체형</td><td colspan="2">노트북</td><td>50</td></tr>
<tr><td rowspan="4">분리형</td><td colspan="2">본체</td><td>200</td></tr>
<tr><td rowspan="2">모니터</td><td>CRT</td><td>100</td></tr>
<tr><td>LCD</td><td>200</td></tr>
<tr><td colspan="2">자판</td><td>100</td></tr>
<tr><td rowspan="2">프린터</td><td rowspan="2">일체형</td><td colspan="2">레이저</td><td>100</td></tr>
<tr><td colspan="2">비 레이저</td><td>100</td></tr>
<tr><td>복사기</td><td>일체형</td><td colspan="2">전체</td><td>100</td></tr>
<tr><td>팩시밀리</td><td>일체형</td><td colspan="2">전체</td><td>0</td></tr>
<tr><td rowspan="4">이동전화단말기</td><td rowspan="4">분리형</td><td colspan="2">본체</td><td>1,000</td></tr>
<tr><td colspan="2">전지</td><td>1,000</td></tr>
<tr><td colspan="2">충전기</td><td>300</td></tr>
<tr><td colspan="2">스마트폰 충전기</td><td>300</td></tr>
</table>

중형기기	전기정수기	–	전기정수기	50
	전기오븐	–	전기오븐	50
	전자레인지	–	전자레인지	50
	음식물처리기	–	음식물처리기	50
	식기건조기	–	식기건조기	50

2.1.3 계량 및 측정방법

[표 3-8]에 명시한대로, 표본 수를 확보하고 품목별 중량을 측정한 후 평균중량 산출식에 의거하여 품목별 평균중량을 최종적으로 산출하게 된다. 평균중량은 측정된 표본의 총중량을 표본수량으로 나누어 산출하므로 기본 단위는 "kg/대"가 된다. 주요 고려사항으로는 실제 중량 측정에서 발생할 수 있는 문제점들에 대해 명시한 내용으로써, 차량에 적재(공차중량 측정)되어 측정된 경우 또는 팔렛트(팔렛트 무게 측정)에 상차되어 측정된 경우에 이에 대한 무게를 뺀 값을 최종 평균중량으로 확정한다. 또한, 평균중량 유효자리 평균중량 산정 후 소수점 셋째 자리 이하에서 버림을 원칙으로 한다[표 3-9].

소형기기 제품군의 경우, 당해 연도 고시된 소형기기 제품별 총 출고량의 평균값으로 산정한다.

▼ 표 3-9 평균중량 산출식 및 고려사항

구분	내용
평균중량 산출식	평균중량＝표본총중량(kg)/크본총수량(대) ※ 산정 후 소수점 셋째자리 이하는 버린다.
평균중량 산정시 고려사항	① 폐전기 · 폐전자제품이 그대로 상차되어 반입된 경우 $\frac{\text{폐전기· 폐전자제품이 상차된차량무게} - \text{공차무게}}{\text{상차된 폐전기· 폐전자제품 수량}}$ ② 폐전자제품이 깔판에 상차되어 반입된 경우 $\frac{\text{폐전기· 폐전자제품이 적체된 깔판무게} - \text{깔판무게}}{\text{깔판에 적치된 폐전기· 폐전자제품 수량}}$ ③ 반입량이 없는 경우에는 재고량 측정 ＝②번과 동일하게 측정

2.1.4 제출 및 승인

폐전기 · 폐전자제품 평균 중량 조사 · 확인 시 조사대상 사업자 입회하에 실시할 수 있다. 공단 이사장은 제58조에 따른 소형기기 외 제품군에 대한 평균중량조사를 실시할 경우 해당 사업자가 입회하도록 하고 조사결과 사본을 교부하여야 한다. 마지막으로, 공단 이사장은 제58조에 따른 소형기기 외 제품군에 대한 평균중량 조사를 별지 제5호서식에 따라 실시하고, 의무대상품목 평균중량 조사 및 산정 결과를 해당연도 12월 30일까지 환경부장관에게 보고하여 평균중량 산정을 최종 확정할 수 있다. 2018년도 27개 제품군을 기준으로, 평균중량 조사 범위에 포함되지 않은 제품의 재활용 또는 회수의무량 산정은 다음 [표 3-10]과 같은 종류의 제품의 범위를 참조한다. 즉, [표 3-10]에 "같은 종류의 제품의 범위"에 포함된 제품은 평균중량 조사품목 조사 시 동일한 중량을 적용받을 수 있도록 한다.

▼ 표 3-10 비대상품목에 대한 평균중량 측정 인정 항목

제품	평균중량 조사 품목	같은 종류의 제품의 범위
텔레비전	욕실용 TV, 주방용 TV	DMB TV, 차량용 TV
냉장고	기본형(일반)	가정용 냉동고 및 업소용 냉장고, 업소용 냉동고, 쇼케이스 등 영업용 냉동 · 냉장고
	김치, 와인냉장고	기타 가정주방용 냉장고
에어컨디셔너	실내기	일체형 에어컨디셔너
개인용컴퓨터	PC본체	일체형 컴퓨터
프린터	레이저	산업용 프린터

2.1.5 연도별/제품별 평균중량

환경성보장제도 이후, 지속적으로 측정 · 누적된 “평균중량” 정보는 [표 3-11]의 2008~2013, [표 3-12]의 2014~2017에 나타냈다.

▼ 표 3-11 제품별 평균중량(′08~′13년도 적용)

[단위 : kg/대]

품 목		평균중량(kg/대)					
		'08년	'09년	'10년	'11년	'12년	'13년
냉장고	기본	69.77	70.81	73.08	73.48	73.48	76.07
	김치		49.85	43.67	47.31	51.98	53.19
	화장품		6.53	5.06	5.23	5.15	5.15
세탁기	기본	48.63	49.34	48.80	48.47	48.47	49.04
	드럼		74.56	75.50	73.95	73.95	77.16
	경량		-	-	8.90	13.57	14.33
에어컨	실내	26.66	25.08	24.97	25.21	25.21	20.43
	실외	35.75	36.69	36.95	36.81	36.81	34.35
TV	CRT	33.58	33.81	34.94	33.75	34.49	34.49
	LCD		24.29	27.62	28.36	28.36	27.84
	주방용		2.08	1.76	2.25	2.13	1.99
개인용 컴퓨터	본 체	10.17	10.73	10.91	10.49	8.96	9.48
	노트북		2.80	2.66	2.50	2.54	2.54
	자 판	0.79	0.78	0.73	0.76	0.76	0.76
	CRT	14.93	15.37	15.41	15.28	15.28	16.24
	LCD		4.50	4.93	4.72	4.69	4.69
오디오	본 체	5.60	6.00	5.50	5.08	5.73	5.85
	스피커	4.21	4.25	4.03	4.21	3.97	6.54
	일체형	-	3.26	3.27	3.12	2.96	2.56
	차량용	-	1.88	1.84	1.83	1.83	2.09

이동전화 단말기	본 체	0.07	0.07	0.07	0.07	0.07	0.07
	배터리	0.03	0.03	0.02	0.02	0.02	0.02
	충전기	0.16	0.11	0.11	0.10	0.09	0.10
	스마트폰 충전기	-	-	-	0.03	0.03	0.03
프린터	레이저	7.12	8.26	9.26	8.73	8.09	10.95
	비레이저		4.10	4.27	4.05	4.06	4.06
복사기		61.73	63.05	62.34	62.67	62.67	58.47
팩시밀리		4.68	4.26	5.21	4.78	3.75	4.01

▼ 표 3-12 **제품별 평균중량('14~'18년도 적용)**

[단위 : kg/대]

품 목		평균중량(kg/대)				
		'14년	'15년	'16년	'17년	'18년
냉장고	기본	81.75	95.65	95.61	95.61	95.73
	김치	53.19	58.40	56.86	56.86	55.39
	화장품	2.91	4.27	4.17	4.17	5.29
세탁기	기본	49.04	47.06	48.04	48.04	46.81
	드럼	79.03	79.43	85.50	85.50	83.73
	경량	18.10	25.76	21.28	21.18	24.40
에어컨	실내	20.41	20.41	26.33	26.33	18.32
	실외	33.16	34.26	37.87	37.87	36.66
TV	CRT	35.88	37.62	35.48	35.48	34.15
	LCD	27.84	29.82	24.80	24.80	23.97
	주방용	1.87	1.82	1.82	1.82	1.76
자동판매기		95.96	170.50	179.31	212.00	206.05

개인용 컴퓨터	본 체	9.18	8.61	8.42	8.42	8.21
	노트북	2.48	2.48	2.45	2.45	2.30
	자 판	0.61	0.68	0.68	0.68	0.67
	CRT	17.23	17.60	17.60	19.25	17.85
	LCD	4.78	4.78	4.89	4.89	4.99
오디오	본 체	6.14	7.62	6.12	5.78	5.01
	스피커	2.74	3.0	2.41	2.90	5.57
	일체형	5.85	5.88	5.88	5.22	2.69
	차량용	1.95	2.16	2.19	2.19	2.14
이동 전화 단말기	본 체	0.07	0.07	0.07	0.08	0.08
	배터리	0.02	0.02	0.02	0.03	0.03
	충전기	0.14	0.12	0.13	0.13	0.13
	스마트폰 충전기	0.03	0.06	0.06	0.06	0.06
프린터	레이저	12.22	16.38	11.54	12.81	11.50
	비레이저	4.71	5.40	5.6	5.64	5.69
복사기		64.12	83.76	91.99	68.22	79.22
팩시밀리		4.73	5.44	4.56	6.46	3.68
전기정수기		21.19	21.55	21.55	18.72	18.01
전기오븐		28.75	26.76	28.11	31.80	18.55
전자레인지		14.30	14.89	13.98	14.15	14.15
음식물처리기		13.36	12.46	13.30	15.58	12.51
식기건조기		36.94	30.73	27.20	27.97	27.97
전기비데		5.55	5.42	5.42	5.12	5.09
공기청정기		9.07	6.92	7.99	7.56	8.14
전기히터		2.74	2.52	2.57	2.57	2.57
전기밥솥		5.25	5.59	5.36	5.70	5.65
연수기		9.24	9.38	9.38	9.59	9.59

가습기	3.19	3.77	2.81	1.84	1.79
전기다리미	0.86	0.92	0.97	1.23	1.24
선풍기	3.71	3.30	3.19	3.43	2.98
믹서	2.41	2.09	2.08	2.08	2.08
청소기	5.30	4.97	5.38	3.81	3.71
비디오플레이어	3.78	3.91	4.05	1.26	1.28

2.2 실중량

2.2.1 배경 및 목적

환경부는 폐전기·전자제품 재활용 실적 인정 체계를 평균중량에서 실중량으로 개선하기 위한 업무처리지침 내용을 정비하였다.

실적 인정체계를 실중량 체계로 변화하고자 하는 큰 움직임이 이미 진행되고 있다. 실중량 체계 도입에 따른 단점 및 시행착오 발생이 예상되지만, 다양한 장점 및 궁극적인 실중량 체계 안정화를 위해 공제조합 및 회원사(공제회원, 사업회원)의 다양한 노력이 요구된다. 실중량 체계 도입은 현행 실적 인정기준에서 제품군별로 실적을 인정하되, 일부 제품군(통신사무기기, 소형기기)에서 대당 관리방식과 중량관리방식을 병행하여 사용함으로써 발생할 수 있는 객관성 결여에 대한 보완을 목적으로 시행된다.

2.2.2 적용시기

환경부 및 한국환경공단은 실중량 체계도입을 2019년부터 적용하고자 추진해왔다. 다만, 당초 계획에서 2018년 10월의 입법예고 후, 2019년 1월부터 적용하고자 했던 내용이 태양광패널 이슈로 인해 잠정적으로 2019년 3월까지 미뤄진 상태이다. 환경부는 2019년도 하반기(7월)부터 대형제품군을 대상으로 실중량 체계를 정식 도입할 예정이다.

중·소형 및 통신사무기기를 주로 재활용하는 중/소형 규모의 리사이클링 센터에서는 2019년을 기준으로 "1년" 우예기간을 주어, 2020년부터 실중량 체계를 정식 도입할 예정이다. 중/소형 규모의 리사이클링센터에 유예기간을 주게 된 배경은 실중량 인정 체계에서는 각 사업장에 독립된 계량시설이 구비된 조건 하에서, 각 제품군별로 중량을 측정할 수 있는 부지확보 및 행정/실무적 제반여건 마련이 필요하기 때문이다. 즉, 상대적으로 제도 변경에 따른 능동적 대처가 유연한 권역별 리사이클링센터를 대상으로 먼저 도입한다.

2.2.3 주요내용

한국환경공단이 발표한 교육 자료에 자르면, 실중량 체계 인정을 통한 중점적인 개선방향(주요사항)은 다음 6가지 항목으로 요약된다.

① 의무이행 전과정(출고량 → 의무량 → 실적량) 실중량 체계로 일원화

② 공급량 기준으로 재활용실적 인정

③ 실적 산정은 소재 등 공급량을 기준으로 매년 1회 산정

④ 반입 시 실중량 계량('19년도 12종, '20년도 이후 4종)

⑤ 의무대상 외 폐기물 반입증빙 철저 관리

⑥ 소재 등 공급량을 증명할 수 있는 계량증명서, 세금계산서 증빙 철저 관리

실중량 체계 도입에 따른 현행 및 개선(안) 비교에 따르면, 실중량 체계 도입은 결과적으로 출고량, 의무량, 재활용실적을 모두 실중량으로 일원화 하고자 하는 목적으로 진행된다. 리사이클링센터 "반입량"은 재활용 된 유가물 또는 폐기물 자료를 토대로, 사전에 조사된 제품별 소재구성비를 적용시켜, 재활용된 물량을 환산한다. "공급량"은 재활용 공정을 통해 실적화(판매)된 유가물 또는 폐기물로 외부로 반출되는 양을 의미하며, 이를 통해 재활용 실적의 기본 자료로 활용한다.

특히, 소형기기군을 제외한 대형, 중형, 통신사무기기는 제품군 내 환산 품목별 공급량의 합 즉, 제품군 내 품목 비율을 산정하여 계산되어 질 것으로 보인다. 소형기기는 혼입비율 조사를 통해, 비대상품목 또는 타 제품군기기를 제외한 실제 소형기기 중량만을 실중량으로 인정한다[표 3-13].

▼ 표 3-13 **평균중량 및 실중량 방식 비교**

<table>
<tr><th>구분</th><th colspan="3">현행</th><th colspan="3">개선안</th></tr>
<tr><td>의의</td><td colspan="3">출고량, 의무량까지 실중량 사용</td><td colspan="3">출고량, 의무량, 재활용실적량 모두 실중량으로 일원화</td></tr>
<tr><td>반입</td><td colspan="3">평균중량 및 실중량</td><td colspan="3">실중량</td></tr>
<tr><td>투입</td><td colspan="3">투입량＝재활용량＝평균중량
*투입대수(증빙서류 없다.)</td><td colspan="3">실투입량 업체 입력
(재고량＝반입량－투입량)</td></tr>
<tr><td>공급</td><td colspan="3">소재별공급량 등 관리표기재
(소재별공급량 및 폐기물처리량 증빙)</td><td colspan="3">좌동</td></tr>
<tr><td rowspan="3">인정산식</td><td>대당관리</td><td colspan="2">재활용실적＝제품군 내 품목별 재활용량[3]의 합</td><td rowspan="3">중량관리방식</td><td>소형기기군 외</td><td>재활용실적＝제품군 내 환산 품목별 공급량의 합</td></tr>
<tr><td rowspan="2">중량관리</td><td colspan="2" rowspan="2">소형기기군 재활용실적투입중량×(1－타제품군 및 비대상 혼입비율)</td><td>소형기기군</td><td>재활용실적＝제품군 내 환산 품목별 공급량의 합×(1－타제품군 및 비대상 혼입비율)</td></tr>
<tr><td colspan="2">※재활용실적은 반입량 범위 내에서 인정</td></tr>
<tr><td rowspan="3">관리항목</td><td>구분</td><td>반입</td><td>공급</td><td>구분</td><td>반입</td><td>공급</td></tr>
<tr><td>대당관리</td><td>대수, 총중량, 반입총중량</td><td rowspan="2">공급량</td><td rowspan="2">중량관리</td><td rowspan="2">반입품목별 중량(소형혼합은 반입 총중량)</td><td rowspan="2">공급량</td></tr>
<tr><td>중량관리</td><td>반입품목별 중량(소형혼합은 반입 총중량)</td></tr>
</table>

3) 품목별 재활용량＝투입대수×평균중량

2.2.4 재활용 실적 산정절차

실중량 체계 도입에 따른 재활용량 실적 산정절차는 다음과 같다.

① 연간 반입량(RC 입고량), 공급량(RC 출고량 : 유가물+폐기물) 실적 집계

② 폐전기 · 전자제품 환산계수 산출(품목별 소재구성비 활용)

③ 폐전기 · 전자제품 환산 및 필요시 여유율 적용

④ 공급 및 투입한도 고려하여 재활용량 확정

재활용실적에 대한 품목별 기준비율 달성여부에 따라 재활용실적을 산정한다. 이 과정에서 의무이행년도에 반입된 폐전기 · 전자제품과 반출된 소재 등을 EcoAS에 입력하여 매년 집계하게 되며, 주요 내용으로는 "폐전기 · 전자제품 입고" 입력시 인계 · 인수 관리표(수집정보, 운반정보)에 "실중량 정보란"을 신설하여 기재토록 한다. 소재 등 출고 과정에서는 "공급량과 폐기물 처리량"을 관리표에 모두 기재하여 발생원에 관계없이 재활용량 산정을 위한 기초자료를 확보한다.

예컨대, 특정 폐전기 · 전자제품 1kg을 재활용 하였을 경우, 금속, 플라스틱 등이 각각 몇 kg으로 발생하는지를 나타내는 "구성비"와 금속 1kg이 반출되었을 때, 텔레비전(CRT) 등이 각각 몇 kg 재활용되었는지를 나타내는 "환산계수"를 산출한다.

▼ 표 3-14 개정 실적집계(안)(실중량 기반)

<table>
<tr><th>구분</th><th colspan="2">주요내용</th></tr>
<tr><td>의무대상 폐제품
반입량 집계</td><td colspan="2">의무이행년도에 관리표에 기재된 폐제품 반입량과 전년이월을 합산
※다만, 이동전화단말기는 별도의 테이블에서 집계</td></tr>
<tr><td>소형기기(혼합)
실반입량 산출</td><td colspan="2">재활용업체로 반입된 소형기기에 혼입비율을 적용하여 실반입량 산출, 반입량은 전년이월 미포함한 당해 순반입량이다.</td></tr>
<tr><td>의무대상 폐제품
반입비 산출</td><td colspan="2">의무대상 폐제품 반입비＝의무대상 폐제품 반입량÷반입량 계
※ 이동전화단말기 미포함
사업장폐기물 반입량, 중간가공폐기물 반입량 및 기타는 수기로 입력
※ 전년이월을 포함하며 전년이월란에 별도 표기, 실적점검시 확인</td></tr>
<tr><td>의무대상 반출량
산출</td><td colspan="2">총 반출량은 매 발생시마다 관리표 입력, 자동집계
의무대상 반출량＝총 반출량×의무대상 폐제품 반입비</td></tr>
<tr><td rowspan="2">이동전화단말기
재활용량 산출</td><td>본체 및 충전기</td><td>재활용량은 공급량을 기준으로 하되, 반입량 한도 내</td></tr>
<tr><td>배터리</td><td>재활용량은 투입량을 기준으로 하되, 반입량 한도 내</td></tr>
</table>

▼ 표 3-15 개정 폐전기·전자제품 환산계수 산출(안)(실중량 기반)

구분	정의
구성비	특정 폐전기·전자제품 1kg을 재활용하였을 경우 금속 등이 각각 몇 kg 발생하는지를 나타내는 척도
환산계수	금속 1kg이 반출되었을 경우 텔레비전(CRT) 등이 각각 몇 kg 재활용되었는지를 나타내는 척도

폐전기·전자제품 환산 과정 중, 공급량 환산 과정을 살펴보면 환경부 및 한국환경공단은 리사이클링센터에서 반출된 소재(유가물/폐기물) 등에 폐전기·전자제품 환산계수를 곱하여 자동으로 투입량이 생성되도록 프로그램화 할 예정이다. 이때 리사이클링센터 현장재고와 장부재고의 차이가 나는 경우에 한하여 선택사항으로써 여유율을 적용 할 수 있도록 한다. 여유율 적용방법은 금속, 비금속, 부품, 기타 및 폐기물 각각의 합이 5% 내에서 품목별로 재배분할 수 있도록 하는 것이 주요내용이며, 총 재활용량은 변경할 수 없다. 마지막으로 여유율의 도입 취지는 시설별 처리방법 및 폐전기·전자제품의 특성(구성, 부피, 중량 등)이 상이하여 '여유율' 개념 도입을 통한 제도 보완이 필요하기 때문인 것으로 해석된다.

2.3 비대상품목 혼입비율 조사

2.3.1 정의 및 필요성

혼입비율은 평균중량과 마찬가지로 「전기·전자제품의 재활용·회수의무이행에 관한 업무처리지침」의 제 1장 총칙의 제 2조(적용범위) 제 5호에 명시되어 있다. 그러므로 폐전기·전자제품의 비대상품 혼입비율 조사 등에 관한 사항은 환경부 업무처리지침의 평균중량 측정과 동일하다. 즉, 혼입비율 조사는 환경성보장제도 내에서 소형기기군 내 타제품군 및 비대상품 혼입비율 산출 및 적용을 위한 기초 지표이자, 실질적인 (재활용/회수)현장기반 산출 데이터라고 볼 수 있다.

2.3.2 조사방법

조사의 주체는 공단 이사장이 실시하되, 필요 시 공제조합 또는 유통지원센터가 참여할 수 있다. 혼입비율 조사는 연 2회 이상 실시하되 공단 이사장이 필요하다고 인정하는 경우 실시횟수를 조정할 수 있다. 공단 이사장은 혼입비율 조사를 위해서 조사 7일전까지 조사일시, 목적, 내용 등을 포함한 계획을 조사대상 사업자에게 통지하여야 한다. 다만, 긴급한 검사를 요하는 경우에는 사전에 알리면 조사 목적을 달성할 수 있다. 또한, 공단 이사장이 필요하다고 판단한 경우 추가로 1회 더 실시할 수 있으며, 이때는 종전의 측정 결과를 무효화할 수 있다.

세부조사방법은 소형기기군을 수거하여 선별 후 보관하는 수거함 내 재고량 중 200kg 이상의 표본을 채취하여 실시한다. 다만, 조사대상자의 반기(6개월) 소형기기 회수량이 1,000kg 미만이거나 소형기기군을 당해 연도 12월 1일 이후에 처음으로 회수하여 표본 확보가 어려운 경우에는 당해 연도 혼입비율 조사를 면제할 수 있다.

2.3.3 계량 및 측정방법

측정방법은 크게 세 가지 중량 측정으로 이루어지는데, 1) 표본 총 중량, 2) 소형기기 제품군 총중량, 그리고 3) 소형기기 제품군 외 총중량 측정으로 이루어진다. 특히, 3번 항목의 소형기기 제품군 외 측정은 다시 ① 타제품군, ② 의무대상 외 전기 · 전자제품, ③ 비대상품 으로 나뉘어 측정된다. 산출된 결과에서 혼입비율은 다음 식에 의해서 최종 산정된다.

〈재활용 의무량 산정방식(의무율 기반)〉

∴ 타 제품군 및 비대상 혼입비율 조사 결과 = (① 타제품군 + ③ 비대상품 중량) ÷ 표본 총중량

2.3.4 제출 및 승인

측정결과는 공단 이사장에 보고하고, 결과는 당해 연도에 적용을 원칙으로 한다.

4장 폐전기·전자제품 재활용 공정

1. 주요 품목 및 재활용 공정
2. 주요 설비 및 유지·관리

1. 주요 품목 및 재활용 공정

1.1 온도 교환기기

1.1.1 냉장고

1) 작동원리

냉장고는 크게 증발기, 압축기, 팽창밸브, 응축기의 네 부분으로 이루어져 있다. ‘증발기’는 냉장고 내부에 있으며, 냉매가 증발할 때 흡수하는 잠열을 이용하여 냉장고 내의 온도를 낮춘다. 차가워진 공기는 작은 냉장고의 경우 자연대류 방식으로, 큰 냉장고는 강제순환 방식으로 냉장고 전체에 퍼져나가게 된다.

이렇게 증발된 냉매 기체는 ‘압축기(compressor)’가 전기 모터로부터 기계적인 일을 받아서 고온 고압의 기체를 만들고 냉장고 뒤편에 있는 ‘응축기(condenser)’ 관에서 압력을 받는다. 이 압축과정이 증기를 응결시킴에 따라 잠열이 주변으로 방출되며, 이때 냉장고 뒤편의 팬이 이 열을 여러 방향으로 분산시킨다.

다시 응축된 냉매를 ‘팽창밸브’에서 증발기로 보내면 다시 증발하여 냉각작용이 반복된다. 이 ‘팽창밸브’를 조절하여 냉각의 세기를 조절할 수 있다. 증발기에서 흡수된 열이 모두 응축기에서 나오게 되기 때문에 냉장고에서는 ‘증발기’와 ‘응축기’ 사이에는 단열벽으로 차단하게 된다.

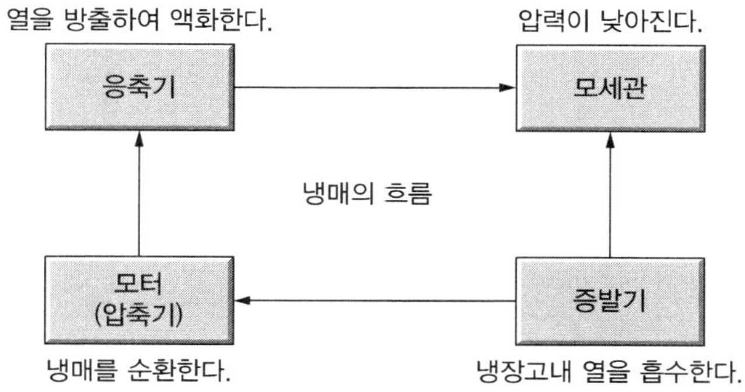

▲ 그림 4-1　**냉장고의 냉각시스템 구조**

2) 구조 및 구성물질

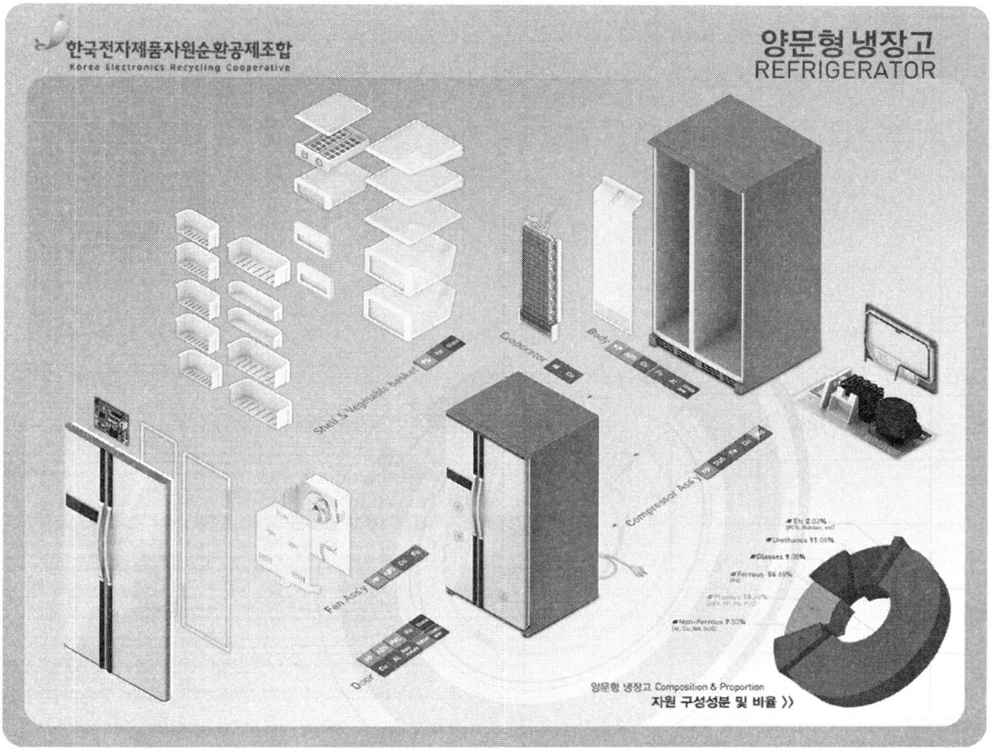

▲ 그림 4-2　**냉장고 주요 구성재질 및 비율**

3) 처리공정도

냉장고 처리공정도는 아래 공정으로 구분된다.

4) 주요설비

① 반입장치 및 작업대

지게차로 냉장고를 리프트 위에 올려놓은 후, 반입 흡착기로 투입이 가능하도록 세워 이동하는 냉장고를 한대씩 순차적으로 전처리한다.

② 전처리 컨베이어(냉매회수)

재활용률 제고를 위하여 냉장고 전면 및 내부의 소재 중 재질별로 수작업으로 분리가 가능한 것을 최대한 분리한다. 지구온난화유발물질인 "냉매"를 각 종류별로 회수하여 보관 탱크에 별도로 저장한다.

③ 냉장고 반전기

다음 공정을 위하여 수직으로 이동된 냉장고를 수평으로 전환시킨다.

④ 콤프레셔 분리 컨베이어

냉장고 상단에 부착되어 있는 기판을 제거하고 냉매를 포집한 컴프레셔를 분리하고 오일을 제거한다.

⑤ 이송량 조절 컨베이어

전처리가 끝난 제품을 후처리 파쇄 공정으로 이송한다.

⑥ 제품대기 컨베이어

파쇄공정을 위하여 리프트 탑승을 대기하는 설비이다.

⑦ 리프트 컨베이어

냉장고를 파쇄기 호퍼로 투입시키기 위해서는 일정높이까지 이송하는 엘리베이터형의 리프트로써 냉장고를 한 대씩 이송한다.

⑧ 투입 컨베이어

일정시간 간격을 두고 파쇄기 호퍼로 냉장고를 투입한다. 감지기, 스톱퍼, 타이머 등을 상호연계시켜 일정시간으로 투입될 수 있도록 해야 하며, 작업자가 처리량을 상시 확인할 수 있는 전광판 설치가 필요하다.

⑨ 1차 파쇄기

파쇄기는 케이싱, 파쇄날, 축, 패들, pusher, 전기판넬, 제어판넬, 등으로 이루어져 있으며, 파쇄시 발생하는 먼지는 호퍼 상부에서 흡입하여 백필터에서 포집한다.

⑩ 1차 파쇄물 배출 컨베이어

냉장고가 1차 파쇄기에 투입되어 파쇄된 후 2차 파쇄기로 이송시켜 주는 보조장치로 형태는 고무, steel pan, 나사송곳 등으로 이루어진다.

⑪ 2차 파쇄기 투입 컨베이어

1차 파쇄물이 2차 파쇄기로 원활하게 투입될 수 있도록 하는 설비로 2차 파쇄시 원심력에 의해 외부로 출출되는 것을 방지하기 위해 steel curtain이 설치된다.

⑫ 2차 파쇄기

2차 분쇄기는 1차에서 파쇄한 모든 내용물을 원형 그대로 투입하여 원래 형태보다 작고 균일하게 파쇄한다.

⑬ 2차 파쇄물 배출 컨베이어

투입물을 균등하게 분포시켜 suspended 타입 자력선별기와 우레탄 흡입의 효율을 높인다.

⑭ 1차 자력 선별기

자성물을 흡착하는 마그넷과 흡착물을 운반하는 스크래퍼 벨트, 스크래퍼 벨트를 회전시키기 위한 구동장치로 구성되어 있다. 마그넷 주위를 스크래퍼 벨트가 회전하면서 흡입된 철편을 컨베이어의 바깥쪽으로 배출한다.

⑮ 철 배출 컨베이어

자력선별기에 의해 분리된 자철금속(최대 철편크기 : 65mm)을 이송한다.

⑯ 우레탄 흡입 덕트

고철 및 비철에 비해 상대적으로 비중이 가벼운 우레탄을 흡입하여 우레탄 분리 사이클론으로 이송시킨다.

⑰ 우레탄 분리 사이클론

포집된 우레탄을 큰 덩어리와 분진으로 분리하여 큰 덩어리는 우레탄 분쇄기로 이송시키고, 분진은 2차 백필터로 이송시킨다.

⑱ 우레탄 분쇄기

우레탄 압축기의 효율을 높이기 위해 우레탄을 미세한 분말로 분쇄하는 기기로 분말 이송시 주위에 우레탄 분말이 비산되지 않도록 해야 한다.

⑲ 우레탄 저장조

우레탄 파우더는 공기 이송장치에 의해 저장조로 이송되며, 저장조 상부에 백필터를 설치하여 우레탄을 포집하고 깨끗한 공기만 대기 중으로 방출한다.

⑳ 우레탄 압축기/성형기

우레탄 저장조에 저장된 우레탄 파우더를 스크류 컨베이어에 의해 압축기 또는 성형기로 이송한다. 이송된 우레탄 파우더는 압축기/성형기에서 우레탄 압축물 또는 고형연료 형태로 제작하여 취급 및 운반이 용이하며 연료 물질로도 사용될 수 있다.

㉑ 3차 파쇄 투입 컨베이어

2차에서 파쇄된 유가물을 3차 파쇄기로 이송시킨다.

㉒ 3차 파쇄기

2차에서 파쇄된 플라스틱 및 비철을 25mm 이하로 파쇄한다. 다양한 파쇄기 형식의 도입이 가능하나, 주로 2축 전단형을 주로 이용한다. 용량은 일반적으로 75～100마력으로 시간당 3.0～4.0톤을 처리한다.

㉓ 2차 자력선별 컨베이어

1차 자력 선별기에서 선별하지 못한 자철금속을 영구 자석으로 된 마그네틱 드럼을 이용하여 선별, 회수함으로써 후단의 비철 선별 효율을 높인다.

㉔ 비철분쇄 공급 컨베이어

비철금속을 버켓 엘리베이터를 이용하여 비철 분쇄기로 이송, 공급한다.

㉕ 비철 분쇄기

비철금속의 분리효율을 높이기 위해 Cuter mill형을 설치하여 분쇄한다. 분쇄기 내부 측면에 8mm～10mm 크기의 배출 스크린을 설치하여 기준 입도(입자) 크기 이하의 분쇄물만 배출하도록 한다.

㉖ 비철 분쇄물 배출 컨베이어

비철 분쇄기 하부의 체(Sieve)에서 배출한 분쇄물을 운반하는 스크류형 또는 플랫형 컨베이어로 비철 분류공급 컨베이어로 분쇄물을 이송시킨다.

㉗ 비철분류 공급 컨베이어

버켓컨베이어 이용하여 선별기 상부 위치로 이송 후 공기 선별기로 비철금속을 투입하는 설비이다.

㉘ 입자(입도) 선별기

분쇄된 비철금속 및 플라스틱류를 진동피더를 거쳐 입자 선별기에 투입하여 물질 크기별로 분류하여 이송한다. 입자 크기는 미분 또는 유효분으로 구분할 수 있으며 일반적으로 약 10mm 이하를 미분으로 폐기하거나 재투입하며, 10mm 이상을 유효분으로 구분한다.

㉙ 비철(플라스틱/비철) 선별기

투입물질의 종류에 관계없이 비중차 또는 전기전도성의 유/무를 기준으로 두 가지 종류로(플라스틱/비철) 선별된다. 비중차를 이용할 경우, 가벼운 플라스틱을 송풍기를 통해 비철금속과 분리시키는 원리이며, 전기전도성 유/무를 이용할 경우 와전류선별기가 발생시킨 전자기력의 반발력에 반응하는 비철금속 물질을 플라스틱과 분리하는 원리이다.

㉚ 금속(Al, Cu) 선별기

송풍기를 이용한 풍력과 체(sieve)의 각도 조정을 통해 투입물의 비중차로 물질 종류를 구분하거나, 광학선별(Combi-sensor) 방식을 물질의 색상(CCD-camera) 및 전기전도도의 차이를 이용하여 구리, 스테인리스, 알루미늄을 최종 분리한다.

㉛ 플라스틱(ABS 등) 선별기

물(염수)을 이용한 플라스틱 재질별 비중차로 물질 종류를 구분하거나, 광학선별(근적외선 : NIR) 방식을 이용하여 각 플라스틱 재질이 갖는 고유한 파장에 따라 플라스틱을 최종 분리한다.

5) 작업표준 지침

제품명	냉장고	안전보호구	보안경, 마스크, 귀마개, 안전화, 장갑
생산물	철, 구리, 알루미늄, PCB, PP, ABS, 전선, 냉매 등	폐기물	생활 폐기물 및 이물질 (가연성 폐기물)

순서	공정명	작업내용 및 주의사항		공구
1	냉장고 투입 및 선반 분리		• 전처리 라인에 냉장고 투입 및 이물질 제거 • 냉장고 내 야채통(김치통)과 선반 분리 • 손잡이 몰딩제거 고정나사 분리	망치, 에어 임팩
2	가스켓 분리		• 갈고리 망치를 이용하여 냉장고 가스켓 분리	갈고리
3	팬모터 및 온도 조절기 분리		• 냉동실 조명, 팬모터 커버, 온도조절장치 분리 • 전기회로박스 에어드라이버로 분리	망치, 갈고리, 에어 임팩
4	유리선반 및 앞유리 분리		• 유리선반 제거 및 유리 파단 • 도어 냉장고 접합부 분리 • 에어임팩으로 액정판넬 고정나사 분리 • 도어 전면유리 분리	갈고리, 가위, 망치
5	콤프 커버 분리 및 CFC포집		• 냉장고 하단 콤프 커버 분리 • 파워코드 절단 • CFC gas 포집 • 드레인 배관가위로 절단	절단기, 에어 임팩, 가위
6	콤프 제거 및 오일 포집		• 냉장고 콤프 분리 및 오일 포집 • 동배관 절단 • 냉장고 상단 PCB 분리	절단기, 에어 임팩, 가위

1.1.2 에어컨

1) 작동원리

에어컨의 기본적인 원리는 기화열에 의한 냉각이다. 액체가 기체로 기화할 때는 열을 흡수하고 기체가 액체로 응축할 때는 열을 방출한다. 기화할 때 흡수하는 열이 기화열이다. 에어컨은 압축기로 압력을 크게 변화시켜 기체 상태였던 냉각제를 액체로 응축한 후 압력을 낮춰서 증발기 안에서 액체 상태의 냉각제가 다시 증기로 기화할 때 열을 빼앗아 주위의 온도를 낮춘다. 에어컨과 냉장고에 의한 냉각은 많은 기화열을 효율적으로 얻을 수 있는 간단한 냉각사이클을 통해 이루어진다. 열은 원래 높은 온도에서 낮은 온도로 이동하지만 에어컨의 냉각사이클을 통해서 반대 방향인 낮은 온도의 실내에서 높은 온도의 실외로 옮겨간다. 실내기에서는 찬 바람이 나오고 실외기에서는 더운 바람이 나온다.

- 압축기 : 기체 상태의 냉각제는 압축기에서 고온, 고압의 상태가 된다. 대부분의 냉각 시스템은 압축기를 작동하기 위해 전기 모터를 사용하며, 실내기에 들어있다.
- 응축기 : 압축기를 나온 고온, 고압의 기체는 외부에서 흡입된 공기와 섞여 식으면서 액체가 된다. 이 때 열을 방출하므로 실외기에서는 더운 공기가 토출된다.
- 팽창밸브 : 좁은 곳을 통과할 때 유체의 속도가 커지고 압력이 낮아지는 현상을 이용해 모세관을 통과시켜 고압 상태인 액체의 압력을 낮춘다.
- 증발기 : 팽창밸브를 나온 액체상태의 냉각제는 온도와 압력이 낮다. 이러한 액체는 주위의 더운 공기에서 열을 흡수해 기체 상태로 증발한다. 주위의 공기는 차가워지고 팬이 돌면서 이 공기를 실내로 내보낸다. 완전히 증발된 기체는 다시 압축기로 들어가 냉각 시스템의 순환이 계속 된다.

2) 구조 및 구성물질

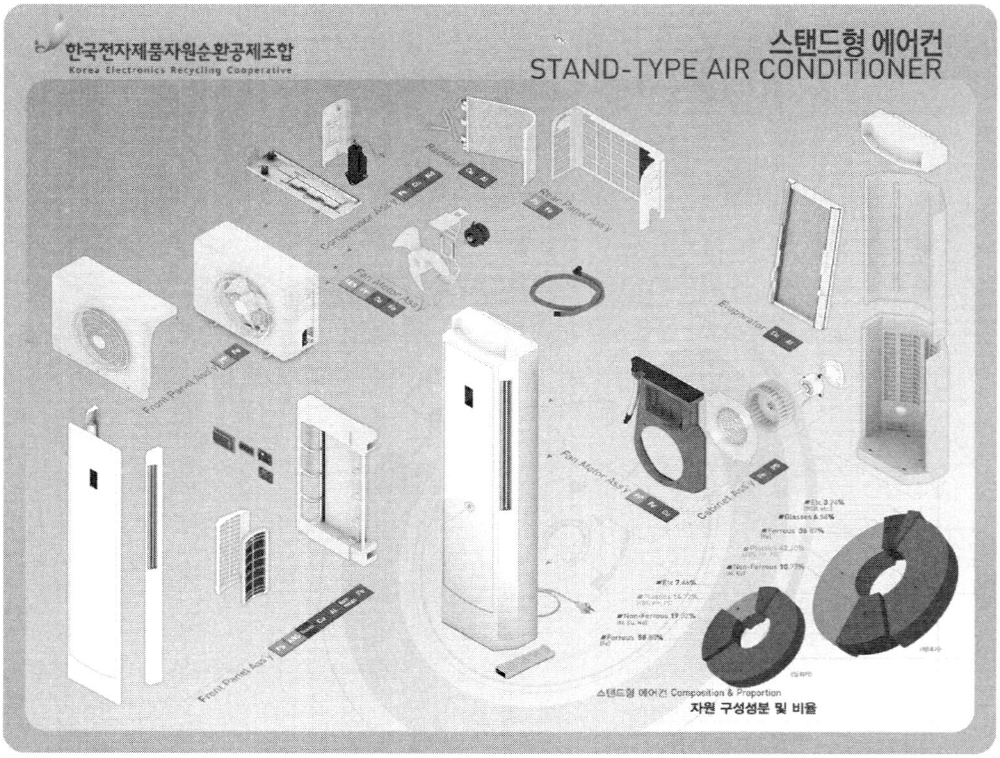

▲ 그림 4-3 **에어컨 주요 구성재질 및 비율**

3) 처리공정도

에어컨의 처리공정도는 아래와 같다.

① 반입리프트

② 반입 작업대

③ 이송 및 처리라인

4) 주요설비

① 반입리프트

지게차로 이용하여 에어컨을 투입구에 놓고 반입작업대로 이송을 편하게 한다.

② 반입 작업대

에어컨을 반입 작업대 위에 놓고 다음 공정 이송 및 수작업 처리가 원활이 이루어지도록 한다.

③ 냉매회수

에어컨 실내기 및 실외기를 분해하기에 앞서, 지구온난화 유발물질인 "냉매"를 각 종류별로 회수하여 보관탱크에 별도로 저장한다.

④ 이송 및 처리라인

작업의 연속성을 고려하여 롤러/평면(Flat) 컨베이어를 직렬로 설치하고 작업자의 판단에 따라 단속운전이 가능하다. 순차적으로 에어컨의 실내기와 실외기를 분허해 재활용 시 유효한 소재로 분류하여 유가물 박스에 저장한다.

5) 표준작업 지침

① 벽걸이형 실내기

제품명	에어컨(실내기)	안전보호구	보안경, 마스크, 귀마개, 안전화, 장갑
생산물	고철, ABS, PS, 모터, 라디에이터	폐기물	가연성 폐기물 (고무패킹, 이물질 등)

순서	공정명	작업내용 및 주의사항		공구
1	케이스 분리		• 앞면의 흡입구와 배출구를 망치로 타격하여 분해 • 전면의 전선과 나사를 제거하고, 에어컨의 본체를 밀어 당겨 케이스 분리	망치
2	라디에이터 분리		• 라디에이터와 결합된 나사를 제거하고 동파이프와 연결된 부위를 절단기로 절단 후, 라디에이터를 분리	절단기, 에어 임팩
3	팬모터 분리		• 전면 팬덮개 커버를 수작업으로 제거 후 팬 덮개 고정클립 제거 • 팬덮개와 팬클립 제거 • 모터와 연결된 나사를 제거하여 모터 분리	가위, 에어 임팩
4	고철 및 합성수지 분리	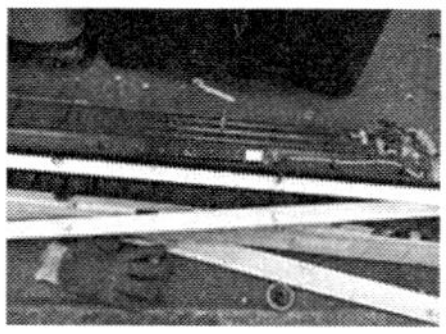	• 내부의 스티로폼과 플라스틱을 분리 • 콤프의 전선 연결부위를 망치로 파괴하여 콤프 제거 후, 고철은 파쇄기에 넣어 파쇄 • 컨트롤 박스를 분해하여 기판과 고철 분리	망치

② 천정형 실내기

제품명	에어컨(실내기)	안전보호구	보안경, 마스크, 귀마개, 안전화, 장갑
생산물	고철, ABS, PS, 모터, 라디에이터	폐기물	가연성 폐기물 (고무패킹, 이물질 등)

순서	공정명	작업내용 및 주의사항		공구
1	케이스 분리	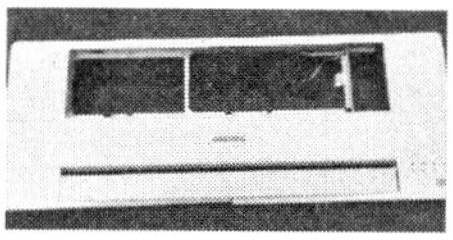	• 에어컨 전, 측면 케이스(플라스틱) 분리	에어 임팩
2	에어필터 및 전장품 제거		• 송풍구 주변 전기식 에어필터 4개 분리 • 인쇄회로기판, 전선, 콘덴서 등 분리	에어 임팩, 가위
3	스티로폼 및 에어팬 제거		• 전선 및 경첩 제거 후 스티로폼 제거 (바깥쪽 스티로폼) • 에어팬 및 구동모터 분리	에어 임팩, 해머
4	라디 에이터 및 콤프레셔 회수		• 구조물 및 나사 제거 후 라디에이터 분리 • 콤프레셔 연결 구리(동)관 절단 • 콤프레셔 별도 회수	에어 임팩
5	스티로폼 제거 및 철 프레임 분리		• 철 프레임 내부 스티로폼 제거 (안쪽 스티로폼) • 외부 철 프레임 회수	에어 임팩, 지렛대
6	에어필터 (4개) 추가 분해		• 전기식 에어필터(4개) 별도 분해 • 철, 플라스틱 별도 회수	에어 임팩

③ 스탠드형 실내기

제품명	에어컨(실내기)	안전보호구	보안경, 마스크, 귀마개, 안전화, 장갑
생산물	고철, ABS, PS, 모터, 라디에이터	폐기물	가연성 폐기물 (고무패킹, 이물질 등)

순서	공정명	작업내용 및 주의사항		공구
1	케이스 분리		• 전면(상, 하단) 및 상, 하부 케이스 분리 • 내부 연결 전선 분리	에어 임팩
2	기판 분리		• 기판덮개 나사 및 내부나사 제거 • 전선을 잘라 기판 제거	에어 임팩
3	팬모터 분리		• 팬모터 덮개나사를 제거한 후 덮개 분리 • 팬나사를 제거한 후 팬 분리 • 모터나사를 제거한 후 모터를 가위로 눌러 분리	에어 임팩, 가위
4	라디 에이터 분리		• 라디에이터 지지대 및 나사를 제거 • 드레인판(동파이프 부분)의 나사를 제거 • 라디에이터를 비스듬히 들어 분리	에어 임팩, 볼트 커터
5	폐 합성수지 및 고철 분리	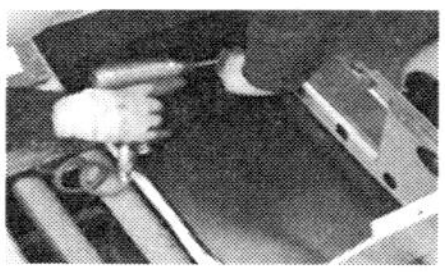	• 외부케이스 내부의 보온재 회수 • 드레인판(호스부분)의 나사를 제거 등 잔여 유가물 회수	에어 임팩, 가위

④ 실외기

제품명	에어컨(실외기)	안전보호구	보안경, 마스크. 귀마개, 안전화, 장갑
생산물	냉매가스, 오일, 콤프레셔, 구리, 고철, PS, 기판, 라디에이터	폐기물	형광램프, 가연성 폐기물 (고무패킹, 이물질 등)

순서	공정명	작업내용 및 주의사항		공구
1	CFC Gas 및 오일 포집	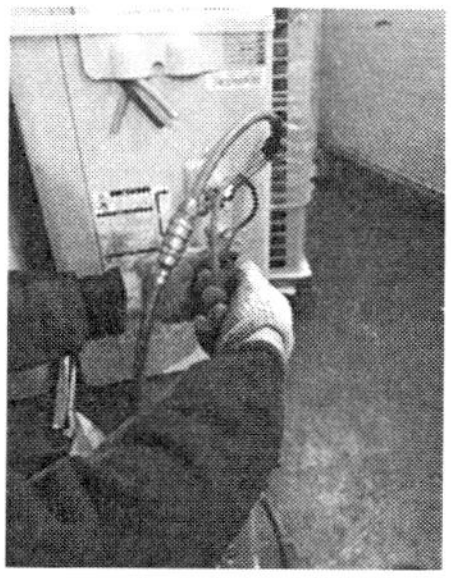  	• 압축기(콤프레셔), 제품이력, 스티커 확인 및 냉매종류 파악 • 호스릴(R22 : 주황색 3개, R-410a : 파란색 2개)을 풀어 압력 게이지관과 연결 • 실외기의 고압(가는관)의 나사 제거 • 압력 게이지관과 실외기 고압측 연결 (압력게이지관 밸브 닫혀있는지 확인) • 렌치를 이용하여 반시계방향으로 돌려 내부나사 제거 • 압력게이지가 붙은 호스의 밸브를 열고, 압력수치가 바뀌는 것 확인 • 호스릴밸브, 컴프레셔 밸브, 압력용기의 밸브 열어 냉매를 회수하고, 냉매이동 확인창, 압력게이지 압력용기창을 통해 확인 • 회수가 끝나면 모든 밸브를 닫고 동 공정 반복	렌치, 에어 임팩
2	팬(Fan) 및 모터 분리	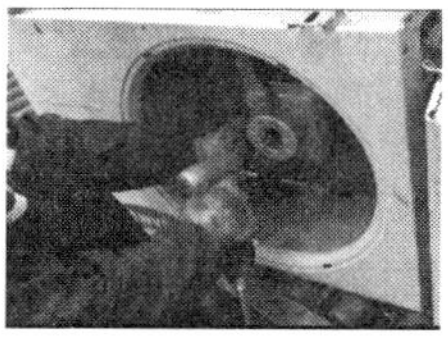	• 실외기 정면 나사를 풀어 팬 덮개 제거한 후 팬(Fan) 제거 • 팬 나사를 제거 후 팬 부분을 걸어 작업자 방향으로 당겨 모터 분리 • 팬 구동모터 제거	에어 임팩, 해머
3	케이스 분리		• 외부 케이스 분리를 위한 나사 제거 • 케이스 제거	에어 임팩
4	콤프레셔 분리		• 라디에이터 및 콤프레셔 연결 구리관 절단 • 라디에이터 및 콤프레셔 별도 분리	절단기, 에어 임팩, 해머

1.1.3 전기정수기

1) 작동원리

물이 4~5개의 필터(여과장치)를 단계적으로 거치면서 수돗물 속의 찌꺼기, 녹성분을 제거하고, 선카본(Pre-Carbon · 활성탄) 필터를 거쳐 잔류염소나 휘발성 발암물질 등을 제거한다. 다음 단계인 멤브레인 필터에서 중금속과 같은 이온성 물질과 세균 바이러스 등을 제거하고, 후카본(Post-Carbon) 필터에서 미생물 번식이나 냄새 등을 제거하여 물맛을 좋게 한다.

전기정수기는 4~5단계의 필터방식이 채택된다. 이에 대한 세부내용은 다음과 같다. 1단계 침전필터 : 원수를 최초로 걸러주는 필터구요 입자가 큰 부유물질, 찌꺼기 등을 거른다. 2단계 선카본필터 : 카본필터로써 염소, 화학물질 등을 흡착하여 제거한다. 3단계 역삼투압 또는 중공사막 필터 : 막 크기가 가장 작은 역삼투 또는 중공사막 필터가 완벽하게 유해물질 등을 걸러준다. 4단계 후카본필터 : 항균 기능 등을 첨가한 카본필터로써 선카본필터와 비슷하다. 5단계 세라믹 또는 항균 필터 : 최근 기능성 필터를 많이 추가한다. 전기정수기 필터 배열 및 종류는 회사별로 차이 있으나, 궁극적으로 몸에 좋은 물을 만들어내기 위해 세라믹필터를 추가하거나 완벽하게 세균걸러내기위해 항균필터를 별도로 추가하는 경향이다. 상기 필터 정보는 4~5단계 순서에서 회사마다 상이 할 수 있으나, 필터 개수 및 용도(80% 이상)는 동일하다.

2) 처리공정도(수작업 기준)

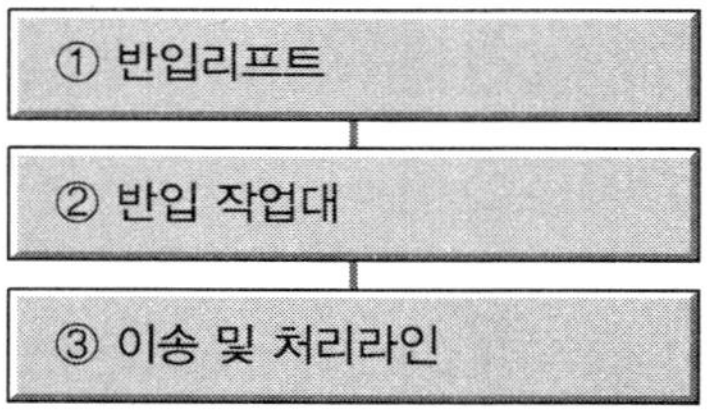

3) 주요설비

전기정수기는 냉매를 포함하고 있는 전기 · 전자제품이므로, 냉장고, 에어컨과 동일하게 냉매회수 과정을 거치게 된다. 반입리프트 및 작업대를 이용하기도 하지만, 수작업의 용이성 등을 감안해 별도의 반입 장치나 이송 컨베이어를 사용하지 않고 해체 · 분해(수작업)를 진행하기도 한다. 냉매를 회수한 후, 파쇄기 · 자력

선별기 공정을 통과시켜 기계적 처리를 수행하는 재활용사업장이 존재하며, 반대로 수작업으로 전기정수기 내부 필터를 회수하여 Pellet을 생산하는 재활용사업자도 존재한다. 즉, 재활용 형태는 다양하다.

① 반입리프트

지게차로 이용하여 전기정수기 반입작업대로 이송을 편하게 한다. 다만 사업장에 따라서, 반입작업을 수동으로 진행하는 경우도 존재한다.

② 반입 작업대

전기정수기 반입 작업대 위에 놓고 다음 공정 이송 및 수작업 처리가 원활이 이루어지도록 한다.

③ 냉매회수

전기정수기를 분해하기에 앞서, 지구온난화유발물질인 "냉매"를 각 종류별로 회수하여 보관탱크에 별도로 저장한다.

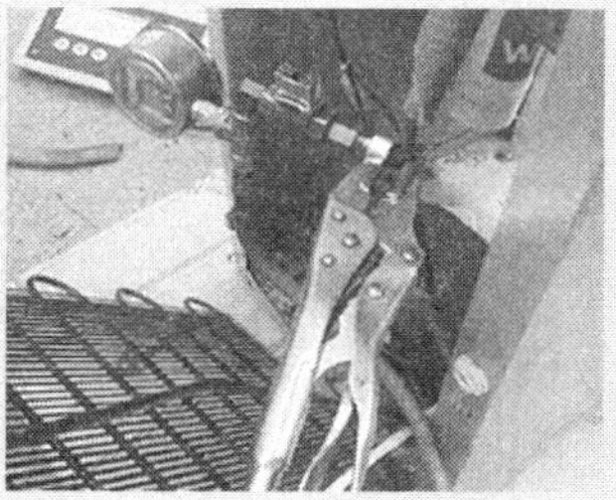

④ 이송 및 처리라인

작업의 연속성을 고려하여 롤러 컨베이어 1세트를 직렬로 설치하고 작업자의 판단에 따라 단속운전이 가능하다.
순차적으로 전기정수기를 분해해 재활용 시 유효한 소재로 분류하여 유가물 박스에 저장한다.

4) 표준작업 지침

제품명	정수기(본체)	안전보호구	보안경, 마스크, 귀마개, 안전화, 장갑
생산물	미파쇄 플라스틱, 전선	폐기물	가연성폐기물 (취수구 코크, 솔밸브)

순서	공정명	작업내용 및 주의사항		공구
1	메인전선 분리		• 파워코드를 절단하여 분리	가위
2	상부 커버 분리		• 정수기 상부 커버 분리	
3	취수코크 제거		• 취수 코크 제거 및 전면의 고정볼트 제거 ※ 취수코크는 폐기 처리	에어 임팩
4	전면 판넬 고정볼트 분리		• 전면 판넬 뒷부분의 고정볼트를 제거.	에어 임팩
5	전면 판넬 분리		• 전면부를 들어내고 내부의 전선을 절단하여 분리	가위
6	측면 케이스 고정볼트 분리		• 측면 케이스와 몸체 고정볼트를 제거	에어 임팩
7	물탱크/ 솔벨브 분리		• 물탱크 뚜껑을 분리하고 전면의 솔밸브로 빼내어 분리 ※ 솔밸브 폐기물 분류	

8	뒷면 고정볼트 분리		• 뒷면 고정볼트를 모두 제거	에어 임팩

제품명	전기정수기(필터)	안전보호구	보안경, 마스크, 귀마개, 안전화, 장갑
생산물	미파쇄 플라스틱, 철, PVC	폐기물	가연성폐기물(필터)

순서	공정명	작업내용 및 주의사항		공구
1	측면 케이스 분리		• 정수기의 측면케이스를 분리	
2	연결호스 절단		• 필터와 정수기 본체의 연결호스를 잘라 너어 분리	가위
3	냉매회수	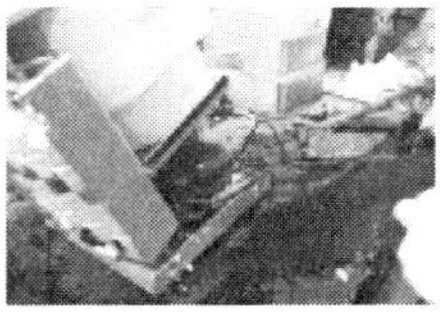	• 콘프레셔 배관에서 냉매 회수 후, 절단기로 와이어콘덴서 연결배관을 잘라서 분리	냉매 회수기, 절단기
4	필터분리	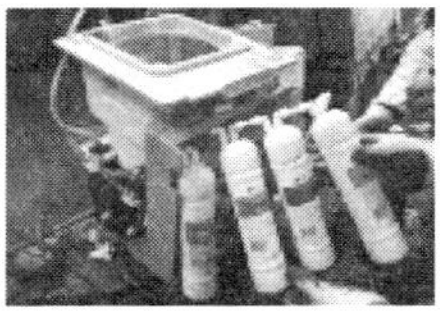	• 필터를 본체로 부터 분리	
5	필터 고정그립 분리		• 필터 그립 고정볼트를 풀고 분리 ※ 필터는 폐기물로 분류	에어 임팩
6	측면 케이스 고정볼트 분리		• 측면 케이스와 몸체 고정볼트 제거	

제품명	전기정수기(물탱크)	안전보호구	보안경, 마스크, 귀마개, 안전화, 장갑
생산물	미파쇄 플라스틱, 철, 스텐, 전선, 구리, 콤프레셔	폐기물	가연성폐기물(보온재)

순서	공정명	작업내용 및 주의사항		공구
1	물탱크 베이스 분리		• 상부 냉수탱크와 베이스를 분리한 다음 절단기로 연결호스를 잘라 물탱크 분리	절단기
2	연결호스 절단	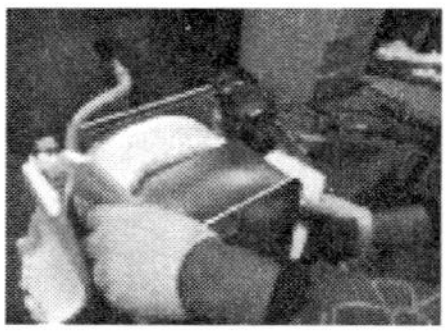	• 물탱크의 보온재(스티로폼)를 제거 ※ 보온재는 폐기물로 분류	가위, 칼
3	나사 및 전선 제거		• 물탱크와 연결된 배관 및 전선 제거	에어 임팩, 가위
4	물탱크 회수	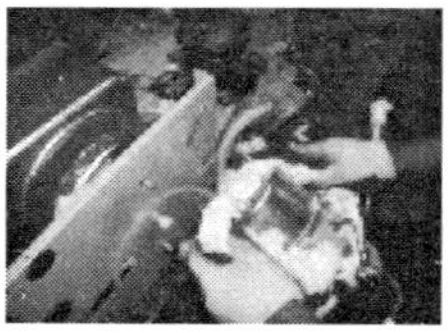	• 물탱크 회수	가위
5	콤프레셔 회수	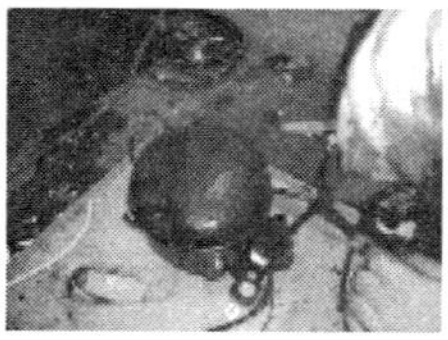	• 바닥의 콤프레셔를 분리 ※ 필터는 폐기물 분류	에어 임팩

제품명	정수기(전면판넬)	안전보호구	보안경, 마스크, 귀마개, 안전화, 장갑
생산물	미파쇄 플라스틱, 전선, 기판, 알루미늄	폐기물	

순서	공정명	작업내용 및 주의사항		공구
1	전면판넬 기판분리		• 전면판넬 뒤의 기판을 분리	-
2	판넬유리 분리		• 유리부착모델은 전면 판넬에 부착된 유리를 분리 ※ 유리 점식은 판넬 전체를 폐기물로 분류	-
3	측면 몰드 분리		• 측면의 알루미늄 몰드를 분리	-

1.1.4 제습기

1) 작동원리

제습기는 공기 중의 습기를 제거하는 방식은 냉각식과 건조식으로 나뉜다. 건조식은 화학물질인 흡습제를 이용하는 방식으로, 가정용(옷장, 신발장) 제습상품과 같이 공기 중의 습기를 직접 흡수하거나 흡착시킨다. 흡습제가 습기를 더 이상 흡수하지 못하면 흡습제를 다시 가열해서 이 때 분리되는 습기를 제습기 바깥으로 보내 다시 흡습제를 사용할 수 있다. 이러한 방식은 밀폐된 공간에서 소량의 수분을 제거하는데 유용하다. 흡습제로는 실리카겔(silica gel), 알루미나겔(alumina gel), 몰레큘러시브(molecular sieves) 등이 있다.

냉각식 제습기는 공기 중의 수증기를 물로 응축시켜 습기를 조절한다. 수증기를 응축시키기 위해서는 이슬점 이하로 공기의 온도를 내려야 한다. 때문에 냉각식 제습기는 냉각을 위해 에어컨과 같이 냉매를 이용한다. 프레온 냉매는 여러 종류가 있는데, 제습기에는 주로 에어컨과 유사한 R-22가 사용된다. 습한 공기를 팬을 이용해 빨아들인 뒤 냉매를 이용한 냉각장치(증발기)로 통과시킨다. 냉각장치를 통과하면 공기의 온도가 낮아지고, 공기가 이슬점에 도달해 공기 중의 수증기가 물로 변해 냉각관에 맺혀 물통에 떨어져 모인다. 습기가 제거된 건조한 공기는 응축기를 거쳐 다시 덥혀진 후에 실내로 방출된다. 상대습도가 높을수록 공기 중의 수증기가 물로 변하기 쉬워 제습에 효과적이다.

2) 처리공정도(수작업 기준)

① 반입리프트

② 반입 작업대(냉매회수)

③ 이송 및 처리라인

3) 표준작업 지침

제품명	제습기	안전보호구	보안경, 마스크, 귀마개, 안전화, 장갑
생산물	미파쇄 플라스틱, 철, PCB, 콤프, 라디에이터, 구리, 전선	폐기물	필터

순서	공정명	작업내용 및 주의사항		공구
1	하부 커버 분리		• 후면 커버 분리	에어 임팩
2	PCB 회수		• 후면 필터 분리	수작업
3	모터 회수		• 전면 커버 분리	에어 임팩
4	PCB 회수		• 전면부 PCB 및 전선 회수	에어 임팩, 가위
5	상부 분리		• 상 · 하부 분리	에어 임팩
6	냉매회수	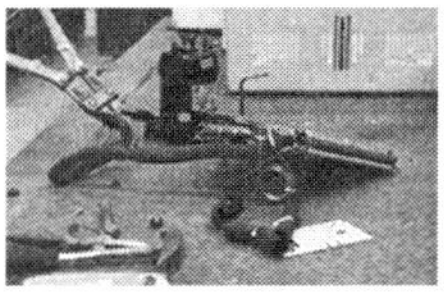	• 컴프레셔 내 냉매 회수	
7	압축기 및 라디에이터 회수		• 압축기, 라디에이터, 구리관 회수	에어 임팩, 볼트 커터

1.2 디스플레이기기(100cm^2 이상의 화면을 포함하는 장비)

1.2.1 TV

1) 작동원리

① CRT

CRT는 Cathode Ray Tube의 약자로 음극선관을 말하며 일명 브라운관이라고도 하는데, 전기신호를 전자빔으로 형광면에 쏘아 광학상으로 변환하여 표시하는 장치를 말한다. CRT의 구조와 원리를 보면 진공의 유리벌브(관) 속에서 전자총이 발사한 전자빔은 전자렌즈로 집속되어 유리벌브의 목 부분에 부착된 편향요크 자계에 의해 형광면의 소정의 위치로 향하도록 굴절돼 전자빔과 부딪친 형광체가 빛을 발하도록 한다.

② LCD

LCD는 Liquid Crystal Display의 약자를 말하며, 2개의 얇은 유리판 사이에 고체와 액체의 중간물질인 액정을 주입해 상하 유리판 위 전극의 전압차로 액정 분자의 배열을 변화시킴으로써 명암을 발생시켜 숫자나 영상을 표시하는 일종의 광 스위치 현상을 이용한 소자이다. 구동방법에 따라 수동 매트릭스 방식과 능동 매트릭스 방식으로 분류하는데 수동 매트릭스 방식에는 TN(Twisted Nematic)과 STN(Super-Twisted Nematic)이 있으며, 능동 매트릭스 방식에는 TFT(Thin Film Transistor) 등이 있다.

③ PDP

PDP는 Plasma Display Panel의 약자로 전면유리와 배면유리 및 그 사이의 칸막이에 의해 밀폐된 유리 사이에 Ne+Ar, Ne+Xe 등의 가스를 넣어 양극과 음극의 전극에 의해 전압을 인가하여 네온광을 발광시켜 표시광으로 이용하는 전자표시장치를 일컫는다. PDP에는 방전구조에 따라 AC구동형(간접방전형)과 DC구동형(직접방전형)이 있는데, AC구동형은 메모리기능을 실현할 수 있는 것과 메모리기능을 갖지 않고 리플래시형(논메모리형)의 동작을 하는 것이 있으며 DC구동형은 리플래시방식과 셀프스캔방식이 있다.

2) 구조 및 구성물질

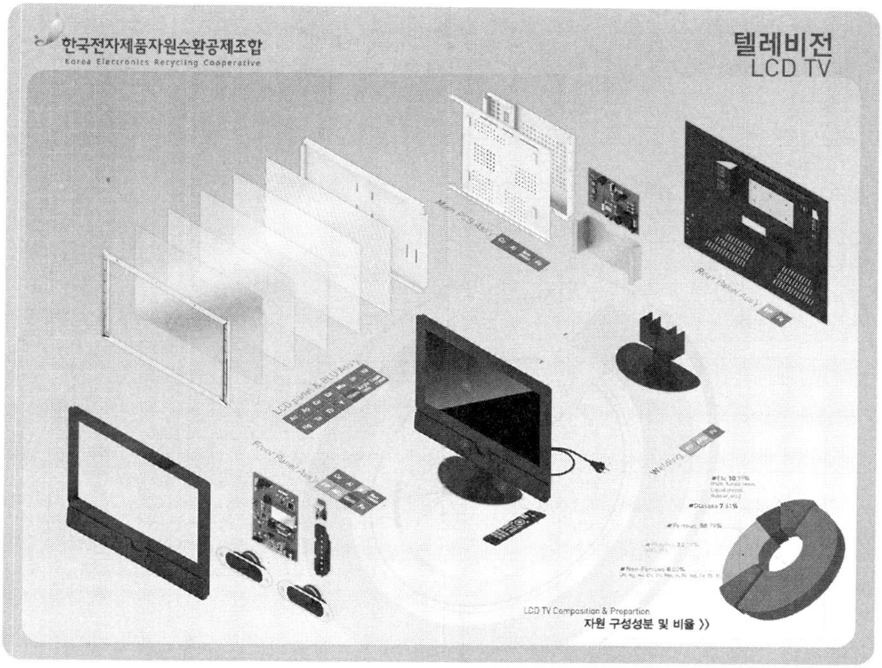

▲ 그림 4-4 LCD 디스플레이 주요 구성재질 및 비율

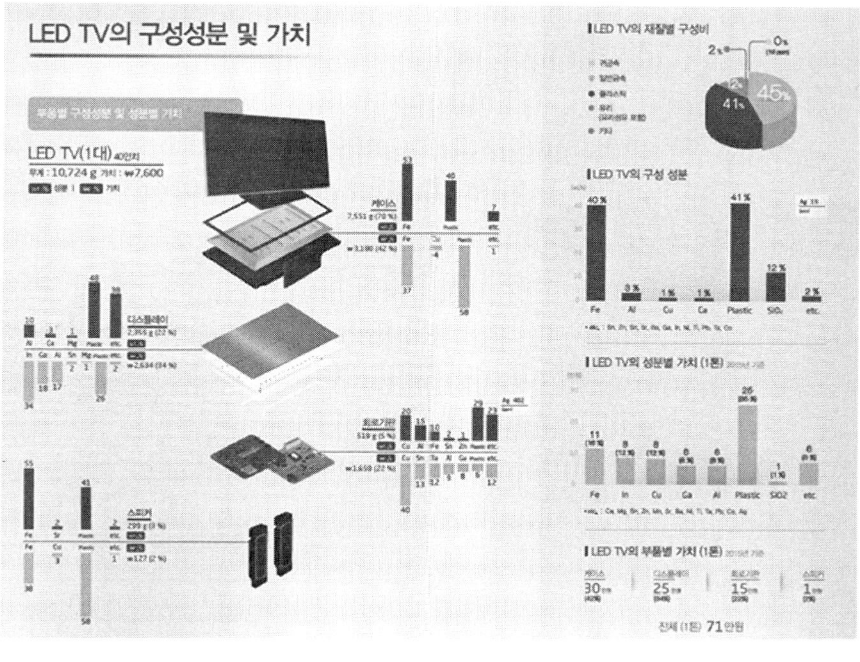

▲ 그림 4-5 LED 디스플레이 주요 구성재질 및 비율

3) 처리공정도

본 시설의 처리대상품목은 텔레비전 및 모니터를 처리하는 것을 기준으로 하였으며, 공간 및 작업 효율성을 고려한 설비이다. 처리공정은 다음과 구성된다.

① 반입 작업대
② 전처리 투입 컨베이어
③ 전처리 작업대

④ CRT 전처리 컨베이어
⑤ CRT 투입 분리 작업대
⑥ CRT 절단기 이송 컨베이어
⑦ CRT 절단기
⑧ CRT 형광물질 포집기
⑨ CRT 분류 이송 컨베이어
⑩ 플라스틱 이송 컨베이어

[플라스틱 별도 분류/파쇄 시]

⑪ 플라스틱 이송 컨베이어
⑫ 플라스틱 분류 작업대
⑬ 파쇄기 투입 컨베이어
⑭ 파쇄기 호퍼
⑮ 파쇄기
⑯ 플라스틱 배출 컨베이어

4) 주요설비

① 반입 작업대

TV 및 모니터 등을 전처리 컨베이어로 이송하기 위해 파렛트를 지게차로 운반하여 TV 투입호퍼 위에 올려 이송이 편리하도록 지원한다.

② 전처리 투입컨베이어

TV 및 모니터를 각 작업자의 작업대로 쉽게 인출시키는 슬립롤러 부착형 체인 컨베이어로써 작업대기 시간을 단축시킨다.

③ 전처리 작업대

전처리 컨베이어로부터 인출된 TV 및 모니터를 올려놓고 분해하기 위한 설비로써 주로 브라운관을 제외한 구성품의 분리 작업에 사용한다. 작업공정에서 발생된 먼지를 포집할 수 있는 집진설비를 구비 필요하다.

④ CRT 전처리 컨베이어

TV 및 모니터로부터 분리된 브라운관을 CRT 투입 분리 작업대로 이송한다.

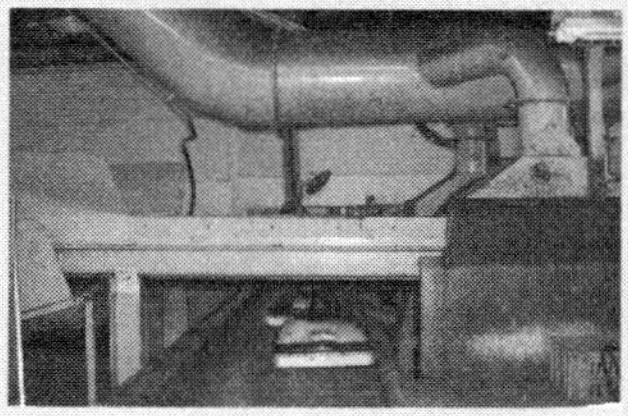

⑤ CRT 투입 분리 작업대

브라운관에 부착된 접착테이프를 제거하고 각종 금속물질을 분리한다. 이는 후처리 공정인 절단, 세척공정의 효율 및 작업 부하를 경감시킨다.

⑥ CRT 절단기 이송 컨베이어

전처리된 CRT를 절단설비로 이송한다.

⑦ CRT 절단기

건식절단기(니크롬열선)를 이용하여 접착테이프 및 이물질이 제거된 브라운관의 전면유리와 후면유리를 분리시킨다.

⑧ CRT 형광물질 포집기

브라운관 내 형광물질을 포집한다.

⑨ CRT 분류 이송 컨베이어

절단된 CRT의 전면유리와 후면유리를 저장박스에 각각 보관하고 CRT 내부의 새도우 마스크를 분리한다.

⑩~⑪ 플라스틱 이송 컨베이어

전처리 작업을 위하여 TV 및 모니터로부터 분리된 플라스틱 케이스를 플라스틱 분류작업대로 이송한다.

⑫ 플라스틱 분류 작업대

플라스틱 재활용률을 높이고자 TV 및 모니터 케이싱에 부착된 라벨 등의 이물질을 제거하고 재질별로 선별한다.

⑬ 파쇄기 투입컨베이어

파쇄기 호퍼로 케이싱을 유입시키기 위한 설비이며, 이송 물질이 미끄러지지 않는 구조이어야 한다.

⑭ 파쇄기 호퍼

TV 케이싱을 파쇄기로 투입시키기 위한 설비로 원활한 투입을 위하여 호퍼 안식각이 중요하며, 호퍼 상부에서는 파쇄시 발생할 수 있는 먼지를 포집하기 위한 공기 흡입 장치가 필요하다.

⑮ 파쇄기

플라스틱 케이싱의 부피를 줄이고자 파쇄하며 전동식 구조의 파쇄기이다.

⑯ 플라스틱 배출 컨베이어

파쇄된 플라스틱을 배출시키는 설비로 배출 정체가 되지 않도록 충분한 용량 검토가 필요하다.

5) 작업표준 지침

① CRT

제품명	CRT(TV, 모니터)	안전보호구	보안경, 마스크, 귀마개, 안전화, 장갑
생산물	유리(브라운관P/F), 철, 전선, ABS, HIPS, PP, PCB, SUS, 전자총	폐기물	가연성 폐기물 (고무패킹, 이물질 등)

순서	공정명	작업내용 및 주의사항		공구
1	TV 투입		• 지게차 이용하여 파렛트에 있는 TV 투입 • 리프트를 이용하여 뒷면이 윗 방향을 향하게 배열	지게차
2	뒷커버 분리		• 에어임팩을 이용하여 커버와 본체 고정 볼트 분리	에어임팩, 망치, 가위
3	기판 및 스피커 분리		• 에어임팩, 망치, 가위를 이용하여 PCB 기판, 전선, 스피커, DY, 전자총 분리 ※ 유리파손 및 파편주의	에어임팩, 망치, 가위
4	구리선 분리 및 케이스와 CRT분리		• 에어임팩으로 브라운관 고정볼트 분리 • 브라운관 윗면에 있는 전선 제거	에어임팩, 망치, 가위
5	브라운관 유리 분리 및 케이스 철망 분리	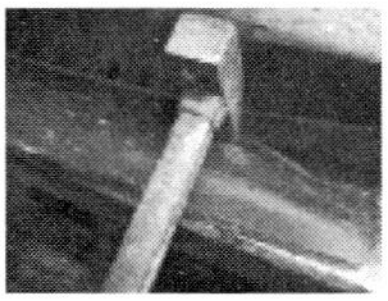	• 케이스와 브라운관 유리를 분리하고, 케이스에 부착된 스피커 앞면 철망 부위를 망치로 분리 • 케이스에 부착되어 있는 PCB 기판 제거 ※ 유리파손 및 파편주의	에어임팩, 망치, 가위
6	PS 선별		• PS는 가스토치로 일반PS와 난연PS을 판별하여 분리 • PS에 이물질 및 로고 등을 제거 ※ 재질별 혼합 주의	망치, 가위, 가스토치, 구두칼

7	PS 분쇄 및 포장		• 분쇄시 재질별로 분리하여 분쇄 (일반PS/난연PS)	
8	철 밴드 분리	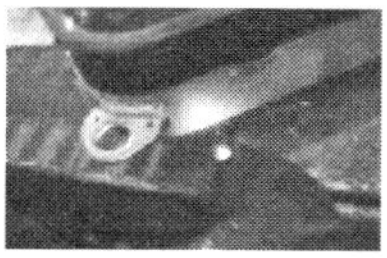	• 브라운관 유리를 감싸고 있는 철 밴드를 플라즈마로 절단 분리	플라즈마 토치
9	CRT 이물질 제거		• 브라운관 유리 뒷면에 붙어있는 이물질을 구두칼로 제거	구두칼 2종
10	CRT 컷팅		• 건식절단기(니크롬 열선)을 이용하여 앞면유리와 뒷면유리 경계면에 니크롬선을 셋팅	절단기 (니크롬선)
11	브라운관 유리 분리 및 형광물질 포집		• 앞면유리와 뒷면유리를 분리하여 선별 후 앞면유리에 있는 형광물질을 포집기를 이용하여 포집 ※ 형광물질 비산 주의	형광물질 포집기
12	섀도우 마스크 분리	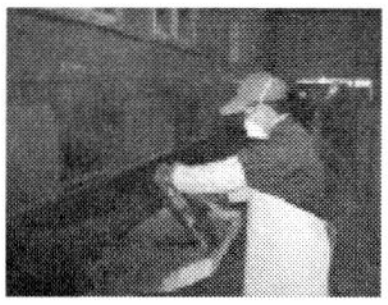	• 섀도우 마스크에서 철과 니켈을 망치로 분리	망치, 구두칼

② LCD/PDP

제품명	LCD(TV, 모니터)	안전보호구	보안경, 마스크, 귀마개, 안전화, 장갑
생산물	유리, 철, 전선, ABS, HIPS, 알루미늄, PCB, SUS,	폐기물	형광램프, 가연성 폐기물 (고무패킹, 이물질 등)

순서	공정명	작업내용 및 주의사항		공구
1	TV 투입 받침대 분리		• 메인전기선 등 제거 • 컨베이어 작업대 이동 후 본체와 밑받침대 분리 ※ 전면유리 파손주의	에어임팩, 가위
2	뒷커버 분리		• 뒷면을 윗 방향으로 배치 후, 고정볼트 분리	에어임팩, 가위
3	스피커 분리		• 본체에 고정되어 있는 스피커, 보조대 분리	에어임팩, 가위
4	상판 하부 PCB 기판 분리		• 상·하부에 고정된 PCB 기판과 전선 분리	에어임팩, 가위
5	본체 덮개 고정판 및 패널 분리		• 본체 덮개 고정판을 분리하여 패널, 케이스와 분리	에어임팩, 가위
6	패널분리 (형광램프)/ 스크린 분리		• 패널 분해시 형광램프가 파손되지 않게 고정볼트를 분리하고, 스크린 PS와 아크릴 분리 ※ 재질별 혼합 주의	에어임팩, 가위

③ 프로젝션

제품명	프로젝션 TV(50인치)	안전보호구	보안경, 마스크, 귀마개, 안전화, 장갑
생산물	유리(브라운관 P/F), Fe, 전선, ABS, PS, PCB, SUS, 전자총	폐기물	가연성 폐기물 (고무패킹, 이물질 등)

순서	공정명	작업내용 및 주의사항		공구
1	TV 투입/ 받침대 분리		• 적재 작업대에 배치 후 작업 컨베이어에 이동하여 TV뒷면 커버 고정볼트 분리 • 커버에 부착된 반사경 분리	에어임팩, 가위
2	PCB 기판 분리		• 본체 하단부분에 위치한 PCB 기판과 전선 분리	에어임팩, 가위, 망치
3	미니 브라운관 틀 분리		• 뒷면 본체 틀에 고정되어 있는 3파장 브라운관 set를 분리	에어임팩, 가위, 망치
4	DY 및 요크 분리		• 3파장 미니브라운관 고정 철판에서 고정 볼트 분리 • 미니브라운관 윗면에 부착된 전자총을 망치로 분리	에어임팩, 가위, 망치
5	전면부 분리		• 전면 앞부분에 설치되어 있는 스크린 고정 PS를 분리하고, 하단에 있는 스피커 보호패드를 분리	에어임팩, 가위, 망치
6	스피커 분리	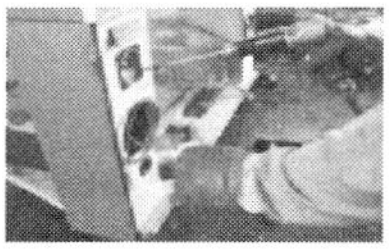	• 앞면 본체 하단부분의 스피커 고정볼트 분리	에어임팩, 가위, 망치
7	스크린 분리		• 전면 상부에 위치한 스크린판(아크릴) 분리	에어임팩, 가위, 망치
8	PS 선별		• PS 선별 및 이물질제거 • 토치로 일반 PS와 난연 PS를 선별	에어임팩, 가위, 망치, 토치

1.2.2 컴퓨터(모니터, 노트북, 랩탑)

1) 작동원리

노트북(정식명칭 : 노트북컴퓨터)에 대한 작동원리는 "3. 통신사무기기"에서, 모니터에 대한 작동원리는 "2. TV" 부문에서 자세히 다루기로 한다(참조). 다만 노트북컴퓨터 역사에 대하여 간단히 알아보면, 노트북은 정식명칭은 노트형 퍼스컴(notebook-sized personal computer)이며, 휴대가 간편하여 무릎 위에 올려두고 사용한다는 의미로 랩톱컴퓨터(lap top computer)라고 하기도 한다.

일반적인 개인용 컴퓨터는 책상 위에 올려놓고 쓴다는 의미로 데스크 톱(desk top) 컴퓨터라 불린다. 1985년 일본의 도시바에서 처음 선보인 휴대 가능한 노트형 퍼스컴 'T1100'의 이름을 '노트북(Note Book)'이라고 명명한 것에서 유래되었다.

노트북 컴퓨터는 같은 성능의 데스크톱 컴퓨터보다 더 정밀하고 소형으로 만들어야 하므로 가격이 비싼 편이다. 또한 노트북 컴퓨터는 각 회사별로 제조 방법이 달라 쉽게 조립하여 구성하기가 어려우며 탈착이 가능한 주변장비의 호환도 불가능하다. 조립식으로 노트북 컴퓨터를 만들 수 있도록 하는 경우도 있으나 가격은 역시 비싸다.

노트북 컴퓨터는 휴대성이 용이한 장점을 지니고 있어, 출장을 가거나 이동하면서 업무를 보아야 하는 사람들에게 매우 편리하다. 최근에는 대학교나 관공서, 호텔 등 노트형 퍼스컴을 연결해 사용할 수 있는 통신 시설을 갖추어 놓은 곳이 많다.

2) 구조 및 구성물질

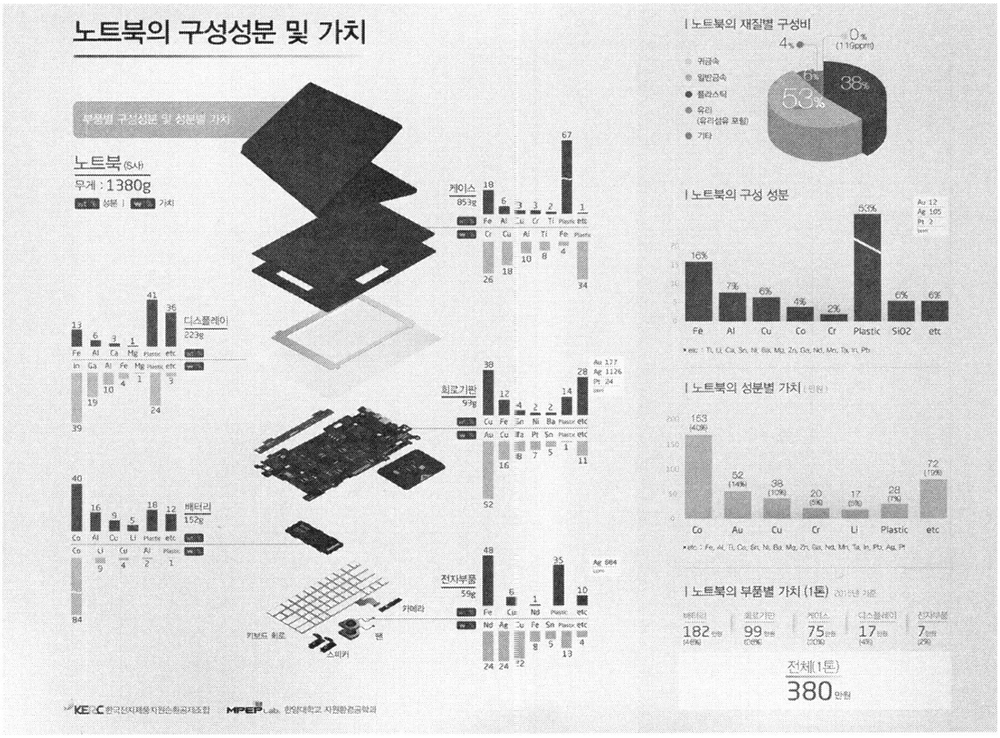

▲ 그림 4-6 노트북 주요 구성재질 및 비율

3) 처리공정도

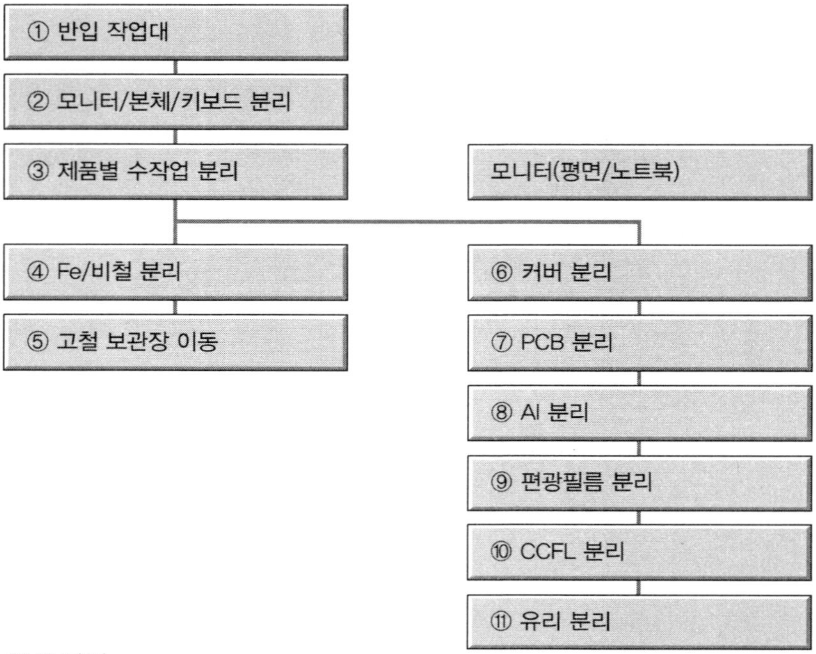

4) 주요설비

① 반입 작업대

컴퓨터를 포함한 사무기기 등을 전처리 컨베이어로 이송하기 위해 파렛트 위에 적재 후 지게차를 이용하여 상차하고 운반 투입호퍼로 투입하기 편리하도록 지원하는 설비

② 전처리 투입컨베이어

컴퓨터 및 사무기기 각 작업자의 작업대로 쉽게 운반할 수 있도록 슬립롤러 부착형 체인 컨베이어로써 작업대기 시간을 단축하기 위한 설비

③ 전처리 작업대

전처리 컨베이어로부터 운반된 컴퓨터를 분해하는 설비로써 밑 받침판이 회전이 되어 구성품의 분리작업을 편리하게 할 수 있다.

5) 작업표준지침

노트북

제품명	컴퓨터(본체)	안전보호구	보안경, 마스크, 귀마개, 안전화, 장갑
생산물	철, 전선, ABS, PS, PCB	폐기물	가연성 폐기물 (고무패킹, 이물질 등)

순서	공정명	작업내용 및 주의사항		공구
1	후면 나사 제거		• 후면 나사 제거 및 CD-드라이버 제거	에어임팩
2	배터리 분리		• 배터리 해체 · 분리	에어임팩
3	전선 분리	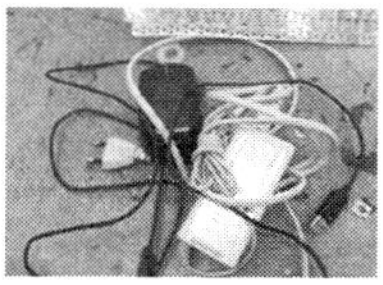	• 전선, 어덥터, 케이블 분리	가위, 에어임팩,
5	키패드, 키보드 분리		• 키패드 제거 및 키보드 하부 구성물 분리	가위, 송곳
6	PCB 메인기판 분리		• 본체 내부에 장착된 메인 PCB기판을 나사를 풀어서 분리	에어임팩
7	액정, 평관판, 시트지 분리	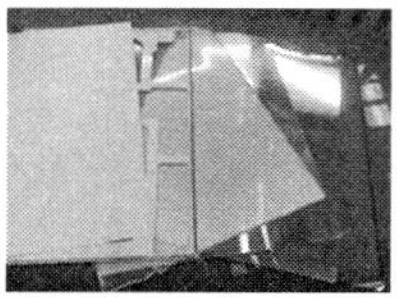	• 액정 후면 편광판 및 시트지 분리	에어임팩, 송곳, 가위
8	프레임 등 구성물질 분리		• 플라스틱, 철, 알루미늄 구성물질 분리	송곳

1.2.3 내비게이션

1) 작동원리

내비게이션은 내장된 전용 칩셋으로 GPS가 파악한 위치 정보를 수신하고 실시간으로 변하는 좌표값, 이동 방향, 속도, 거리 등을 확인하여 운전자에게 지리정보를 전달하는 전자기기이다. 국토지리정보원에서 만든 지형도로 개발한 전자지도(디지털 정보로 인식되며, 주기적으로 업데이트해 줄 필요성이 있다. 최근에는 자동 업데이트 시스템이 도입된다.)와 수신한 좌표 정보를 연결해 길 안내를 하게 된다. 이런 전자지도가 얼마나 정확한지에 따라 차이가 난다. 즉, GPS로 위치를 파악하고 전자지도로 어느 길로 갈지 안내한다. 다만 내비게이션의 제작사 또는 지도제작사의 알고리즘 차이 때문에 서로 다른 경로를 추천하기도 한다.

내비게이션의 구성은 보통 화면을 보여주는 액정디스플레이와, 전기적 연결을 위한 전선 및 어댑터 등으로 구성된다. 위 제품은 2020년부터 새롭게 전기 · 전자 제품 회수 · 재활용 의무대상품목으로 추가되었다.

2) 처리공정도 & 주요설비

※ 참조 : 컴퓨터

3) 표준작업 지침

내비게이션

제품명	네비게이션	안전보호구	보안경, 마스크, 귀마개, 안전화, 장갑
생산물	미파쇄 플라스틱, PCB, 전선	폐기물	패널, 액정

순서	공정명	작업내용 및 주의사항		공구
1	전·후면 커버 분리		• 전·후 커버 분리	에어임팩, 망치
2	액정 회수		• 전면 액정 패널, 연성 PCB(구리 sheet) 회수	수작업
3	내부 철 회수		• 내부 철 회수	에어임팩, 가위
4	내부 부품 회수		• 철 분리 후 PCB, 스피커 및 전선 회수	에어임팩, 가위
5	액정 패널 해체		• 분리된 액적 패널 해체(플라스틱 프레임, 액정, 유리, sheet 등)	가위, 수작업

1.3 통신 사무기기

1.3.1 컴퓨터(본체, 자판 등)

1) 작동원리

컴퓨터는 전자회로를 이용하여 자동적으로 계산이나 데이터를 처리하는 기계로 프로그래밍이 가능하다. 입력자료를 받아들여 처리하고 그 정보를 저장하고 검색하여 결과를 출력하는 일을 한다.

작동원리는 전원장치로부터 PGS(Power Good Signal : 전력상태 양호)를 받으면 프로세서가 우선적으로 시스템 바이오스가 저장된 롬의 부트(Boot) 프로그램을 찾아 부팅하도록 지시한다. 바이오스 안의 부팅 프로그램은 포스팅 과정을 프로그램대로 실행된다. 바이오스는 그래픽 카드를 찾아서 그래픽 바이오스를 동작시키며 여기서 그래픽카드를 초기화한 후 모니터 화면에 그래픽 정도(종류, 버전 등)를 알린다. 그래픽 카드 외의 하드디스크를 비롯한 다른 장치들의 바이오스를 찾아서 초기화 시키며, 메모리와 키보드, 디스크 컨트롤러, 드라이브 등 몇 가지 검사를 추가로 시행한 후 CMOS에서 설정된 부트 우선순위에 따라 OS의 부트과정을 시작시키고 바이오스는 포스팅을 마치고 부팅이 완료된다.

상업용 컴퓨터가 사용되기 시작한 이래로 지금까지 컴퓨터의 발달과정을 세대로 나누어 보면 제1세대는 진공관을 주요 소자로 하는 컴퓨터로 1950년부터 1956~1957년경까지, 2세대는 트랜지스터와 다이오드 등의 반도체 소자를 사용한 컴퓨터로 1957년경부터 1964년경까지, 제3세대는 집적회로(IC)를 사용한 컴퓨터로 1965년경부터 1970년대 중반까지, 제4세대 컴퓨터는 1975년부터 최근까지로 고밀도 집적회로(LSI 및 VLSI)를 사용하며 제5세대는 인공지능형으로써 현재 계속 연구 중이다.

2) 처리공정도

① 반입 작업대
② 모니터/본체/키보드 분리
③ 제품별 수작업 분리

- ④ Fe/비철 분리
- ⑤ 고철 보관장 이동

- ⑥ 본체 후면 커버 분리
- ⑦ PCB, HDD 분리
- ⑧ 구성물(팬, 모터 등) 분리
- ⑨ 구성물 [철(Fe)] 분리
- ⑩ 구성물 [비철, 플라스틱] 분리
- ⑪ 키보드(키패드, 전선) 분리

3) 주요설비

① 반입 작업대

컴퓨터를 포함한 사무기기 등을 전처리 컨베이어로 이송하기 위해 파렛트 위에 적재 후 지게차를 이용하여 상차하고 운반 투입호퍼로 투입하기 편리하도록 지원하는 설비

② 전처리 투입컨베이어

컴퓨터 및 사무기기 각 작업자의 작업대로 쉽게 운반할 수 있도록 슬립롤러 부착형 체인 컨베이어로써 작업대기 시간을 단축하기 위한 설비

③ OA기기 분리 작업대

전처리 컨베이어로부터 운반된 컴퓨터를 분해하는 설비로써 밑 받침판이 회전이 되어 구성품의 분리작업을 편리하게 할 수 있다.

④ 철 배출 컨베이어

간이 자석을 이용하여, 철 재질을 별도로 분리/이송하는 장치로써, 고철을 고철 보관장까지 이송시킬 수 있다.

⑤ 고철 보관장 이동

유가물 박스를 이용하여 간접적으로 고철 보관장으로 철을 이송시키거나, 컨베이어를 고철 보관장까지 직적 연결시키는 방법이 있다. 이를 이용하여 고철 단일물질끼리 보관 가능

⑥ 플라스틱 이송 컨베이어

전처리 작업을 위하여 TV 및 모니터로부터 분리된 플라스틱 케이스를 플라스틱 분류작업대로 이송한다.

⑦ 플라스틱 분류 작업대

플라스틱 재활용률을 높이고자 TV 및 모니터 케이싱에 부착된 라벨 등의 이물질을 제거하고 재질별로 선별한다.

⑧ 파쇄기 투입컨베이어

파쇄기 호퍼로 케이싱을 유입시키기 위한 설비이며, 이송물질이 미끄러지지 않는 구조여야 한다.

⑨ 파쇄기 호퍼

TV케이싱을 파쇄기로 투입시키기 위한 설비로 원활한 투입을 위하여 호퍼 안식각이 중요하며, 호퍼 상부에서는 파쇄시 발생할 수 있는 먼지를 포집하기 위한 공기 흡입 장치가 필요하다.

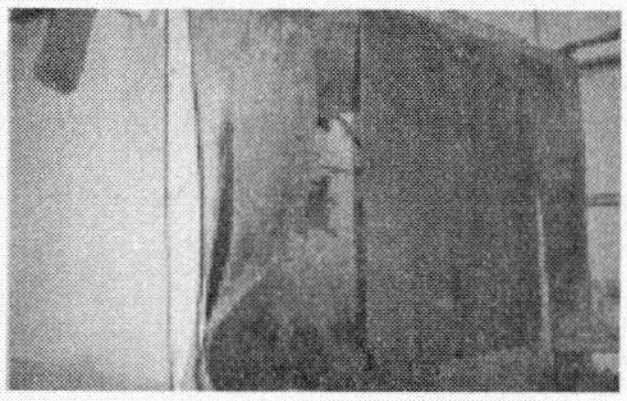

⑩ 파쇄기

플라스틱 케이싱의 부피를 줄이고자 파쇄하며 전동식 구조의 파쇄기이다.

⑪ 플라스틱 배출 컨베이어

파쇄된 플라스틱을 배출시키는 설비로 배출 정체가 되지 않도록 충분한 용량 검토가 필요하다.

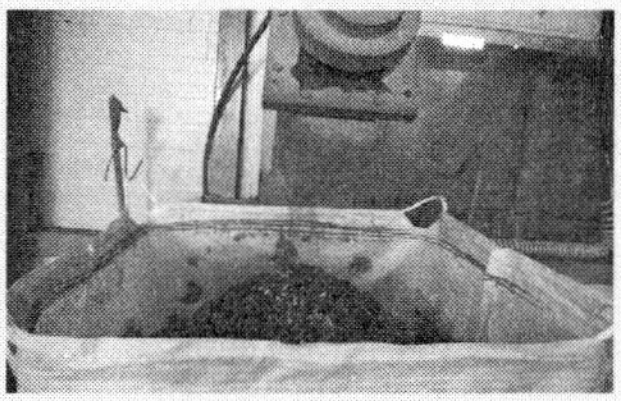

4) 작업표준지침

① 컴퓨터(본체)

제품명	컴퓨터(본체)	안전보호구	보안경, 마스크, 귀마개, 안전화, 장갑
생산물	철, 전선, ABS, PS, PCB	폐기물	가연성 폐기물 (고무패킹, 이물질 등)

순서	공정명	작업내용 및 주의사항		공구
1	메인전선 분리		• 전기 및 연결선 절단하여 분리	가위
2	Cover 분리		• 에어임팩을 이용하여 본체 케이스의 고정 볼트 분리	에어임팩
3	Cover에 부착된 플라스틱 분리		• 본체 케이스 케이스에 부착된 플라스틱은 가위나 망치로 분리	가위, 망치
4	본체 내부 전선 분리	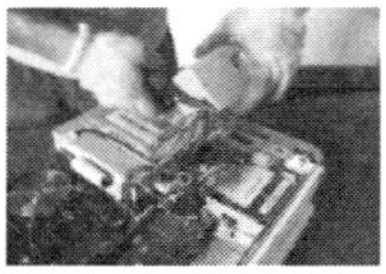	• 절단가위로 본체 내 전선을 절단하여 분리	가위
5	구성물 분리		• 본체 내 파워, 하드, CD-ROM이 연결된 나사를 풀어서 분리	에어임팩, 망치
6	PCB메인 기판 분리		• 본체 내부에 장착된 메인 PCB기판을 나사를 풀어서 분리	에어임팩
7	CASE에 부착된 Fe 분리		• 본체 Case에 부착된 철 분리	에어임팩, 망치

② 컴퓨터(자판)

제품명	컴퓨터 자판	안전보호구	보안경, 마스크, 귀마개, 안전화, 장갑
생산물	철, 전선, ABS, PS, PCB	폐기물	가연성 폐기물 (고무패킹, 이물질 등)

순서	공정명	작업내용 및 주의사항		공구
1	연결 전선 분리	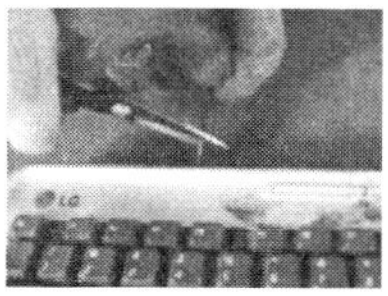	• 본체(자판)와 연결되는 연결선을 전달하여 분리	에어임팩, 가위
2	Cover 분리		• 본체(자판) 하단의 고정 볼트를 분리	에어임팩
3	숫자판과 기판 분리	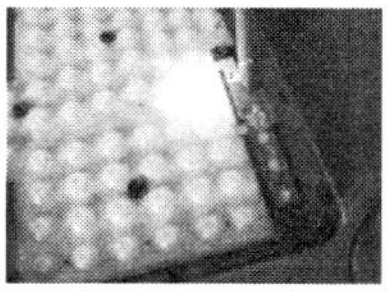	• 본체(자판)에 부착된 숫자 기판과 램프를 분리	에어임팩, 가위
4	회로 기판 분리	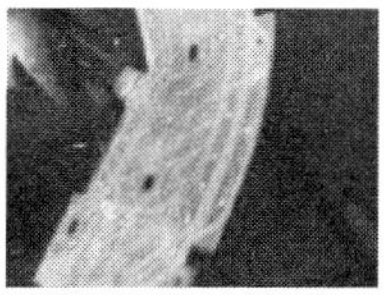	• 절단가위로 본체(자판)내의 회로 기판을 절단하여 분리	가위, 망치

1.3.2 이동전화단말기

1) 작동원리

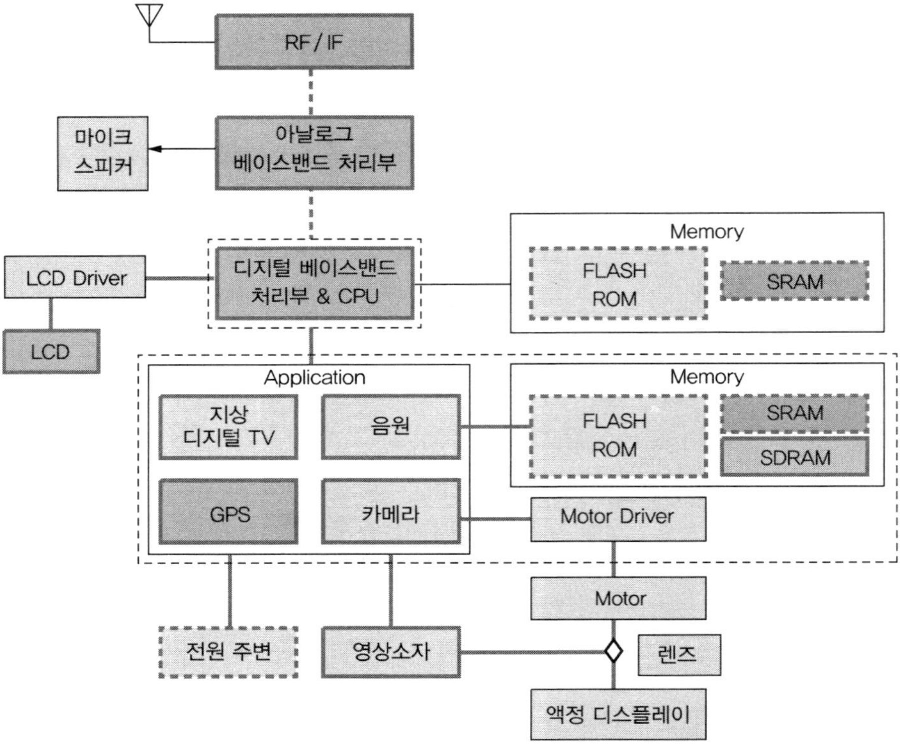

▲ 그림 4-7 **이동전화 단말기 작동 원리**

이동통신지역 내를 임의로 이동하면서 무선 지역(zone) 내의 기지국을 통해 일반 전화가입자나 다른 이동통신 전화가입자와 통화가 가능한 전화를 통틀어 이동전화 단말기라 이른다. 원리는 이동통신 서비스 지역 안에 있는 사람이 휴대폰으로 전화를 하면 먼저 관할 기지국에 무선으로 연결이 되고, 그 지역을 벗어나면 다음 기지국으로 자동적으로 바뀌는 원리를 이용한 것이다. 기지국이 바뀌는 시간이 아주 짧기 때문에 사용자는 변화를 거의 느낄 수 없다. 즉 이동통신 서비스 지역 안에는 많은 수의 무선 지역이 있고, 무선 지역마다 무선 기지국이 있어 기지국과 휴대폰 사이에서는 무선으로 접속된다. 또 일반가입자와 접속할 때는 일단 기지국과 무선으로 접속한 뒤 다시 유선을 통해 제어국·교환국 등을 거쳐 통화가 이루어지는 구조로 되어 있다.

처음에는 아날로그 방식도 쓰였으나, 유지하는데 막대한 비용이 들고 수용용량도 적어 1990년대 중반부터 2세대 이동통신 서비스 기술(2G)인 CDMA(코드분할다중접속) 방식의 디지털 휴대폰이 주종을 이뤘다. 2000년대 초반부터는 3세대 이동통신 서비스 기술(3G)인 WCDMA(광대역 코드분할 다중접속) 방식이 상용화되면서 영상통화와 고속데이터 전송이 가능한 피쳐폰이 출시됐다.

2000년대 후반에는 미국 애플사의 아이폰 3G가 출시되면서 스마트폰이 대중화되기 시작했고, 현재는 4세대 이동통신 서비스 기술(4G)인 LTE(롱텀에볼루션), LTE-A(롱텀에볼루션 어드벤스드) 방식이 상용화되면서 기능이 더욱 향상된 스마트폰이 출시되고 있다. 또한, 2019년 4월부터 5세대 기술인 5G 서비스가 국내에서 제공될 예정이다. 5G는 기존 4G보다 빠르고 지연 시간은 줄어 초고속·초고용량 서비스 구현을 가능하게 한다.

이동전화단말기 내부구조를 살펴보면 크게 칩셋과 부가기능을 위한 모듈, 전파(RF)관련 부품으로 구분된다. 칩셋의 핵심은 PC의 CPU격인 '베이스밴드칩'이다. 이는 디지털신호와 통화 호(呼)처리를 위한 것으로 동기식 CDMA 방식은 미국 퀄컴사의 MSM칩이, 유럽식 GSM과 3세대 WCDMA 방식은 퀄컴을 비롯해 TI와 에그레(AGERE), ADI 등 다양한 회사의 칩이 사용되고 있다. 국내의 경우 미국 퀄컴사 제품이 거의 대부분이다. 현재 베이스밴드 칩에는 기본 서비스인 디지털 신호처리 및 후처리 뿐 아니라 멀티미디어 기능이 추가돼 부품수 감소와 소형화, 저가화를 추구하고 있다. 또한 디지털 이미지캡처, 녹화 및 재생, 3D 그래픽 구현, MP3를 포함한 오디오파일 재생, GPS 기능 등 다양한 부가기능을 포함시켜 단일 칩화를 지향하고 있다.

LCD의 경우 모노에서 TFT(박막트랜지스터)를 채용한 컬러 LCD로 진화했으며, 최근에는 OLED(유기LED) 방식으로 LCD에 비해 시야각이나 응답속도가 개선된 제품도 채택되고 있다. 이동전화단말기 내 카메라 모듈도 과거 외장형 모듈에서 10만~30만 화소급 내장형으로 발전했다가 최근 1,000만 화소 이상의 모듈까지 탑재되는 상황이다. 기술의 비약적 발전과 배터리 수명의 증가로 인해, 2012년 이후에는 이동전화단말기(스마트폰)의 '배터리 일체형' 방식이 주로 채택되어 현재는 주요 생산업체의 이동전화 출고 모델의 약 90% 이상이 배터리 일체형 모델로 출시되고 있다.

2) 구조 및 구성물질

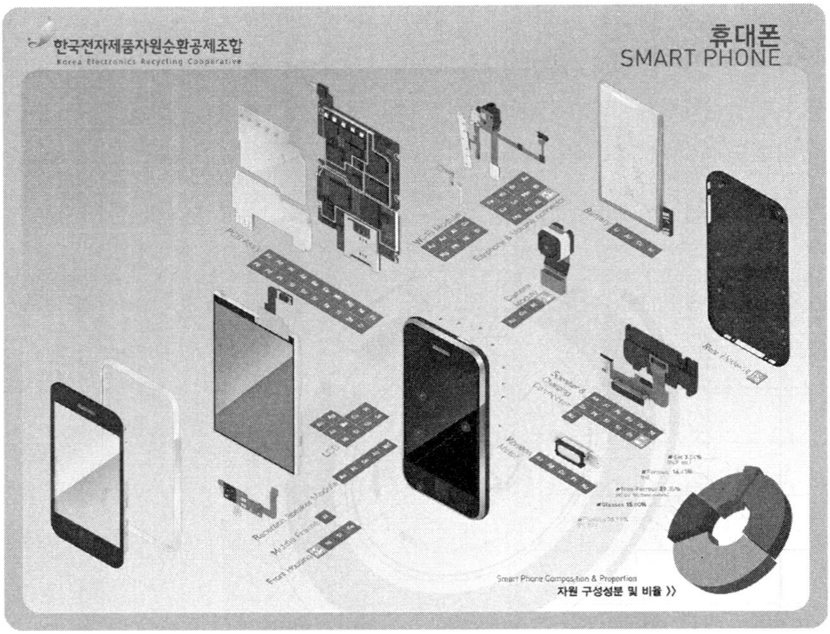

▲ 그림 4-8 이동전화 주요 구성재질 및 비율(A모델 : 배터리 일체형)

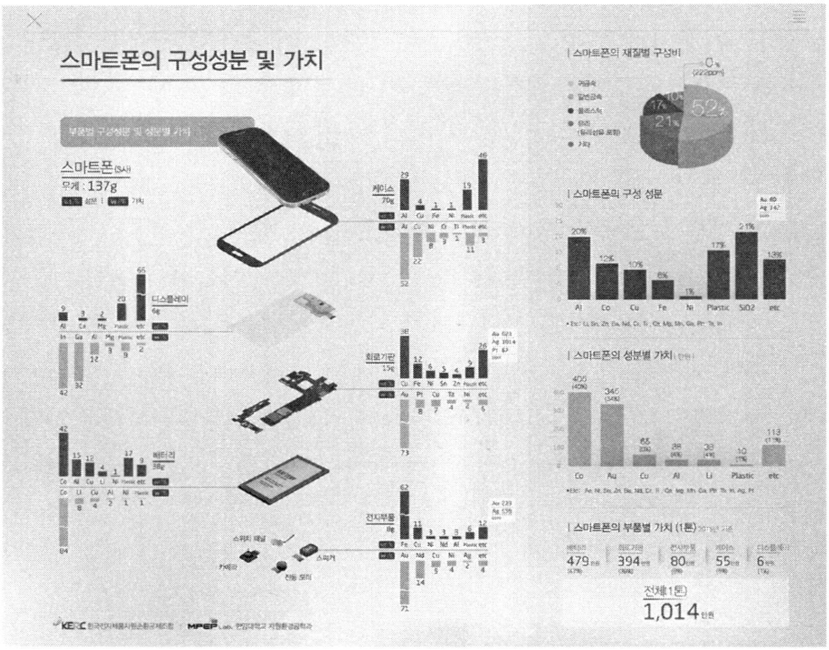

▲ 그림 4-9 이동전화 주요 구성재질 및 비율(B모델 : 배터리 일체형)

3) 처리공정도

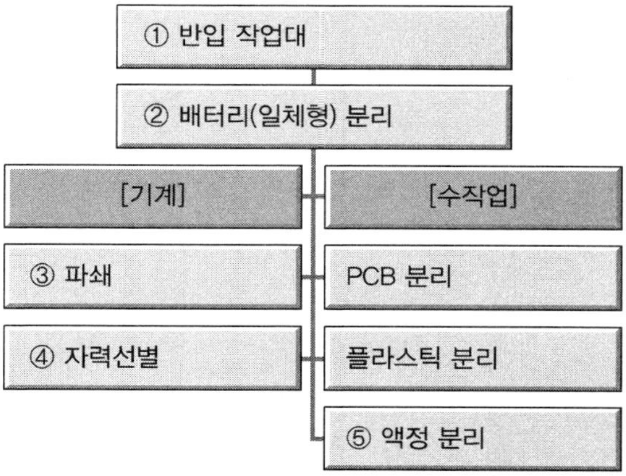

4) 작업표준지침

① 휴대폰(배터리 일체형)

제품명	휴대폰(배터리 일체형)	안전보호구	보안경, 마스크, 귀마개, 안전화, 장갑
생산물	휴대폰 본체, 배터리	폐기물	-

순서	공정명	작업내용 및 주의사항		공구
1	나사제거	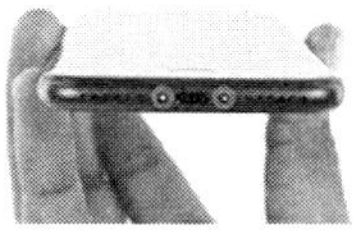	• Pentalobe 나사 제거	드라이버
2	가열준비		• 휴대폰 후면 열풍건조 또는 전자렌지를 이용한 전도체 가열 후 휴대폰 후면 가열(전도현상)	열풍 건조기, 전자렌지, 전도체
3	휴대폰 후면 가열		• 열풍건조기로 본체 후면 케이스 가열 • 전자렌지를 이용해 가열된 전도체를 휴대전화 후면 케이스에 올려놓았다.	열풍 건조기, 전도체

4	본체와 후면덮개 틈새 확보		• 공기 흡착기를 이용해 후면 케이스를 살짝 들어 올림	흡착기
5	접착제 분리	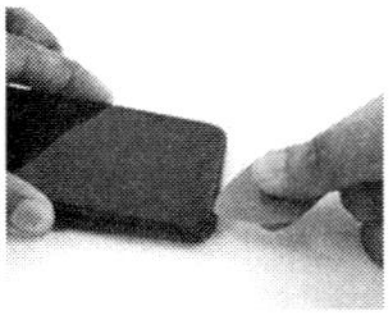	• 공기흡착기를 이용하여 확보된 틈새로 '헤라' 또는 '주걱' 도구를 넣어 접착 부위를 이격시킴	헤라
6	덮개제거 및 커넥터 분리	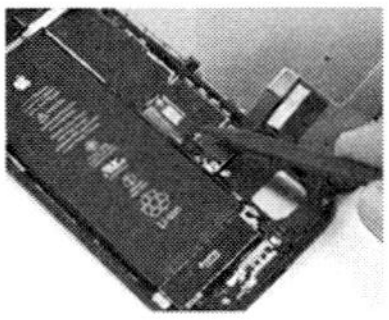	• 후면 케이스(덮개) 제거 • 배터리와 연결된 부속품 중 커넥터, 소형 전자칩 등 제거	소형 핀셋
7	나사제거		• 브라켓 제거를 위한 나사 제거 • 햅틱엔진 제거를 위한 나사 제거	소형 핀셋, 드라이버
8	탭 제거	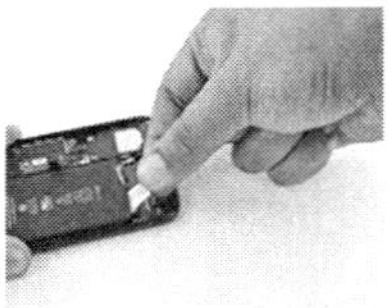	• 배터리 및 전기장치 연결 탭(흰색) 제거 • 탭(흰색) 제거 후 배터리 분리	소형 핀셋, 드라이버, 핀셋

1.3.3 프린터, 복사기, 팩시밀리, 스캐너

1) 작동원리

레이저 프린터의 기본 원리는 정전기의 원리이다. 정전기로 드럼에 토너를 붙이고 드럼에 붙은 토너가 종이에 전달된 뒤 열과 압력으로 종이에 토너를 압착시키는 것이다. 다음과 같은 과정을 거쳐 프린트가 된다.

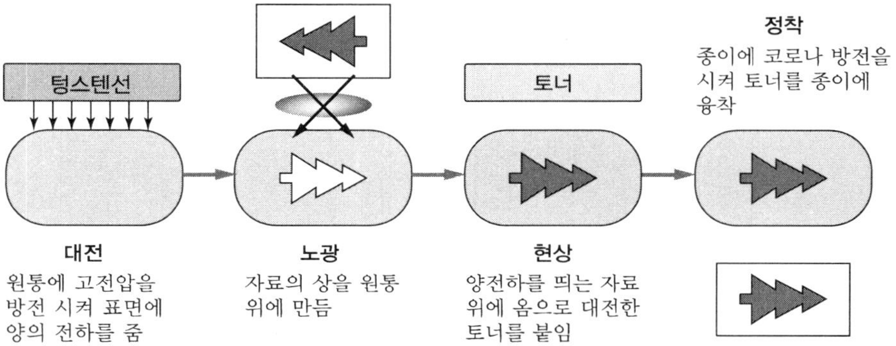

▲ 그림 4-10 **복사기 작동 원리**

- 충전(Charging) : 광수용기(photoreceptor) drum에 고압의 충전 롤러를 가하면 드럼 표면이 음전하를 띠게 된다.
- 레이저프린터 : 음전하를 띤 드럼 표면에 빛(프린터-레이저, 복사기-거울)을 쪼이면 빛이 닿은 부분의 음전하가 사라지게 된다. 음전하가 사라진 주변은 음전하로 둘러싸여 있기 때문에 상대적으로 양전하를 띤 효과가 난다. 레이저 빛은 프린트할 패턴에 따라 꺼졌다 켜졌다 하며, 회전 육각 거울과 렌즈를 통과하면서 한 줄의 패턴을 드럼 위에 그리게 된다. 드럼이 계속 회전하고 있기 때문에 이런 방식으로 계속 다음 줄의 패턴을 그려 2차원 패턴을 드럼 위에 형성하게 된다. 놀이 공원에 가면 볼 수 있는 레이저 쇼와 비슷한 원리로 패턴을 그리는 것이다.
- 복사기 : 할로겐 램프에 의해 조사된 원고는 제1미러, 제2미러, 제3미러, 렌즈, 제4미러, 제5미러, 제6미러에 의해 드럼위에 투영된다. 광의 강약에 의해 정전잠상이 이루어진다.
- 현상(Development) : developer roller에 의해 음전하를 띤 토너 가루가 드럼에 전달되면 드럼 표면에 양전하를 띤 부분에만 토너가 묻게 된다. 같은 극성을

가진 전하끼리는 밀치고 다른 극성을 가진 전하끼리는 붙는 성질을 이용한 것이다.

- Transferring : 드럼에 붙은 토너는 Transfer corona wire에 의해 양전하를 띤 종이에 묻게 된다. 드럼의 양전하량보다 종이의 양전하량이 더 크기 때문에 음전하를 띤 토너가 종이에 묻을 수 있다. 종이의 양전하는 Detach corona wire를 통과하면서 제거된다.
- Fusing : 종이에 붙은 토너는 Fuser 롤러를 통과하면서 열과 압력을 받아 토너의 폴리머(일종의 플라스틱 성분) 성분이 녹아 종이에 흡착된다.
- Cleaning : 종이에 다 옮겨지지 않고 드럼에 남은 토너를 제거한다. 제거된 토너는 토너 회수기에 들어간다.
- Erasure : 드럼의 음전하는 discharge 램프에 의해 제거된다.

2) 처리공정도

- 본 시설의 처리대상품목은 통신 · 사무기기를 처리하는 것을 기준으로 하였으며 효율적 공간이용 및 처리성을 고려한 설비이다. 처리공정은 다음과 같이 구성된다.

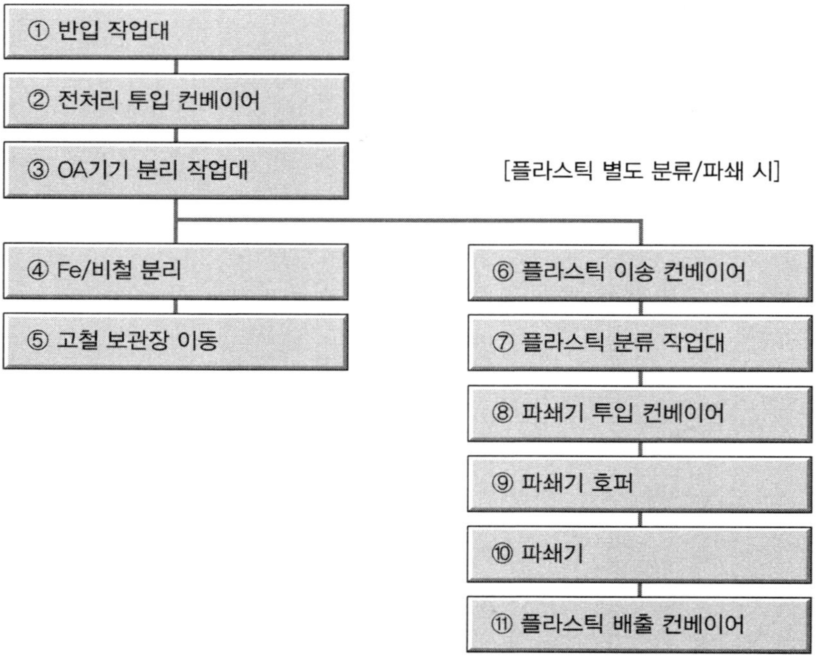

3) 주요설비

① 반입 작업대

사무기기, 중·소형기기 등을 전처리 컨베이어로 이송하기 위해 파렛트 위에 적재 후 지게차를 이용하여 상차하고 운반 투입호퍼로 투입하기 편리하도록 지원하는 설비

② 전처리 투입컨베이어

사무기기, 중·소형기기를 각 작업자의 작업대로 쉽게 운반할 수 있도록 슬립롤러 부착형 체인 컨베이어로써 작업대기 시간을 단축하기 위한 설비

③ 전처리 작업대

전처리 컨베이어로부터 운반된 사무기기 및 중·소형기기를 분해하는 설비로써 밑 받침판이 회전이 되어 구성품의 분리작업을 편리하게 할 수 있다.

④ 플라스틱 분류 작업대

사무기기 외관에 부착되어 있는 라벨 등의 이물질을 제거하고 플라스틱 재질별로 선별하는 작업을 하는 설비

⑤ 파쇄기 투입컨베이어

재질별로 수선별된 플라스틱을 파쇄기 호퍼로 투입시키기 위한 설비로 이송물질이 미끄러지지 않는 구조여야 한다.

⑥ 파쇄기호퍼

플라스틱을 파쇄기에 투입하기 전 임시 보관설비로 투입을 원활토록 설계하기 위해서는 호퍼 안식각을 고려하여야 하며, 파쇄시 발생될 수 있는 먼지는 호퍼상부로 흡입하여 백필터에서 포집해야 한다.

⑦ 파쇄기

플라스틱 케이싱(Casing)의 운반부피를 줄이기 위하여 파쇄하는 설비로 전동식 구조로 계획한다.

⑧ 플라스틱 배출컨베이어

파쇄된 플라스틱을 운반하는 컨베이어로 파쇄된 플라스틱이 정체되지 않도록 충분한 용량으로 설계해야 한다.

4) 표준작업 지침

① 프린터(일반형, 복합형)

제품명	일반(복합) 프린터	안전보호구	보안경, 마스크, 귀마개, 안전화, 장갑
생산물	유리, 철, 전선, ABS, HIPS, PP, PCB	폐기물	가연성 폐기물 (고무패킹, 이물질 등)

순서	공정명		작업내용 및 주의사항	공구
1	투입		• 지게차를 이용한 파렛트 운반/투입 • 컨베이어 위로 운반하여 전처리 작업대로 이동	
2	전선분리		• 절단가위를 이용하여 파워전선을 절단 분리	가위
3	상판 Cover 분리	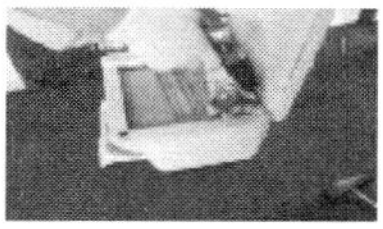	• 에어임팩, 망치, 가위를 이용하여 상판 덮개를 열고 고정볼트를 분리 ※ 유리파손 및 파편주의	에어임팩, 가위, 망치
4	유리 분리		• 에어임팩으로 유리판 가이드 부분의 고정볼트 분리	에어임팩, 가위
5	본체 내부 칸막이 분리		• Case에 부착 플라스틱 부품을 분리 • CasePCB기판 제거 ※ 유리파손 및 파편주의	에어임팩, 망치, 가위
6	PCB기판 분리		• Case에 부착되어있는 조작 PCB기판의 고정볼트를 제거	에어임팩, 가위
7	잉크레일, 소형모터 분리		• 철재로 제작된 레일과 소형모터의 고정볼트를 분리	에어임팩, 가위,
8	조작전선 분리		• 조작 스위치 부분의 전선 절단	가위

② 프린터(레이저)

제품명	레이저 프린터	안전보호구	보안경, 마스크, 귀마개, 안전화, 장갑
생산물	철, 전선, ABS, HIPS, PCB	폐기물	가연성 폐기물 (고무패킹, 이물질 등)

순서	공정명	작업내용 및 주의사항		공구
1	투입 메인전선 분리	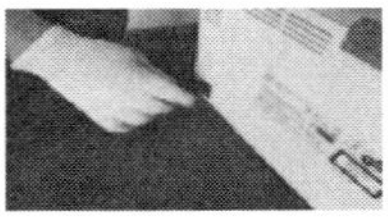	• 메인 전기선 등을 먼저 제거	가위
2	뒷 Cover 분리	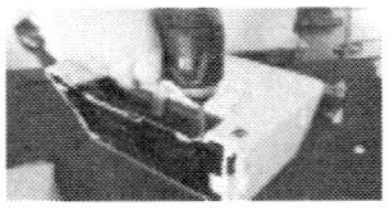	• 뒷면을 윗방향으로 배치한 후 고정볼트를 분리	에어임팩, 가위
3	상판 하부 PCB기판 분리		• 상하부에 고정되어 있는 PCB 기판과 전선을 분리	에어임팩, 가위
4	본체 덮개 고정판 분리		• 본체 덮개고정판을 분리하고, 측면 가이드 분리 ※ 고정형태에 맞추어 공구 사용	에어임팩, 가위
6	구성부품 분리	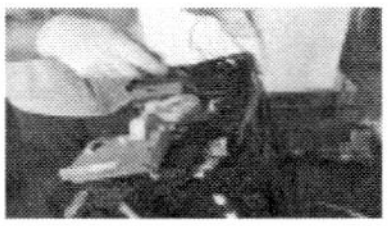	• 소형모터, 전선, 플라스틱을 분리 ※ 고정형태에 맞추어 공구 사용	에어임팩, 가위, 망치
7	케이스 및 잉크 분리		• 잉크 케이스의 고정볼트를 분리	에어임팩, 가위
8	PCB기판 분리		• Case에 부착되어있는 조작 PCB기판의 고정볼트를 분리, 제거	에어임팩, 가위
9	본체 드럼 분리		• 옆면 고정볼트를 분리하여 플라스틱 및 고철 분리	에어임팩, 가위

③ 팩시밀리

제품명	팩시밀리	안전보호구	보안경, 마스크, 귀마개, 안전화, 장갑
생산물	철, 전선, ABS, PS, PCB	폐기물	가연성 폐기물 (고무패킹, 이물질 등)

순서	공정명	작업내용 및 주의사항		공구
1	메인전선 분리	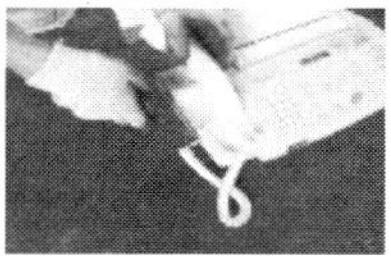	• 전기 메인선 및 수화기선 절단, 분리	가위
2	수화기 스피커 분리	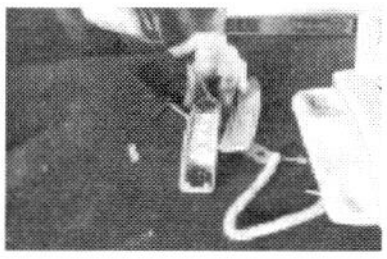	• 수화기 본체 중앙부분에 고정볼트 분리 • 스피커분리 분리	에어임팩, 가위, 망치
3	본체 분리	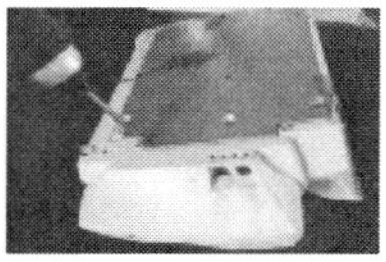	• 뒷면 본체 틀에 고정되어 볼트를 분리	에어임팩
4	기판 및 전선 분리		• PCB기판에 고정 볼트 분리 • 기판에 부착된 전선 절단	에어임팩, 가위, 망치
5	전면부 숫자번호 판 분리		• 전면 앞부분에 설치되어 있는 숫자 번호판을 분리하고, 하단에 있는 고정 볼트 보호 패드를 분리	망치
6	드럼 Cover 분리		• 앞면 본체 내부에 있는 드럼 구성물 고정볼트를 분리 • 내부에 소형 모터 분리	에어임팩, 가위, 망치
7	프린트 잉크 필름지 분리		• 드럼 부분에 부착된 필름지 분리	에어임팩, 가위, 망치

④ 복사기

제품명	복사기	안전보호구	보안경, 마스크, 귀마개, 안전화, 장갑
생산물	철, 전선, ABS, PS, PCB	폐기물	가연성 폐기물 (고무패킹, 이물질 등)

순서	공정명	작업내용 및 주의사항		공구
1	메인전선 분리	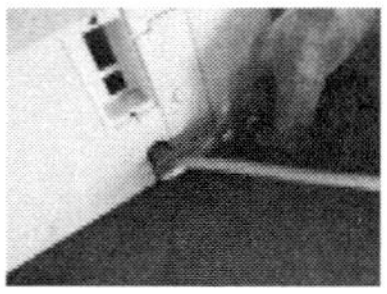	• 전기 및 연결선 절단, 분리	에어임팩, 가위
2	Cover 분리		• 복사기 후면 또는 측면의 상부 cover 본체 고정 볼트를 분리	에어임팩, 가위, 망치
3	상부 분리		• 상부 cover를 고정볼트를 분리하여 상판을 해체한다.	에어임팩, 가위, 망치
4	상판 덮개 분리		• 위 덮개 Cover 분리 후 유리 분리 ※ 유리파손 및 파편주의	에어임팩, 가위, 망치
5	상판 구성물 분리		• 복사기 전, 후면의 고정볼트 분리	에어임팩, 가위, 망치
6	PCB기판 전선 분리		• 상판 내부에 메인 PCB기판 분리	에어임팩, 가위, 망치
7	CASE에 부착된 Fe 분리		• Case의 고정볼트를 제거하여 부착된 철재분리	에어임팩, 가위, 망치

8	메인본체 기판분리		• 메인 본체 뒷면의 PCB기판 분리	에어임팩, 가위
9	메인본체 전선분리	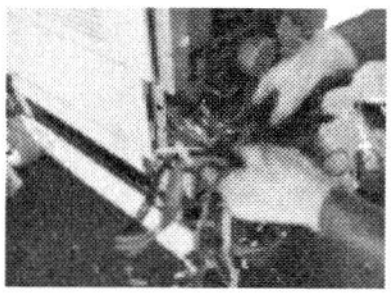	• 절단가위를 이용해 내부의 전선을 전단 분리	에어임팩, 가위, 망치
10	메인본체 뒷면 Fe 분리		• 고정 볼트를 분리하여 철재와 플라스틱을 분리	에어임팩, 가위, 망치
11	용지 배출부 분리		• 용지 배출부 쪽 고정볼트를 분리하여 철과 플라스틱을 분리	에어임팩, 가위, 망치
12	복사레일부 분리	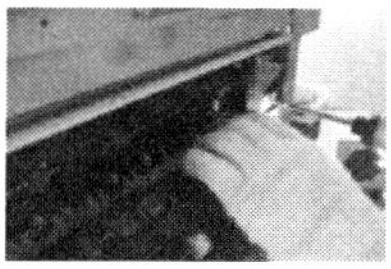	• 레일가이드를 고정하고 있는 가이드 고정볼트를 분리하여 복사레일부 분리	에어임팩, 가위, 망치
13	측면 부위 분리		• 측면 판에 부착된 철재를 분리	에어임팩, 가위, 망치
14	카트리지 분리		• 카트리지를 지지하고 있는 보호대 고정 볼트를 분리	에어임팩, 가위, 망치
15	카트리지 부품 분리		• 복사기 본체로부터 카트리지 바디 분리 ※ 토너물질 휘날림 주의	에어임팩, 가위
16	앞면 내부기판 분리	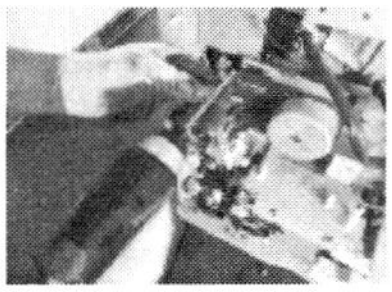	• 복사기 앞면 부분의 PCB기판을 분리하기 위해 고정볼트 분리	에어임팩

17	용지 서랍장 분리		• 복사기 하단의 용지별 서랍장을 분리	
18	서랍장 분해	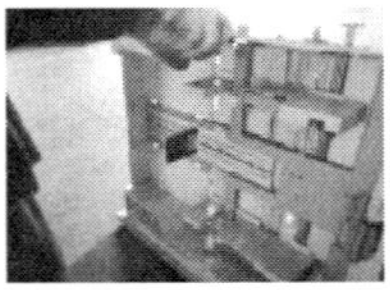	• 고정볼트를 분리하여 서랍장의 철재와 플라스틱을 분리	에어임팩, 망치

⑤ 스캐너

제품명	스캐너	안전보호구	보안경, 마스크, 귀마개, 안전화, 장갑
생산물	미파쇄 플라스틱, PCB, 모터, 전선	폐기물	렌즈, 종이

순서	공정명	작업내용 및 주의사항		공구
1	상부 내부 플라스틱 회수	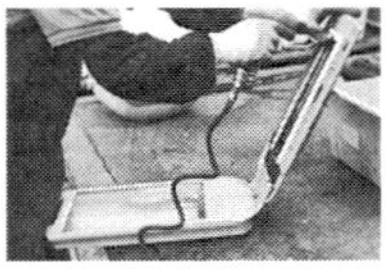	• 상부 내부 플라스틱 프레임 회수	에어임팩
2	상부 내부 내 PCB 회수		• 상부 내부 플라스틱 프레임 내 PCB 회수	에어임팩
3	상단 커버 분리		• 상단 커버 분리	에어임팩
4	하부 커버 분리		• 하부 커버 및 유리 회수	에어임팩
5	스캔부 회수	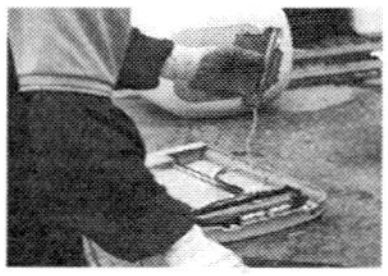	• 스캔부 분리	에어임팩

6	스캔부 분해		• 스캔부(플라스틱, 렌즈, 전선, 종이, 금속) 분해 및 재질별 분리	에어임팩, 가위
7	하부 내부 PCB부 분리		• 하부 內 PCB커버(금속) 분리	에어임팩
8	PCB 회수		• PCB커버 내 PCB 회수	수작업 가위

1.3.4 빔프로젝터, 유 · 무선공유기

1) 작동원리

• 빔프로젝터

빔프로젝터는 CRT, LCD, DLP 방식으로 크게 나뉘며, 가장 오래된 방식은 CRT(Cathode Ray Tube)방식이다. 작고 밝은 브라운관에서 화면을 만든 후, 렌즈를 통해 투영시키는 방식으로, 브라운관의 수에 따라 2가지 종류로 세분화되는데, 1개면 1관식, 3개면 3관식으로 구분된다. 우리가 잘 알고 있는 RGB는 바로 3관식에 해당한다.

LCD(Liquid Crystal Display) 프로젝터는 램프에서 발생된 빛을 투과형의 LCD 패널을 통과시킨 후, 렌즈로 스크린에 투영시키는 방식이다. 사용되는 LCD 패널 성능에 따라 해상도가 결정되고, 패널의 종류에 따라 단판식과 3판식으로 나뉜다. 3판식이 RGB형태이며 램프에서 나온 빛은 dichroic mirror(특정 주파수대의 빛을 투과시켜주는 역할을 함)를 통해 R,G,B로 분리되어 LCD 패널로 들어가게 되고, 혼합된 영상이 렌즈를 통해 스크린에 투영되는 방식이다. CRT를 대체하기에 많은 장점들을 가지고 있어서, 주변의 대부분의 빔프로젝터가 LCD 방식을 채택하고 있다.

DLP 방식이란, DMD(Digital Micromirror Device)칩이 내장되어서, 빛이 반사하는 과정과 반사하지 않는 과정을 통해 영상을 구현하는 방식이다. DMD칩 내에는 수십 만 개의 미러(Mirror) 소자가 있어 영상신호에 따라 매우 빠른 속도로

On/Off 스위칭이 가능하다. 명암비가 높고, 표현력이 좋아 고화질 영화감상에 적합하지만, LCD에 비해 상대적으로 고가이기에 가격적인 장점은 떨어진다.

- 유 · 무선공유기

공유기는 AP라 부르기도 하는데, ‘Access Point’의 약자로, 공유기가 무선 랜 연결(access)을 위한 거점(point) 역할을 한다. 공유기는 사무실 또는 집으로 들어오는 인터넷 라인에 연결하여 무선 신호로 송출하면서, 여러 대의 컴퓨터가 하나의 인터넷 라인을 공유해 동시에 인터넷 접근이 가능케 하는 네트워크 기기다.

2) 처리공정도

본 시설의 처리대상품목은 상기에 기술한 통신 · 사무기기를 처리하는 것을 기준으로 하였으며 효율적 공간이용 및 처리성을 고려한 설비이다. 처리공정은 수작업 공정을 기준으로 작성되었다.

3) 표준작업 지침

① 빔프로젝터

제품명	빔프로젝터	안전보호구	보안경, 마스크, 귀마개, 안전화, 장갑
생산물	미파쇄 플라스틱, PCB, Al, 전선, 철, 에어팬	폐기물	고무패드, 렌즈

순서	공정명	작업내용 및 주의사항		공구
1	후면 나사 제거		• 하측 나서 분리 및 미끄럼방지 고무패드 제거(고무패드 제거 후 피스 분리 가능)	에어임팩
2	커버 및 광원 분리		• 상측 커버 제거, 전선 제거, 광원 분리	에어임팩, 드라이버

3	상판 플라스틱 분리		• 후·측면 나사 제거를 통한 상판 플라스틱 제거	에어임팩
4	대형 PCB 회수		• 본체 상측에 위치한 대형 PCB 회수	에어임팩 망치, 가위
5	팬 제거	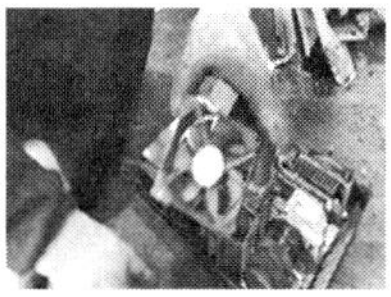	• 전면 에어팬 및 전선 제거	에어임팩
6	알루미늄 및 PCB 분리		• 측면 알루미늄 프레임 제거 및 내부 PCB분리	에어임팩, 망치
7	플라스틱 제거		• 내부 플라스틱류 제거	에어임팩, 망치
8	렌즈부 탈거		• 알루미늄 및 렌즈부 탈거·분리	에어임팩, 망치
9	렌즈부 해체	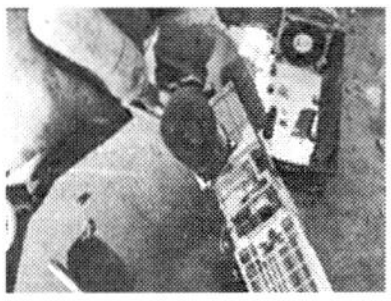	• 렌즈부 분해(소형 PCB, 알루미늄, 렌즈부)	에어임팩, 망치
10	후면 팬 제거		• 후면 에어팬, 전선 분리	에어임팩, 망치

11	고정나사 제거		• 본체 철 & 플라스틱 고정 나사(4개) 제거	-
12	고철 분리		• 본체 철 분리	에어임팩

② 유 · 무선 공유기

제품명	유 · 무선 공유기	안전보호구	보안경, 마스크, 귀마개, 안전화, 장갑
생산물	미파쇄 플라스틱, PCB, 전선	폐기물	

순서	공정명	작업내용 및 주의사항		공구
1	하부 커버 분리		• 하부 커버 분리	에어임팩
2	PCB 회수		• 내부 PCB 및 전선 회수	에어임팩 가위

1.4 일반 전기 · 전자제품

1.4.1 세탁기, 탈수기

1) 작동원리

세탁기는 동력장치인 전동기(모터), 빨래에 에너지를 전달하는 기계부, 세탁 과정을 조정하는 조작판, 그리고 물을 넣고 빼는 급수장치와 배수장치로 구성되어 있다. 전자동식은 통이 두 겹으로 되어 겉통은 고정되어 있고, 안통은 탈수할 때 회전하도록 되어 있다. 세탁은 바닥에 있는 회전날개가 담당하고 탈수는 구멍이 많이 나있는 안쪽 통이 고속 회전을 하면서 이루어진다. 세탁에서부터 탈수까지 전 과정을 자동으로 진행한다.

2) 구조 및 구성물질

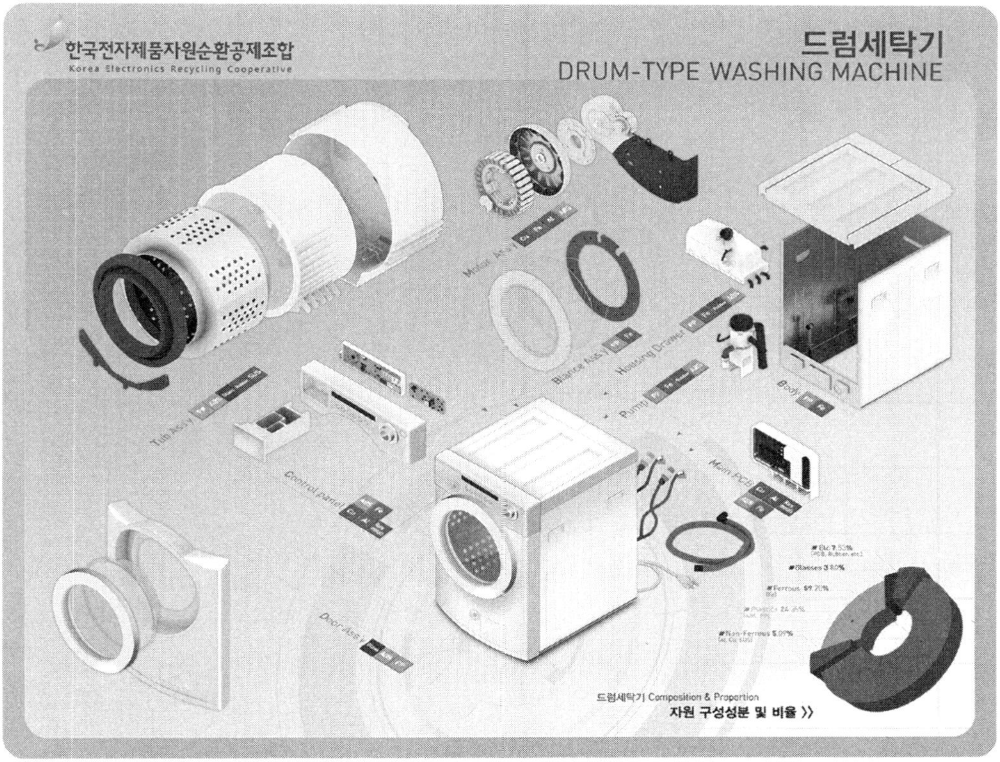

▲ 그림 4-11 세탁기 주요 구성재질 및 비율

3) 처리공정도

세탁기 처리공정은 다음과 같이 구분된다.

① 반입 리프트
② 반입 작업대
③ 1, 2차 전처리 컨베이어
④ 투입 컨베이어
⑤ 파쇄기 호퍼
⑥ 파쇄기
⑦ 파쇄물 컨베이어
⑧ 자력선별기
- ⑨ 철 배출 컨베이어
- ⑩ 플라스틱 배출 컨베이어

4) 주요설비

① 반입리트프

세탁기 전처리 컨베이어로 이송하기 위해 세탁기 파렛트를 지게차를 이용하여 리프트에 올려놓고 스위치로 세탁기의 높낮이를 조정하여, 세탁기 반입 작업대로 이송한다.

② 반입 작업대

세탁기를 다음 공정으로 이송이 원활하게 하도록 하며, 수작업에 의한 전처리작업이 이루어진다. Buffer Zone 기능을 두어 후속 작업의 연속성을 고려한다.

③ 1,2차 전처리 컨베이어

작업의 연속성을 고려하여 롤러 컨베이어를 3set 직렬로 연결 설치한다. 순차적으로 호스류, 탑커버 등 세탁기를 분해해 재활용시 유효한 구성품으로 분류하여 저장한다. 또한 파쇄 설비로 유입시 cutter 등의 손상에 치명적 영향을 미치는 모터, 클러치 등을 사전분리 작업을 시행한다.

④ 투입 컨베이어

전처리 분리 후 세탁기 케이스 및 basket 등을 파쇄기 호퍼로 유입시키기 위한 설비로 이송물질이 미끄러지지 않도록 설계해야 한다.

⑤ 파쇄기 호퍼

호퍼로 유입된 세탁기를 파쇄기로 투입시키며, 파쇄시 발생될 수 있는 먼지를 제거하기 위해 호퍼 상부로 흡입하여 백필터에서 포집한다. 파쇄기 운전상태 모니터링을 위하여 카메라를 현장에 설치하고 중앙제어실에서 모니터링 필요.

⑥ 파쇄기

고철과 플라스틱의 분리선별 효율을 증진하기 위하여 파쇄기를 설치한다. 파쇄기 하부에는 파쇄물의 원활한 배출을 위해 운전부하에 상응하는 슈트 및 배출 컨베이어를 두어 파쇄물의 과부하가 걸리지 않도록 설계한다. 운전 중에 조대물질의 투입으로 파쇄기 구동용 모터에 과부하를 일으킬 수 있는 비상조건 발생 시 cutter가 역회전과 정회전이 자동 반복되어 파쇄기에 과도한 힘이 가해지는 것을 방지하도록 한다.

⑦ 파쇄물 컨베이어

파쇄기 하부로 배출된 일정크기의 파쇄물을 자력선별기로 이송시킨다.

⑧ 자력선별기

영구자석으로 된 마그네틱 드럼을 회전시켜 철류를 선별한다.

⑨ 철 배출 컨베이어

자력 선별기에 의해 분리된 철금속을 고철류 저장시설로 이송 컨베이어를 이용해 이송한다.

⑩ 플라스틱 배출컨베이어

자력 선별기에 의해 철금속을 선별하고 남은 플라스틱류를 플라스틱 저장시설로 이송한다.

5) 작업표준 지침

① 기본형 세탁기

제품명	기본 세탁기	안전보호구	보안경, 마스크, 귀마개, 안전화, 장갑
생산물	철, 구리, 알루미늄, PCB, PP, 전선, 연질 PVC 등	폐기물	가연성 폐기물 (고무패킹, 이물질 등)

순서	공정명	작업내용 및 주의사항		공구
1	세탁기 반입, 탑커버 및 전선제거		• 세탁기를 반입 리프트로 이송 • 이송된 세탁기를 반입대 작업대로 이송 • 세탁기 전선 및 탑커버를 가위와 에어드라이버를 이용하여 분리 • 세탁기 안의 이물질 및 호스분리	에어임팩, 가위
2	세탁기 아랫면 분해 작업		• 세탁기 아랫면 분해작업으로 가위를 이용하여 전장품 및 전선, 콘덴서를 제거 • 에어드라이버를 이용하여 모터 분리	가위, 에어임팩, 망치
3	탑커버 분리 및 기판, 전선 제거		• 분리된 탑커버 중 먼저 전장품(물투입구)을 분리한 후 전선과 기판 분리	에어임팩, 망치, 가위
4	세탁조 밑판 및 볼트 제거		• 망치를 이용하여 세탁기 클러치 볼트를 제거한 후 밑판 제거	망치, 에어임팩,
5	클러치 타격기		• 클러치 타격기로 클러치 제거	클러치 타격기
6	미파쇄 알미늄 및 스텐통 분리		• 세탁조 하단의 마피쇄 삼발이 제거 • 세탁조 하단의 플라스틱을 에어 드라이버를 이용하여 스텐통과 분리 • 분리된 스텐인리스는 압축기를 이용하여 압축	에어임팩, 압축기

② 드럼형 세탁기

제품명	드럼 세탁기	안전보호구	보안경, 마스크, 귀마개, 안전화, 장갑
생산물	철, 구리, 알루미늄, PCB, PP, 전선, 연질 PVC 등	폐기물	가연성 폐기물 (고무패킹, 이물질 등)

순서	공정명	작업내용 및 주의사항		공구
1	하부해체		• 투입 및 후면/하부의 스크류 제거 • 도어나사 제거, 분리 • 하부 물받이, 호스 제거	에어임팩, 가위
2	상부해체		• 세제 투입구, 고무가스켓 밴드 제거 • 상부나사를 제거하여 조작부 분리 • 기판 및 전선 분리	에어임팩, 가위
3	케이스 제거		• 드럼세탁기 케이스 제거 • 밸런스 나사제거 및 분리	에어임팩, 가위, 망치
4	드럼해체		• 케이스 제거 후, 드럼 나사 제거 • 드럼 분리 및 해체	에어임팩, 가위, 망치
5	베어링 해체		• 베어링 연결부 나사 제거 및 해체	에어임팩, 가위, 망치
6	도어, 호스 해체	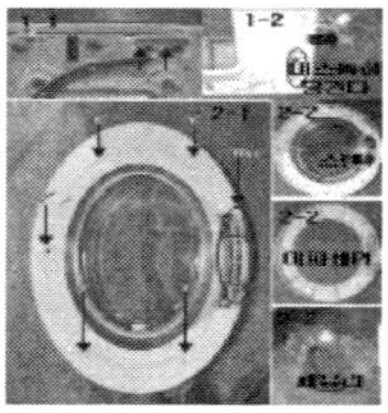	• 호스 연결부 제거 • 도어 해체를 위하여 도어 내부의 나사를 제거 후 유가물 분리	에어임팩

③ 탈수기

제품명	탈수기	안전보호구	보안경, 마스크, 귀마개, 안전화, 장갑
생산물	미파쇄 플라스틱, 모터, 전선	폐기물	

순서	공정명	작업내용 및 주의사항		공구
1	내부 탈수통 회수		• 탈수기 내부 탈수통 회수	수작업
2	상부 커버 분리		• 상부 커버 분리	에어임팩
3	하부 커버 분리	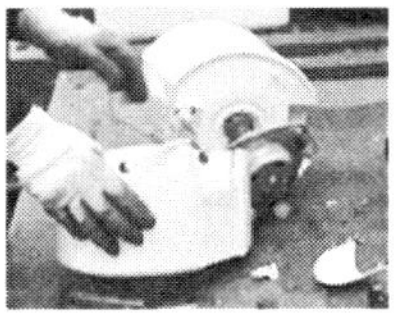	• 하부 커버 분리	에어임팩
4	모터 회수		• 하부 모터 및 전선 회수	에어임팩, 가위

1.4.2 전자레인지, 전기오븐, 식기건조기

1) 작동원리

주요품목	내 용
전자레인지	전자레인지에는 마그네트론이라는 강력한 자석에 의한 2극 진공관이 설치되어 있으며, 마그네트론의 음극에서 나온 전자가 양극에 도달하면 초고주파 진동으로 발생한 마이크로파가 식품의 물분자나 기름분자를 진동시킨 마찰열로 식품이 가열된다.
전기오븐	전기를 이용하여 열을 간접적으로 전달해주는 가열방식의 오븐이다. 전기오븐은 가스오븐에 비해 크기가 작고, 가스 화재에 대한 부담이 적어 가정에서 많이 사용되고 있다. 기본 원리는 예전 서구인들이 사용하던 화덕에서 그 유래를 찾을 수 있으며, 오븐과 풍로를 가열하는 열원(熱源)도 독립적으로 설계되었다. 오븐은 조리재료를 뒤집지 않아도 위아래가 적당한 색으로 구워지므로 편리하며, 열원에 따라 각각 전기식 · 가스식 · 전자식 · 복합식으로 나눈다.
식기건조기	세척한 식기, 조리기기 등을 열을 이용하여 건조하는 제품입니다. 남은 물기나 청결하지 않은 물로 말미암아 세균번식이 쉬운 식기류를 열풍이나 자외선 등을 통해 건조, 살균하여 청결한 위생을 제공해준다. 제품에 따라 용량이 다르며 수저, 우유병 살균 등 다양한 기능의 제품이 출시되고 있습니다.

2) 처리공정도

전자레인지, 전기오븐, 식기건조기는 기본적으로 수작업으로 해체 · 분리가 필요한 제품이다. 다만, 내부 구성물질 예컨대, 투시창(유리), 내부 선반(플라스틱, 철) 등을 제거한 후 일괄 파쇄할 수 있으나, 일괄파쇄는 입고물량이 많은 경우만 일부 재활용센터에서 이루어지고 있다.

① 반입리프트

② 반입 작업대

③ 이송 및 처리라인

3) 작업표준 지침

① 전자레인지

제품명	전자레인지	안전보호구	보안경, 마스크, 귀마개, 안전화, 장갑
생산물	미파쇄 플라스틱, 철, 모터, PCB, 전선	폐기물	가연성폐기물(전면스크린)/매립폐기물(유리)

순서	공정명	작업내용 및 주의사항		공구
1	메인 전선 분리	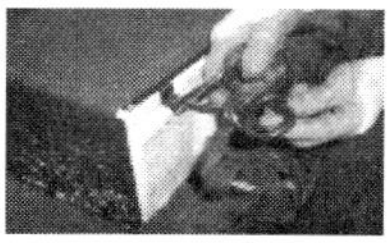	• 파워코드를 절단하여 분리	가위
2	쟁반/받침대 분리		• 도어를 열고 유리쟁반과 받침대를 분리	
3	도어분리		• 도어를 몸체에서 분리	가위
4	아웃 케이스 고정볼트 분리	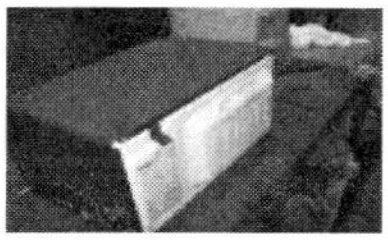	• 뒷판의 아웃케이스 고정볼트를 제거	에어임팩
5	아웃 케이스 분리		• 아웃케이스를 분리	
6	컨트롤 판넬 기판 분리		• 컨트롤 판넬부를 뜯어내어 기판을 분리	에어임팩
7	내부구성물 분리		• 밑판의 고정볼트를 풀어 분리하고 측면의 모터, 팬,, 트랜스, 콘데서 분리	에어임팩, 가위
8	도어판넬 분리		• 도어에서 전면 스크린과 도어판넬을 분리	

② 전기오븐

제품명	전기오븐(본체)	안전보호구	보안경, 마스크, 귀마개, 안전화, 장갑
생산물	미파쇄 플라스틱, 모터, 기판, 전선, PVC, STS 등	폐기물	가연성폐기물(배수호스)

순서	공정명	작업내용 및 주의사항		공구
1	메인전선 분리		• 파워코드를 절단하여 분리	가위
2	그릴/ 받침대 분리		• 도어를 열고 그릴과 받침대 분리	
3	아웃 케이스 분리		• 본체 뒷면의 아웃케이스 고정볼트를 풀어 분리	에어임팩
4	물받이 탱크 분리		• 바닥면에 물받이 탱크 분리	에어임팩
5	바닥 고정볼트 분리		• 바닥면의 고정볼트를 모두 제거	에어임팩
6	뒷판 고정볼트 분리	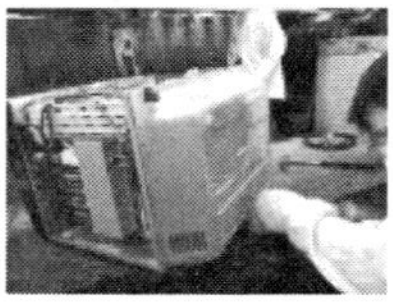	• 뒷판의 고정볼트를 풀고 분리	에어임팩

제품명	전기오븐(내장부품)	안전보호구	보안경, 마스크, 귀마개, 안전화, 장갑
생산물	모터, PCB, 전선, 알루미늄 등	폐기물	

순서	공정명	작업내용 및 주의사항		공구
1	측면히터 분리		• 측면 히터 분리	에어임팩
2	뒷면 구성물 분리		• 뒷면의 트랜스와 콘덴서 분리한 ※ 모터는 안쪽 고정볼트 제거 후 분리 가능	에어임팩
3	기판커버 분리		• 상부의 기판 커버를 열고 기판과 전선 분리	에어임팩, 가위
4	챔버분리		• 뒷판을 뜯어내어 챔버를 분리.	에어임팩
5	챔버 고정볼트 분리		• 챔버 가운데 모터 고정볼트를 제거	에어임팩
6	히터분리		• 히터와 팬을 제거	
7	모터분리		• 모터를 분리	
8	바닥판 분리		• 바닥판을 분리	에어임팩

제품명	전기오븐(도어)	안전보호구	보안경, 마스크, 귀마개, 안전화, 장갑
생산물	미파쇄 플라스틱, PCB, 철	폐기물	가연성폐기물(도어커버)/ 매립폐기물(할로겐히터)

순서	공정명	작업내용 및 주의사항		공구
1	조리실 커버 분리		• 도어 조리실 커버 분리	망치
2	하우징 커버 분리	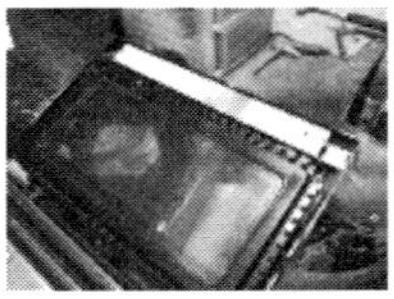	• 컨트롤판넬 PCB 하우징 커버 분리	망치
3	컨트롤 기판 분리		• 컨트롤 PCB 분리	에어임팩
4	도어 커버 분리		• 도어 커버 분리 ※ 도어커버는 폐기물로 분류	망치
5	할로겐 히터 분리		• 상부 할로겐 히터 분리. ※ 할로겐히터는 폐기물로 분류	망치
6	몸체 분리		• 남은 몸체는 철재 분리 ※ 모서리가 날카로우므로 안전주의	망치

③ 식기건조기(세척기)

제품명	식기세척기(바디)	안전보호구	보안경, 마스크, 귀마개, 안전화, 장갑
생산물	미파쇄 플라스틱, 철, 전선, STS 등	폐기물	

순서	공정명		작업내용 및 주의사항	공구
1	메인전선 분리		• 파워코드를 절단하여 분리	가위
2	선반/ 수저통 분리		• 선반, 수저통 등 내부 부속품을 빼내어 분리	
3	하부도어 분리		• 하부 도어힌지 고정볼트를 풀고 도어 분리 ※ 협착주의	에어임팩
4	상부도어 분리		• 상부 도어 고정부를 망치로 타격하여 도어 분리	망치
5	뒷판분리		• 본체 뒷면의 고정볼트를 제거하여 뒷판을 분리	에어임팩
6	몸체분리		• 고정볼트를 제거하여 본체(캐비닛)를 분리	에어임팩
7	기판커버 분리		• 기판커버를 열고 PCB 분리	에어임팩
8	몸체분리		• 본체(Casing) 분리	

제품명	식기세척기(베이스&튜브)	안전보호구	보안경, 마스크, 귀마개, 안전화, 장갑
생산물	미파쇄 플라스틱, 모터, 기판, 전선, PVC, STS 등	폐기물	가연성폐기물(배수호스)

순서	공정명	작업내용 및 주의사항		공구
1	하부 베이스 구성물 분리		• 바닥판에 붙어있는 전선, 배수호스를 잘라내고 모터, 펌프팬을 분리 ※ 배수호스는 폐기물로 분리	에어임팩, 가위
2	히터 고정볼트 제거		• 바닥면에 히터의 고정볼트를 제거	에어임팩
3	패킹분리		• 몸체의 패킹을 분리	
4	노즐분리		• 내부 회전노즐을 빼내어 분리하고 벽체에 고정된 노즐과 선반 트레이의 고정 볼트를 풀어 분리	에어임팩
5	필터/커버 분리		• 내부 바닥면의 배수구 거름필터와 히터 커버를 분리	에어임팩
6	히터분리		• 히터 고정볼트를 풀고 분리	에어임팩
7	스텐튜브 분리		• 실내 스텐튜브의 고정볼트를 풀어 분리	에어임팩
8	기판분리		• 뒷면의 인버터 기판을 분리	에어임팩, 가위

제품명	식기세척기(도어)	안전보호구	보안경, 마스크, 귀마개, 안전화, 장갑
생산물	미파쇄 플라스틱, 기판, 전선, PVC, STS등	폐기물	가연성폐기물 (유리점착식도어)

순서	공정명	작업내용 및 주의사항		공구
1	패킹분리		• 상부도어의 패킹 분리	
2	컨트롤 판넬 분리		• 하부도어의 패킹을 분리한 후 뒷판의 고정볼트를 풀어 컨트롤 판넬 분리	에어임팩
3	기판분리		• 컨트롤 판넬 PCB 분리	에어임팩

1.4.3 공기청정기, 가습기, 헤어드라이어, 식품건조기, 연수기

1) 작동원리

주요품목	내 용
공기 청정기	공기 청정기는 대기 중 오염 물질을 제거하기 위해 사용한다. 공기 중의 오염 물질을 제거하는 데는 크게 필터를 사용하여 여과 · 흡착하여 걸러내는 방식과 전기적으로 오염물질을 제거하는 방식이 있다.
가습기	가습기는 '가열식'과 '초음파 방식', 그리고 이 두 가지 방식이 합쳐진 '복합식'과 '원심분무식(흡입한 물을 원심력으로 날려 스크린에 부딪혀 작은 입자로 쪼개는 방식)', '필터기화식(젖은 필터로 공기가 통하게 하여 물을 증발시켜 습기를 만드는 방식)' 등이 있다.
헤어 드라이어	소형모터의 축(軸)에 팬(fan)이 부착되어 있어서, 송풍구를 통하여 히터(heater)에 의한 더운 바람이 나오도록 하여 머리의 건조와 형(型)을 단정히 하는 데 사용할 수 있게 되어 있다.
식품 건조기	더운 바람으로 식품을 급속으로 건조시켜 음식물의 무기질 영양분을 보존시키는데 목적이 있다. 본체에는 더운 바람을 골고루 퍼지게 할 수 있는 팬이 장착되고 원리는 헤어드라이어와 매우 유사하다.
연수기	양이온 교환수지를 이용, 물속의 불순물을 완벽하게 제거하여 부드러운 연수를 만들고, 지방산과 오염된 이물질을 잘 분해시켜 피부를 부드럽게 활성화 시키는 온천수와 같은 효과를 일으킨다.

2) 처리공정도

상기 5가지 품목도 수작업으로 해체 · 분리가 필요한 제품이다. 특히, 연수기 같은 경우 물 보관통의 재질이 제품에 따라 스테인레스 또는 플라스틱으로 나뉘어져, 구성 재질 비율이 상이한 경우가 많다. 일반적으로, 위 제품은 수작업으로 처리하며, 일부 재활용센터에서는 일괄 파쇄하여 재활용하기도 한다.

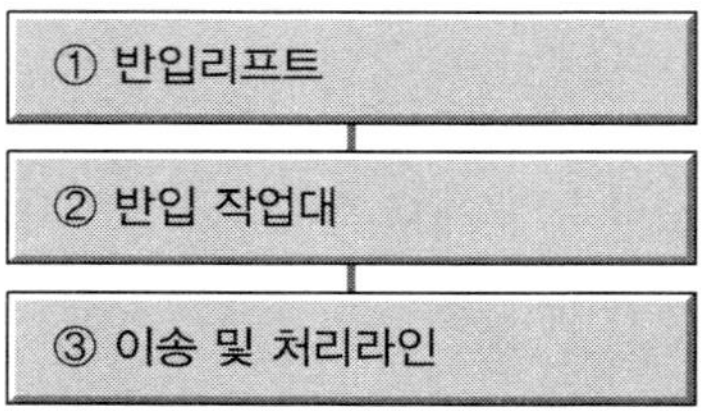

3) 표준작업 지침

① 공기청정기

제품명	공기청정기	안전보호구	보안경, 마스크, 귀마개, 안전화, 장갑
생산물	미파쇄 플라스틱, 모터, PCB, 전선	폐기물	가연성 폐기물(필터) /매립폐기물(전면판넬)

순서	공정명	작업내용 및 주의사항		공구
1	메인전선 분리		• 전선과 연결선을 절단하여 분리	가위
2	필터분리		• 필터케이스와 필터를 꺼내어 분리하고 백커버를 분리	
3	바닥판/전면판넬 분리	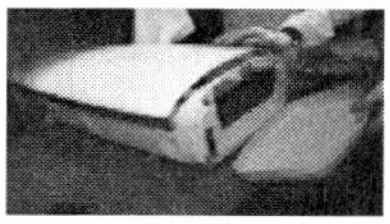	• 바닥판과 전면판넬 분리 ※ 전면판넬이 유리일 경우 폐기	에어임팩
4	전면 구성물 분리		• 전면케이스의 커버를 풀고 메인기판, 디스플레이, 전선 분리	에어임팩, 가위
5	하부 구성물 분리		• 바닥면의 고정볼트를 풀고 기판이 있는 경우 기판을 분리	에어임팩, 가위
6	PCB 전선 분리		• 뒷면 팬모터 하우징 커버를 분리하고 기판이 있는 경우 기판을 분리	에어임팩, 가위
7	팬모터 분리		• 팬모터 하우징에서 팬모터를 분리	에어임팩
8	팬/모터 분리		• 팬모터 커버를 열어 팬과 모터 분리	에어임팩

② 가습기

제품명	가습기	안전보호구	보안경, 마스크, 귀마개, 안전화, 장갑
생산물	미파쇄 플라스틱, 모터, 기판, 전선	폐기물	가연성 폐기물 (급수호스, 노즐, 필터 등)

순서	공정명	작업내용 및 주의사항		공구
1	메인전선 분리		• 전기 및 연결선을 절단하여 분리	가위
2	필터분리		• 물통을 분리한 후 필터 제거 ※ 필터는 폐기물로 분리	
3	하부 베이스 분리	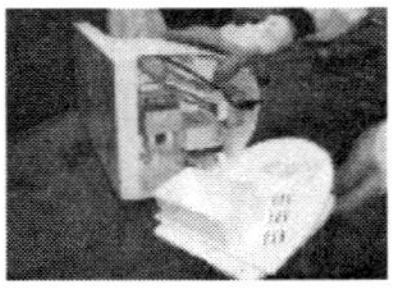	• 하부베이스 고정볼트를 모두 제거하여 분리	에어임팩
4	전면 케이스 분리		• 전면 판넬케이스 분리	에어임팩, 가위
5	하부 구성물 분리	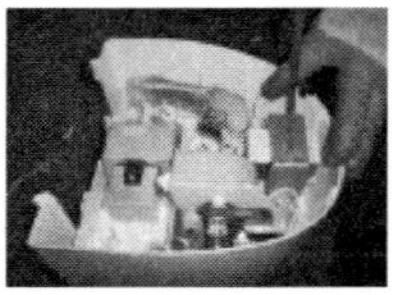	• 하부케이스를 뒤집어 전선, 트렌스, 모터, 분무장치, 기판, 노즐, 급수관 등 소재별로 분리 ※ 급수관, 노즐은 폐기물로 분리	에어임팩, 가위
6	PCB기판 전선 분리		• 전면 판넬의 메인기판(디스플레이), 보조기판을 분리	에어임팩

③ 헤어드라이어

제품명	헤어 드라이어	안전보호구	보안경, 마스크, 귀마개, 안전화, 장갑
생산물	미파쇄 플라스틱, SUS, 모터, 전선	폐기물	종이(가열부)

순서	공정명	작업내용 및 주의사항		공구
1	배출부 분리		• 배출부 분리	망치
2	커버 분리		• 커버 분리	에어임팩, 망치
3	내부 부품 회수	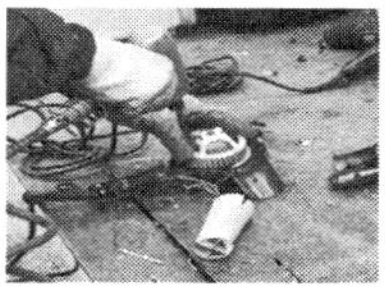	• 내부 부품(전선, 열선, 모터 커버) 회수	에어임팩, 가위
4	모터 회수		• 모터 커버 분리 후 모터 회수	에어임팩, 망치
5	가열부 해체	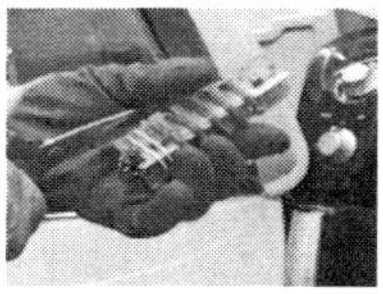	• 열풍 발생 가열부 해체	가위

④ 식품건조기

제품명	식품 건조기	안전보호구	보안경, 마스크, 귀마개, 안전화, 장갑
생산물	미파쇄 플라스틱, 철, PCB, 모터, 전선, 트랜스	폐기물	종이(가열부)

순서	공정명	작업내용 및 주의사항		공구
1	식품 건조부 회수		• 식품 건조기 건조부 회수	수작업
2	하부 커버 분리	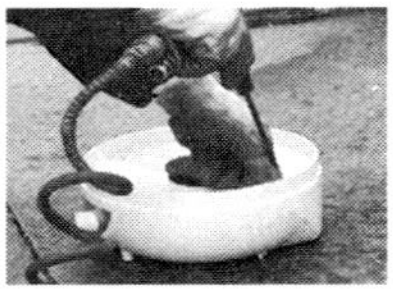	• 식품 건조기 하부 상단 커버 분리	에어임팩
3	PCB 회수		• 내부 PCB 회수	에어임팩, 가위
4	열풍기 분리		• 열풍기 분리	에어임팩, 망치, 가위
5	열풍기 내 가열부 분리		• 열풍기 내 가열부 분리	가위
6	모터 및 트랜스 회수	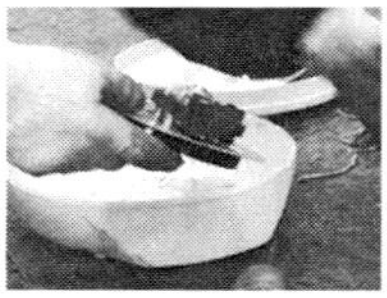	• 모터 및 트랜스 회수	에어임팩, 가위

⑤ 연수기

제품명	연수기	안전보호구	보안경, 마스크, 귀마개, 안전화, 장갑
생산물	철, 구성품, PCB등	폐기물	

순서	공정명	작업내용 및 주의사항		공구
1	본체 측면 및 하부 나사 제거		• 측면 및 하부 고정나사(볼트) 제거	에어임팩
2	연수기 커버 분리		• 연수기 본체 커버 해체 분리	에어임팩, 망치
3	Tank 분리		• 연수기 내부 Tank 해체/분리	에어임팩, 망치
4	알루미늄 회수		• 알루미늄 회수	에어임팩, 망치
5	호스 분리	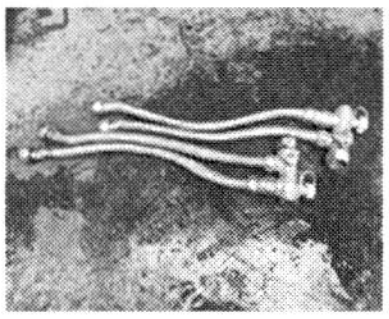	• 구성품(호스 등) 별도 분리	에어임팩, 드라이버, 망치

1.4.4 전기밥솥, 전기주전자, 전기온수기, 전기프라이팬

1) 작동원리

주요품목	내 용
전기밥솥	열원으로 전기를 이용하는 자동밥솥 형태로써, 전기밥솥 외부의 밑바닥에 있는 히터 또는 열선이 전기밥솥 내부를 가열하고, 밥이 완성되면 자동으로 보온으로 전환된다. 마이크로컴퓨터식이나 압력식, 보온장치 등이 있다.
전기 주전자	주전자 형태로 전기를 이용하여 물을 끓이는 목적으로 짝되었다. 원리는 커피포트 등과 동일하며, 밑판에 전기히터가 들어가 있어서 물을 가열하는 원리이다.
전기 온수기	전기를 사용하는 온수기로 열효율은 가스식에 비해 낮지만 조작이 쉽고 간단하다. '간접식'과 '직접식' 두 가지가 있는데, 간접식은 내통안의 코일을 감싸서 전기를 주면 코일들이 열을 받아 온도를 올리는 방식이며, 직접식은 내통안의 히터에서 열이 발생하여 물의 온도를 올린다.
전기 프라이팬	전기를 사용하는 프라이팬으로써 전기를 연결하게 되면 전기를 열에너지로 전환시켜주는 인버터를 통해, 프라이팬 위에서 열을 발생시켜 음식을 조리할 수 있도록 설계되었다.

2) 처리공정도

상기 4가지 품목은 주로 전기에너지를 열에너지로 전환시켜 음식을 조리하거나 데워주는 역할을 하는 전자제품이다. 전도성이 뛰어나고, 조리의 용이성을 확보할 수 있도록 비철금속(주로 스테인레스)을 사용하는 경우가 많다. 또한, 내부에 인버터, 전장품, PCB 등이 탑재되어 있으므로 이를 해체·분리하여 재자원화할 필요성이 있다. 주요 구성재질은 비철금속(스테인레스, 구리, 알루미늄), 플라스틱, 전장품, PCB, 전선 등이 있다.

① 반입리프트

② 반입 작업대

③ 이송 및 처리라인

3) 표준작업 지침

① 전기밥솥

제품명	밥솥(바디)	안전보호구	보안경, 마스크, 귀마개, 안전화, 장갑
생산물	미파쇄 플라스틱, 철, 구리, 전선, 기판, 모터	폐기물	가연성폐기물(패킹, 베이스)

순서	공정명	작업내용 및 주의사항		공구
1	메인전선 분리		• 파워코드를 절단하여 분리	가위
2	패킹/오븐 분리		• 패킹과 오븐(솥)을 분리 ※ 패킹은 폐기물로 분리	
3	뚜껑분리		• 뚜껑을 뒤로 완전히 제껴 분리	
4	히터커버 분리		• 밥솥 하부밑판의 고정볼트를 풀고 분리	에어임팩
5	보온재 제거	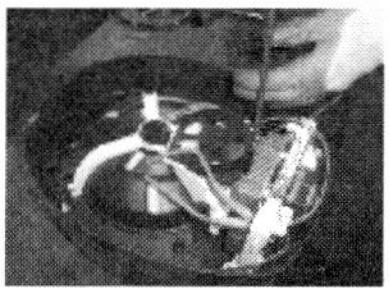	• 고정볼트를 전부 풀고 기판, 모터, 동선을 분리	에어임팩
6	히터분리		• 베이스와 사이드 히터 분리 ※ 베이스는 폐기물로 분리	

제품명	밥솥(뚜껑)	안전보호구	보안경, 마스크, 귀마개, 안전화, 장갑
생산물	미파쇄 플라스틱, 알루미늄, 전선	폐기물	가연성 폐기물(보온재)

순서	공정명	작업내용 및 주의사항		공구
1	핸들 분리		• 핸들 고정볼트 제거	에어임팩
2	밑판분리		• 뚜껑을 뒤집어 밑판의 고정볼트 제거하여 밑판 분리	에어임팩
3	케이스/패킹 분리		• 상부케이스와 패킹을 분리	
4	히터커버 분리	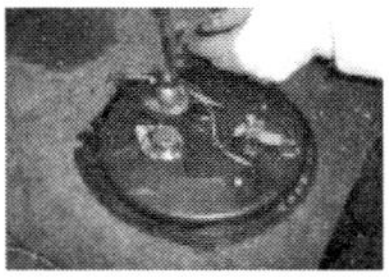	• 히터커버 고정볼트를 모두 제거	에어임팩
5	보온재 제거	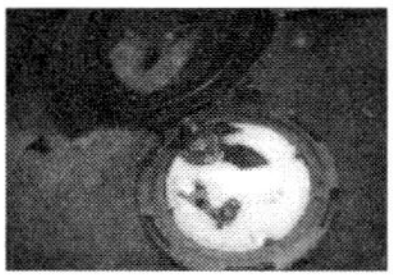	• 뚜껑의 보온재 제거 ※ 보온재는 폐기물로 분리	가위
6	히터분리	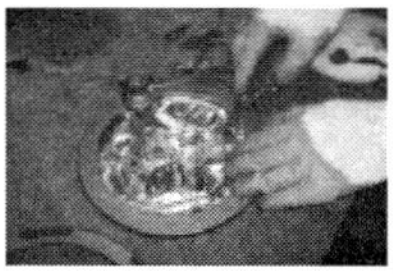	• 히터를 분리	
7	커버링 분리	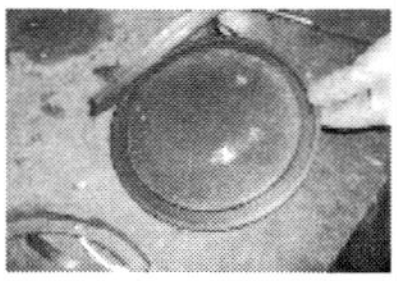	• 커버링과 뚜껑 밑판 분리	

② 전기주전자

제품명	전기 주전자	안전보호구	보안경, 마스크, 귀마개, 안전화, 장갑
생산물	미파쇄 플라스틱, Al, 전선	폐기물	실리콘

순서	공정명	작업내용 및 주의사항		공구
1	하단 가열부 분리		• 하단 가열부 커버 분리 및 전선 회수	에어임팩
2	하부 커버 분리		• 주전자 하부 커버 분리	에어임팩
3	하부 커버 분리	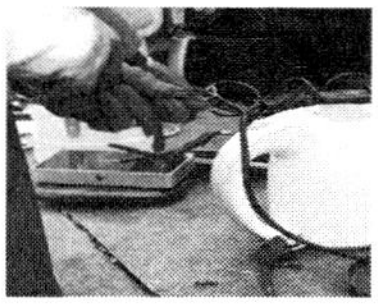	• 주전자 측면 분리 및 전선 회수	에어임팩, 가위
4	하부 유가물 회수		• 주전자 하부 가열부, 밑판, 실리콘 회수	에어임팩, 망치, 가위

③ 전기온수기

제품명	전기 온수기	안전보호구	보안경, 마스크, 귀마개, 안전화, 장갑
생산물	미파쇄 플라스틱, SUS, 모터, 전선, PCB	폐기물	단열재(우레탄)

순서	공정명	작업내용 및 주의사항		공구
1	전면 작동부 커버 분리		• 작동부 커버, PCB 및 전선 회수	에어임팩, 가위
2	전면 커버 분리		• 전면 커버 분리	에어임팩, 가위
3	후면 커버 분리	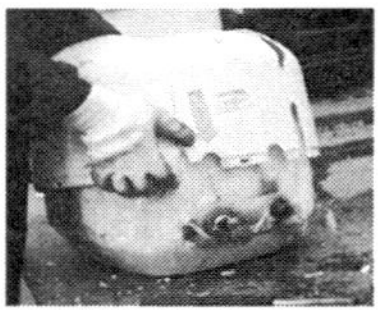	• 후면 커버 분리	수작업
5	우레탄 분리		• 우레탄 분리	수작업 (헤라)
6	열선 회수		• 내부 열선 회수	수작업

④ 전기프라이팬

제품명	전기 프라이팬	안전보호구	보안경, 마스크, 귀마개, 안전화, 장갑
생산물	미파쇄 플라스틱, SUS, 모터, 전선, 알루미늄	폐기물	

순서	공정명	작업내용 및 주의사항		공구
1	양측 손잡이 분리		• 측면 손잡이 분리	에어임팩
2	하단 커버 분리		• 하단 커버 분리 및 전선 연결부 회수	에어임팩
3	열선 회수		• 하부 팬(열선) 회수	-

1.4.5 오디오, 비디오플레이어, 감시카메라, 영상게임기

1) 작동원리

주요품목	내 용
오디오	일반적으로 사람이 들을 수 있는 음역 내의 음파 및 그것을 변환한 전기신호를 다루는 시스템을 가리키며, 음파를 전기에너지로 변환하여 기록, 또는 기록된 신호를 음파에너지로 변환하여 공간에 방사하는 원리다.
비디오 플레이어	전기 녹화장치로써 자기 테이프 및 디지털 저장 장치에 텔레비전 등의 영상을 기록하고 재생하는 기능을 지니고 있는 것
감시 카메라	CCTV는 Closed Circuit Television의 약자로 폐쇄 회로 텔레비전을 말하며, 특수 수신자를 대상으로 유선 또는 특수 무선 전송로를 이용해 화상을 전송한다.
영상 게임기	영상게임기는 중앙처리장치, 주기억장치, 보조기억장치 등으로 구성되어 PC와 크게 다르지 않다. 즉 전기를 이용하여 영상게임기를 구동시키며, 게임에 필요한 영상, 음성만을 지원하여 일반 PC의 범용적 기능성을 축소한 형태이다.

2) 처리공정도

상기 4가지 품목도 수작업으로 해체 · 분리가 필요한 제품이다. 특히, 위 대상 제품의 특성은 전기를 이용하여 영상 또는 음성을 만들어내어 전달한다는 점이다. 그럼에도 TV와 같이 액정(디스플레이)이 없는 것이 특징이다. 위 제품도 수작업으로 처리되며, 일부 재활용센터에서는 일괄 파쇄하여 재활용하기도 한다.

① 반입리프트
② 반입 작업대
③ 이송 및 처리라인

3) 표준작업 지침

① 오디오

제품명	오디오(포터블)	안전보호구	보안경, 마스크, 귀마개, 안전화, 장갑
생산물	철, 전선, 미파쇄 플라스틱(ABS, PS), PCB	폐기물	가연성 폐기물 (고무패킹, 이물질 등)

순서	공정명	작업내용 및 주의사항		공구
1	메인전선 분리		• 전기 연결선을 절단하여 분리	가위
2	뒷 Cover 분리		• 본체 고정볼트 분리	에어임팩
3	스피커 분리	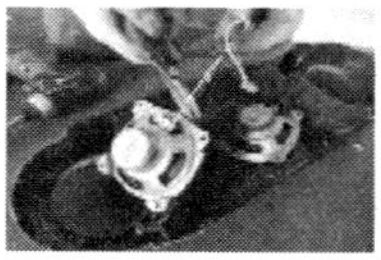	• 앞면 본체 틀에 고정되어 있는 스피커(2개)를 분리	에어임팩, 가위, 망치
4	PCB 분리		• PCB고정판에 고정볼트 분리 • 절단가위로 전선 절단하여 분리	에어임팩, 가위, 망치

순서	공정명	작업내용 및 주의사항		공구
5	전면부 철망 분리		• 전면 앞부분에 설치되어 있는 스피커 철망을 분리	가위, 망치
6	CD 플레이어 케이스 분리		• 본체 내부에 장착된 플레이어 고정볼트를 분리	에어임팩
7	케이스에 부착된 철 분리	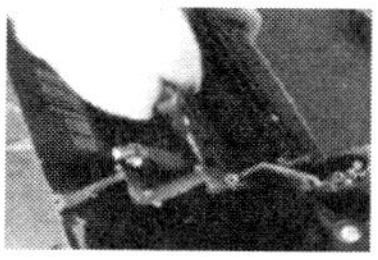	• 케이스에 부착된 철재 분리	에어임팩, 가위, 망치

제품명	오디오(일체형)	안전보호구	보안경, 마스크, 귀마개, 안전화, 장갑
생산물	철, 전선, 미파쇄 플라스틱(ABS, PS), PCB	폐기물	가연성 폐기물 (고무패킹, 이물질 등)

순서	공정명	작업내용 및 주의사항		공구
1	메인전선 분리	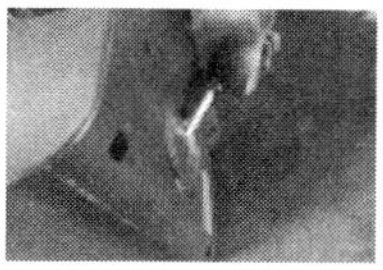	• 전기 연결선을 분리한다	에어임팩, 가위
2	스피커 뒷 Cover 분리	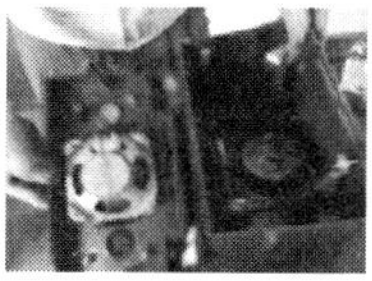	• 본체 고정볼트를 분리 • 스피커를 고정하고 있는 고정볼트를 분리	에어임팩, 가위, 망치
3	케이스 전면부 망 분리	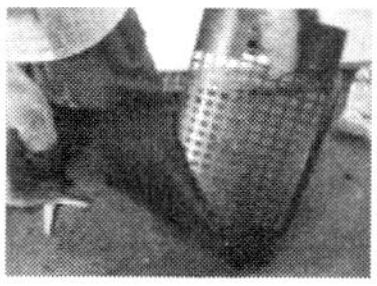	• 전면 앞부분에 설치되어있는 스피커 망을 분리	에어임팩, 가위, 망치
4	본체 뒷면 분리		• 뒷면 Cover 고정볼트 분리	에어임팩, 가위, 망치

5	PCB 전선 분리		• PCB고정판에 고정볼트 분리 • 절단가위로 전선을 분리	에어임팩, 가위, 망치
6	CD 플레이어 케이스 분리		• 본체 내부에 장착된 플레이어 고정볼트를 분리	에어임팩, 가위, 망치
7	케이스에 부착된 철 분리	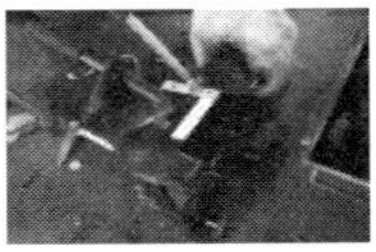	• 케이스에 부착된 철재분리	에어임팩, 가위, 망치

② 비디오플레이어

제품명	비디오플레이어	안전보호구	보안경, 마스크, 귀마개, 안전화, 장갑
생산물	철, 비철, 구성품, PCB등	폐기물	

순서	공정명	작업내용 및 주의사항		공구
1	본체측면 및 하부 나사 제거		• 측면 및 하부 고정나사(볼트) 제거	에어임팩
2	후면조립 부위탈거		• 헤라, 드라이버를 이용한 접착 부위 탈거	에어임팩, 망치, 헤라, 드라이버
3	상판 덮개 제거		• 본체 상판 덮개 부위 제거	에어임팩,
4	PCB 제거		• 메인기판 등 PCB관련 부속품 분리	에어임팩

5	회전(헤드) 제거		• 비디오플레이어 헤드부 분리 및 구성품 제거	에어임팩, 망치
6	내부 전선 제거	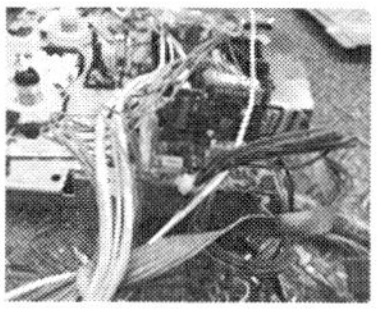	• 비디오플레이어 내부 전선 제거	에어임팩, 가위
7	상판 덮개 제거		• 톱니 나사(플라스틱) 등 구성품 제거	에어임팩, 망치
8	비철류 제거		• 구성품 중 비철금속 제거	에어임팩, 망치
9	소형 PCB 제거		• 내부 소형PCB 제거	에어임팩, 망치
10	기타 구성품 제거		• 기타 구성품 제거	에어임팩, 가위

③ 감시카메라

제품명	감시카메라	안전보호구	보안경, 마스크, 귀마개, 안전화, 장갑
생산물	미파쇄 플라스틱, 철, PCB, 구리, 전선, Al	폐기물	렌즈, 고무

순서	공정명	작업내용 및 주의사항		공구
1	상부 커버 분리	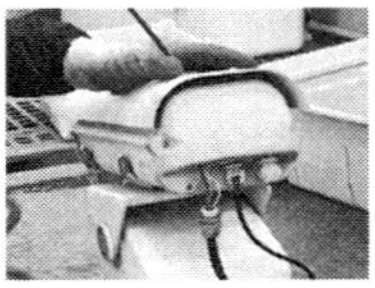	• 상부 카메라 커버 분리	에어임팩
2	카메라 분리		• 카메라 분리 및 해체	에어임팩, 가위
3	상부 PCB 회수		• PCB 회수 분리	에어임팩, 가위
4	상부 커버 분리	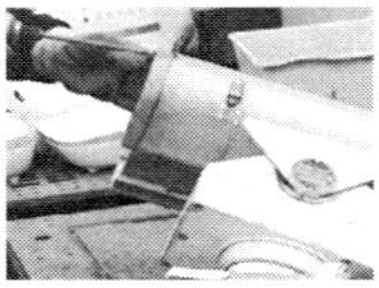	• 상부 커버(프레임) 분리	에어임팩, 가위
5	중단 분리		• 중·하부 커버(프레임) 분리	에어임팩
6	하부 커버 분리		• 하부 커버(프레임) 분리	에어임팩, 전선

④ 영상게임기

제품명	영상 게임기	안전보호구	보안경, 마스크, 귀마개, 안전화, 장갑
생산물	미파쇄 플라스틱, PCB, 모터, 전선, 철, 냉각기	폐기물	고무패드, 렌즈

순서	공정명	작업내용 및 주의사항		공구
1	고무 패드 분리		• 영상 게임기 미끄럼방지 고무패드 분리 (고무패드 제거 후 피스 분리 가능)	에어임팩
2	커버 분리		• 영상지임기 커버 분리	에어임팩, 망치
3	CD/DVD-Rom 커버 분리		• CD/DVD-Rom 커버 분리	에어임팩
4	측면 PCB 회수		• 측면 PCB 회수	에어임팩, 망치, 가위
5	CD/DVD-Rom 분리		• CD/DVD-Rom(렌즈, PCB, 인식부) 분리	에어임팩
6	PCB 회수		• 영상게임기 내부 하단 PCB 회수	에어임팩

7	내부 프레임 회수		• 영상게임기 내부 프레임 회수	
8	PCB 회수		• 영상게임기 내부 상단 PCB 커버 분리 및 PCB 회수	
9	냉각기 회수		• 상단 PCB 커버 내 냉각기(Al) 회수	

1.4.6 기타 일반전자제품

① 선풍기

제품명	선풍기	안전보호구	보안경, 마스크, 귀마개, 안전화, 장갑
생산물	미파쇄 플라스틱, 철, 모터, PCB, 전선	폐기물	-

순서	공정명	작업내용 및 주의사항		공구
1	메인전선 분리		• 파워코드를 절단하여 분리	가위
2	날개분리		• 선풍기 날개와 가드를 분리	
3	상부 케이스 분리		• 선풍기 목의 고정볼트를 제거	에어임팩
4	모터분리		• 모터커버를 풀어 모터를 분리	에어임팩, 가위
5	하부 베이스 분리		• 선풍이 베이스 밑판을 분리	에어임팩
6	하부 구성물 분리		• PCB 및 베이스, 전선을 분리	에어임팩, 가위

② 청소기

제품명	청소기	안전보호구	보안경, 마스크, 귀마개, 안전화, 장갑
생산물	호스(수지류), 미파쇄 플라스틱, 기판, 모터, 전선, 알루미늄	폐기물	가연성폐기물 (필터, 방음제, 고무패킹)

순서	공정명	작업내용 및 주의사항		공구
1	호스/몸체 분리		• 청소기호스, 노즐, 파이프를 소재별로 분리 ※ 파이프는 재질별로 분류	
2	종이필터 분리		• 몸체 커버를 열고 종이필터 분리 ※ 종이필터는 폐기물로 분류	
3	몸체 커버 분리		• 몸체 커버를 반대로 재껴 분리 ※ 과도한 힘에 의한 협착주의	
4	모터 하우징 분리		• 모터하우징 커버 분리	에어임팩
5	방음제 분리	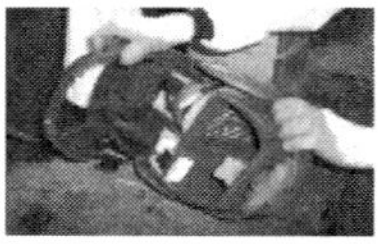	• 방음제(스펀지)와 고무패킹을 분리	
6	모터 분리		• 본체로부터 모터를 분리	
7	전선릴 분리		• 전선릴(함)을 분리	가위
8	기판 분리		• PCB기판을 분리	가위

③ 러닝머신

제품명	러닝 머신	안전보호구	보안경, 마스크, 귀마개, 안전화, 장갑
생산물	미파쇄 플라스틱, SUS, PCB, 철, 트샌스, Al, 모터, 전선	폐기물	나무, 발판 패드(고무), Sheet

순서	공정명	작업내용 및 주의사항		공구
1	전면 컨트롤 판넬 분리		• 컨트롤 판넬 분리	에어임팩
2	컨트롤 판넬 PCB 회수	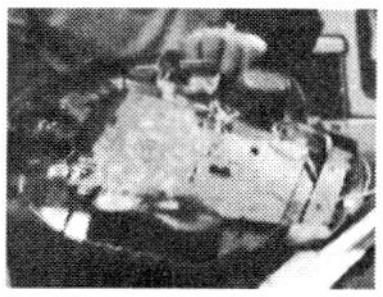	• 컨트롤 판넬 커버 분리 후 PCB 및 전선 회수	에어임팩, 가위
3	전면부 커버 분리		• 전면부 커버 분리	에어임팩
4	프레임 분리	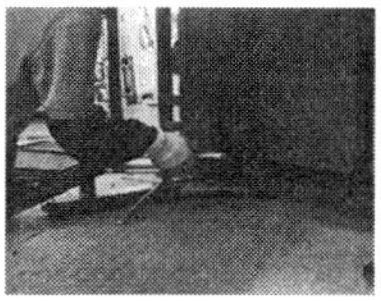	• 러닝머신 상 · 하단 프레임(손잡이) 회수	에어임팩, 망치, 렌치, 스패너
5	후단 분리	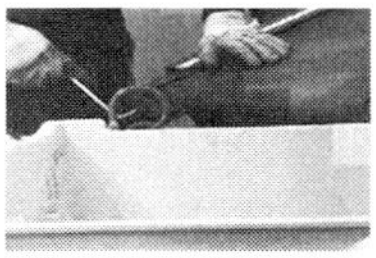	• 러닝머신 후단 분리 및 롤러(전 · 후면) 회수	육각렌치
6	발판 패드 회수		• 러닝더신 발판 패드 회수	가위
7	측면 커버 회수		• 측면 커버 회수	에어임팩, 망치

순서	공정명		작업내용 및 주의사항	공구
8	발판 분리		• 러닝머신 발판 분리	에어임팩, 육각렌치
9	모터 회수		• 러닝머신 전면 모터 및 유가물(Al) 분리 및 프레임 회수	에어임팩, 육각렌치, 드라이버, 망치, 스패너

④ 전기안마기

제품명	전기 안마기	안전보호구	보안경, 마스크, 귀마개, 안전화, 장갑
생산물	미파쇄 플라스틱, SUS, 모터, 전선	폐기물	고무

순서	공정명	작업내용 및 주의사항		공구
1	커버 분리		• 손잡이(고무) 제거 및 전기 안마기 커버 분리	에어임팩, 가위
2	PCB 회수		• 내부 PCB 회수	에어임팩, 가위
3	안마부 분리	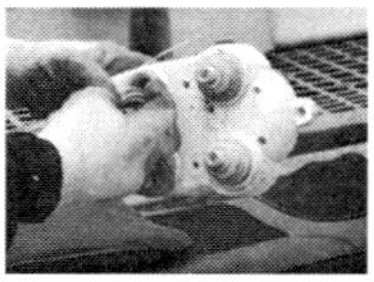	• 안마부(고무, 피스) 분리	에어임팩, 수작업
4	모터 회수		• 안마 진동부 회수	에어임팩
5	안마 진동부 해체		• 안마 진동부 커버 및 모터 회수	에어임팩

⑤ 족욕기

제품명	족욕기	안전보호구	보안경, 마스크, 귀마개, 안전화, 장갑
생산물	미파쇄 플라스틱, PCB, 전선	폐기물	호스

순서	공정명	작업내용 및 주의사항		공구
1	하부 커버 분리	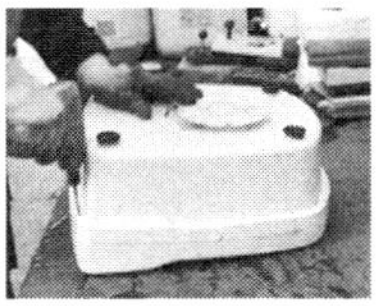	• 하부 커버 분리	에어임팩
2	PCB 회수	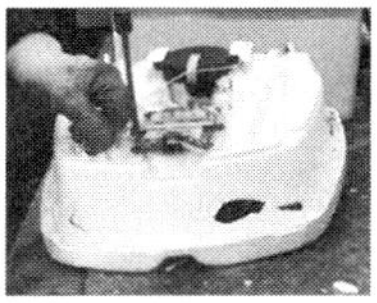	• 하부 PCB 회수	에어임팩, 가위
3	모터 회수	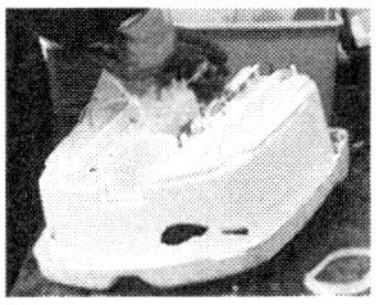	• 하부 모터 및 전선 회수	에어임팩
4	호스 제거	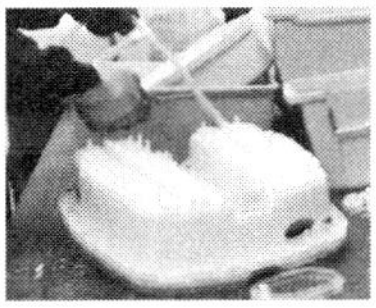	• 하부 및 내부 연결 물 호스 제거	가위

⑥ 재봉틀

제품명	재봉틀	안전보호구	보안경, 마스크, 귀마개, 안전화, 장갑
생산물	미파쇄 플라스틱, SUS, 모터, 전선, Al	폐기물	

순서	공정명	작업내용 및 주의사항		공구
1	커버 분리		• 재봉틀 정·후면, 상·하단, 측면 커버 분리 [일체형 사출(또는 주물)부분은 분리 불가]	에어임팩, 가위
2	하부 모터 회수		• 재봉틀 하부 모터 회수	에어임팩, 가위
3	전면 내부 부품 분리		• 전면 내부 부품(압력 조절기, 실걸이, 장력조절 장치 등) 분리	에어임팩, 스패너, 육각렌치, 가위
4	바느질부 분리		• 바느질부(노루발, 바늘판, 미끄럼판 등) 및 바느질부 하부 분리	에어임팩 망치, 드라이버
5	측면 내부 부품 분리		• 측면 내부 부품(기어, 돌림바퀴, 다이얼, 후진 장치 등) 분리	에어임팩, 육각렌치, 망치, 드라이버, 강선니퍼
6	바늘 회수		• 내부 바늘 및 바늘 프레임 회수	에어임팩, 망치
7	돌림바퀴 분리		• 돌림바퀴 해체	에어임팩, 망치

⑦ 제빵기

제품명	제빵기	안전보호구	보안경, 마스크, 귀마개, 안전화, 장갑
생산물	미파쇄 플라스틱, SUS, Al, PCB, 모터, 전선, 철	폐기물	

순서	공정명	작업내용 및 주의사항		공구
1	내통 커버 분리		• 제빵기 내통 커버(SUS) 분리	에어임팩
2	내통 손잡이 분리		• 내통 손잡이 분리	망치
3	전면부 분리		• 전면부 분리 및 PCB 회수	에어임팩, 가위
4	뚜껑 분리	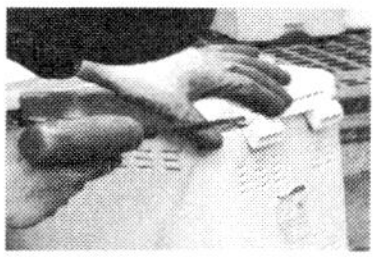	• 제빵기 뚜껑 분리	에어임팩
5	뚜껑 해체		• 제빵기 뚜껑 해체 • SUS, 플라스틱 커버 회수	수작업
6	커버 분리		• 제빵기 하부 커버(철) 및 받침대(고무) 분리	에어임팩
7	내부 부품 회수	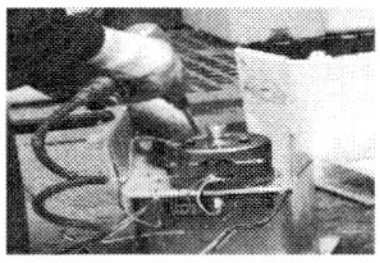	• 모터, PCB, 기어(Plastic), 전선, 하부 프레임(철) 내통 커버(SUS) 등 회수	에어임팩, 가위

⑧ 튀김기

제품명	튀김기	안전보호구	보안경, 마스크, 귀마개, 안전화, 장갑
생산물	미파쇄 플라스틱, SUS, Al, 모터, 전선, 철, 전선, 트랜스	폐기물	

순서	공정명	작업내용 및 주의사항		공구
1	튀김부 분리		• 튀김기 하단 튀김부 분리	수작업
2	하부 커버 분리		• 튀김기 하부 커버 분리	에어임팩
3	하부 철 회수		• 하부 커버(철) 회수	망치
4	중단 커버 분리		• 중단 커버 분리	에어임팩, 망치
5	상부 전면부 커버 분리		• 상부 및 전면부 커버 분리	에어임팩, 가위
6	상부 전선 회수		• 상부 상단 전선 및 트랜스 회수	에어임팩, 가위
7	가열부 분리		• 가열부 분리 및 열판 회수	에어임팩, 망치

순번	공정	사진	내용	도구
8	가열부 프레임 분리		• 가열부 프레임 분리	에어임팩, 망치
9	가열부 프레임 해체		• 가열브 프레임 커버(Plastic), 내장부(회전판), 모터, 회전날개(철) 및 프레임(SUS) 회수	에어임팩, 망치, 육각렌치
10	튀김부 커버 해체		• 튀김부 커버 해체	에어임팩, 망치
11	튀김통 분리		• 튀김통, 손잡이 분리	수작업
12	튀김통 커버 분리		• 튀김통 커버 회수 및 손잡이 분리	에어임팩
13	손잡이 해체		• 손잡이 해체(플라스틱, 철 회수)	에어임팩

⑨ 커피메이커

제품명	커피메이커	안전보호구	보안경, 마스크, 귀마개, 안전화, 장갑
생산물	미파쇄 플라스틱, SUS, 모터, 전선, 열선	폐기물	필터

순서	공정명	작업내용 및 주의사항		공구
1	하부 커버 분리		• 하부 커버 분리	에어임팩
2	내부 유가물 회수		• 내부 부품, 전선 회수	에어임팩, 가위
3	상 · 하부 분리		• 상 · 하부 커버 분리	에어임팩, 수작업
4	열선회수		• 하부 열선 회수	가위
5	하부 철 회수		• 열선 분리 후 철 회수	수작업

⑩ 약탕기

제품명	약탕기	안전보호구	보안경, 마스크, 귀마개, 안전화, 장갑
생산물	미파쇄 플라스틱, Al, 모터, 전선	폐기물	유리

순서	공정명	작업내용 및 주의사항		공구
1	하부 분리		• 중단 및 하단 커버 분리	에어임팩, 가위
2	전면 분리		• 전면부 분리 및 모터 회수	에어임팩, 전선
3	약탕기통 분리		• 약탕기 통 분리	에어임팩
4	하부 유가물 회수		• 전선, 하부 커버 회수	에어임팩, 망치, 가위
5	약탕기 커버 분리		• 약탕기 통 상·하단 커버 분리, 손잡이 분리	에어임팩, 가위
6	가열부 분리		• 약탕기 통 하단 가열부 분리	에어임팩, 망치

⑪ 전기비데

제품명	전기비데	안전보호구	보안경, 마스크, 귀마개, 안전화, 장갑
생산물	철, 플라스틱, 구성품, PCB 등	폐기물	

순서	공정명	작업내용 및 주의사항		공구
1	덮개 및 버튼부 분리	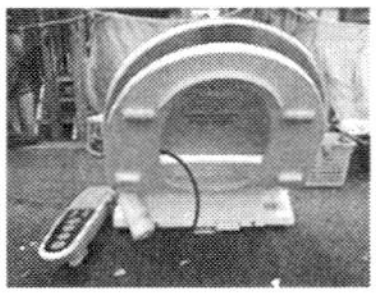	• 덮개 및 버튼(조종)부 분리	에어임팩
2	버튼부 나사 제거		• 버튼(조종부) 상/하측 나사 분리 및 제거	에어임팩, 전선
3	PCB 및 구성품 분리	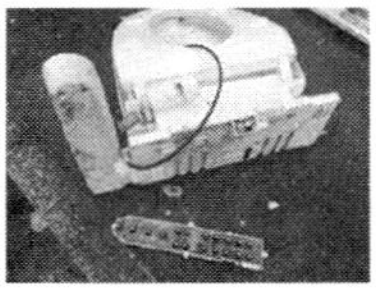	• PCB 기판 분리	에어임팩
4	모터, 전선 회수		• 구성품(전선, 모터, 필터 등) 분리	에어임팩
5	유가물 분류		• 유가물 및 폐기물 분류	에어임팩, 망치, 가위

⑫ 전기다리미

제품명	전기다리미	안전보호구	보안경, 마스크, 귀마개, 안전화, 장갑
생산물	비철, SUS, 구성품, PCB등	폐기물	

순서	공정명	작업내용 및 주의사항		공구
1	전선 및 나사제거		• 전선 제거 및 상측 나사제거	에어임팩
2	하측 나사 제거		• 다리미 판(하측) 나사 제거	에어임팩, 전선
3	PCB 및 구성품 분리		• 기타 이음새(접착부위) 이격(헤라)	에어임팩, 헤라
4	전선 회수		• 상측커버 제거 및 전선 등 유가물 회수	에어임팩

⑬ 전기히터

제품명	전기히터	안전보호구	보안경, 마스크, 귀마개, 안전화, 장갑
생산물	철, 비철, 구성품, PCB 등	폐기물	

순서	공정명	작업내용 및 주의사항		공구
1	후면 및 하측 나사 제거		• 전선 제거 및 상측 나사제거	에어임팩
2	본체 및 히터부 분리	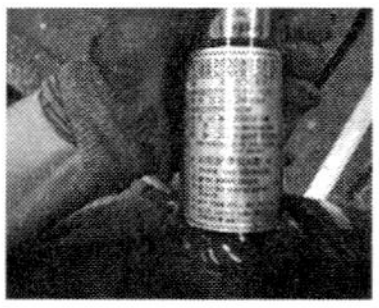	• 본체(하부) 및 히터부(상측) 분리	에어임팩, 망치
3	나사 제거 및 구성품 분리		• 본체부 추가 해체 및 구성품 제거	에어임팩
4	전선 회수		• 전선 별도 분리	에어임팩
5	PCB 회수	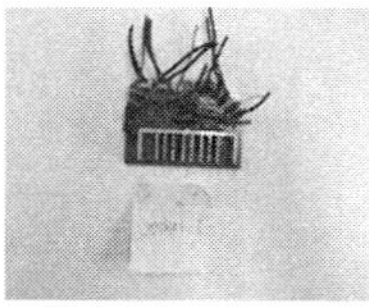	• PCB 별도 분리	

⑭ 믹서

제품명	믹서	안전보호구	보안경, 마스크, 귀마개, 안전화, 장갑
생산물	철, 구성품, PCB등	폐기물	

순서	공정명	작업내용 및 주의사항		공구
1	본체 측면 및 하부 나사제거		• 측면 및 하부 고정나사(볼트) 제거	에어임팩
2	믹서 본체 상측 분해		• 믹서 본체 상측부 해체 분리	에어임팩, 망치
3	상측부 모터 및 PCB 분리	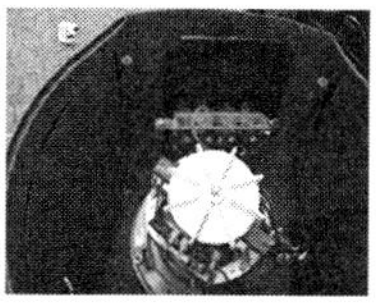	• 본체부 추가 해체 및 구성품 제거	에어임팩
4	구성품 분리		• 구성픔(다이오드, 전선 등) 별도 분리	에어임팩
5	PCB 분리	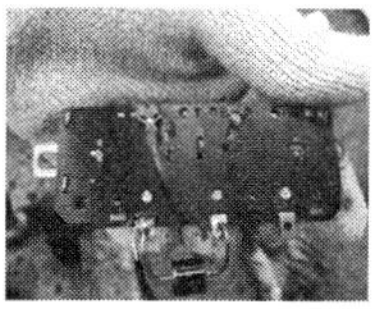	• PCB 별도 분리	에어임팩

⑮ 음식물처리기

제품명	음식물처리기	안전보호구	보안경, 마스크, 귀마개, 안전화, 장갑
생산물	철, 구성품, PCB등	폐기물	

순서	공정명	작업내용 및 주의사항		공구
1	본체 측면 및 하부 나사제거		• 측면 및 하부 고정나사(볼트) 제거	에어임팩
2	하부 소형 PCB 분리		• 하부 소형 PCB 제거	에어임팩, 망치
3	덮개 제거		• 나사 및 볼트 제거 후 덮개 제거	에어임팩, 망치
4	알루미늄 회수		• 외부 커버 제거를 위한 접합부위 분리	에어임팩, 망치, 헤라
5	호스 분리	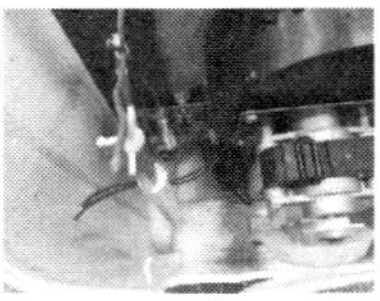	• 구성품(전선, 스티로폼, 고무) 별도 분리	에어임팩, 드라이버, 망치
6	커버 분리	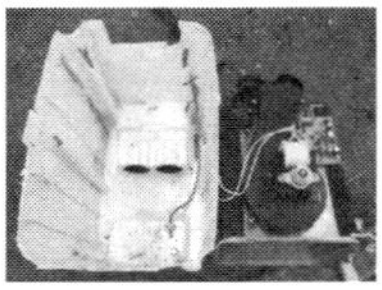	• 음식물처리기 커버 분리	에어임팩, 드라이버
7	내부 전선 분리	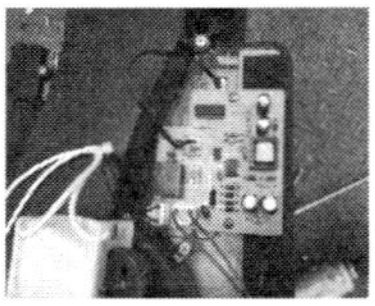	• 내부 전선 및 기타 부품 분리	에어임팩, 망치

8	내부 PCB 분리		• 내부 FCB 기판 분리	에어임팩, 망치

⑯ 토스트기

제품명	토스트기	안전보호구	보안경, 마스크, 귀마개, 안전화, 장갑
생산물	미파쇄 플라스틱, PCB, SUS, 모터, 전선, 철	폐기물	종이(가열부)

순서	공정명	작업내용 및 주의사항		공구
1	하부 커버 분리		• 하부 커버 분리	에어임팩
2	PCB 회수		• 내부 FCB 회수	에어임팩, 가위
3	하부 커버 분리		• 하부 커버 분리 및 하부 커버 내 스테인리스 회수	에어임팩, 수작업
4	PCB 회수		• PCB 커버 및 PCB, 전선, 코드 회수	에어임팩, 가위
5	측변 분리		• 측변 스테인리스 분리	망치, 니퍼
6	내부 열선 회수		• 내부 가열부 분리 및 회수	가위

2. 주요 설비 및 유지·관리

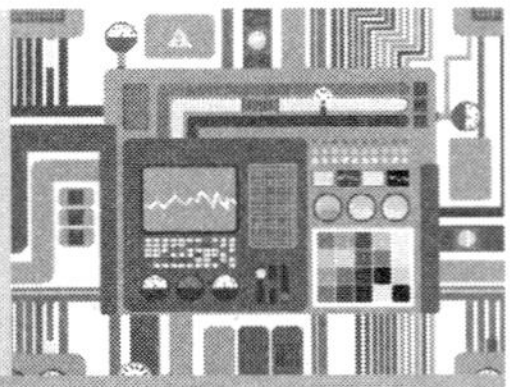

2.1 유지·관리 계획

모든 장비의 일상적인 운전 상태는 매일 점검되어야 하며, 만약 비정상적인 작동상태가 발견되면 즉시 필요한 조치를 취해서 시설의 효율성을 최대로 유지시켜야 한다. 따라서 운전자는 정기적인 점검을 통해 시급성을 요하는 순서대로 부품을 교체하여 보수하여야 한다.

1) 효율적인 유지관리 방안

- 연간 정비·보수계획 수립
- 월간·주간·일일 정기점검표 작성
- 보수 비품 확보 및 관리
- 근무자 자질 향상을 위한 교육

2) 단계별 유지관리 계획

재활용시설을 최상의 상태로 유지관리하기 위해서는 설계단계에서부터 운영기간 동안에 철저히 관리해야 한다.

① 설계 단계

- 인력 절감차원의 점검보수가 가능한 기자재를 선택하여 설계 및 시방서 작성
- 경제적인 유지보수와 품질 관리를 할 수 있도록 설계

② 자재구매 단계

- 유지관리가 용이한 기자재 구매
- 충분한 유지관리용 예비품과 대체품 확보
- 사용 빈도가 높은 예비품의 적정수량 확보 및 관리

③ 시공단계

- 유지관리가 용이하게 시공
- 유지관리비가 최소화 되도록 시공

④ 시운전단계

- 유지관리상의 문제점 파악 및 개선조치
- 운전조작의 오류 가능성 제거
- 점검, 검사계획과 절차서 작성
- 보수, 정비계획과 절차서 작성
- 운전 정지시 설비 점검계획 수립

작업구분		유지보수 내용	작업내용
예방관리	일상점검	간단한 작업을 통한 설비 유지 관리	• 급유, 점검, 청소
	정기점검	설비 이상예측 및 정기점검으로 고장 미연 방지	• 주별, 월별, 분기별 점검 • 순회점검
	정비보수	검사 또는 교체로 돌발고장 미연방지	• 부분적인 분해점검 및 검사 • 급유, 조정, 부분교체
	교체수리	설비 성능의 복원	설비분해 → 각부점검 → 부품 교체 → 조정 → 재점검
	예방수리	일상점검에서 발견된 이상 부위 확인	초기단계의 이상 시정
사후관리	긴급수리	돌발적 고장에 대한 복원	• 고장 수리 및 조정 • 재발 방지를 조치
	사후수리	예측된 고장에 대한 신속한 복원	• 고장 수리 및 조정
개선관리	개선수리	신뢰성, 안정성, 조작성, 경제성, 보존성의 향상을 위한 설비 개선	• 재질개선을 위한 수리
	개선공사	현재 가동 중인 설비 상태를 파악하고 이상 설비는 개선 수리하여 성능 향상을 도모하고 차후 공사에 반영	

⑤ 운영단계

- 예방정비 계획 수립 및 시행
- 예방정비 품질확보
- 점검, 검사수행 및 기록관리
- 보수, 정비수행 및 기록관리
- 유지관리 기록, 적정한 예비품 확보, 자재의 데이터베이스 운영
- 운전정지시 설비점검 작업수행

2.2 설비별 관리방안

2.2.1 파쇄기 및 분쇄기

1) 일반사항

- 유지관리 작업은 파쇄기 작업 중에 수행되어서는 안 된다.
- LOCKOUT은 파쇄기의 유지관리나 운전 중에 사용될 수 있다.
- 볼트, 너트 등이 풀리지 않았는지 여부의 확인은 월 1회 이상 체크해야 한다.
- 와이어와 호스의 마모상태를 정기적으로 확인해야 한다.
- 정기적으로 파쇄실 바닥을 확인하여 쌓여있는 파쇄물을 제거해야 한다.

2) 설치와 조임 작업

① Preload Hub 조립하기

- 세트 스크류(set screw)에 오일을 주유한다.
- 각 세트 스크류 위에 있는 잼 너트(jam nut)를 미리 조립하고 스크류 헤드 방향으로 회전시킨다.
- 안쪽의 나선홈을 이용해 Preload Hub에 세트 스크류를 끼운다.

② 설치

- 컷터와 스페이서는 파쇄기 바깥날 판위 베어링 덮개 속에 위치한 Preload Hub로 조인다.
- 컷팅챔버에서 적절한 파쇄가 유지되도록 주기적으로 나사를 조여주어야 한다.
- 나사를 조이기 위해서 우선 베어링 덮개를 제거한다.
- 조임작업시 축의 회전을 방지하기 위해서 갈고리쇠(모양의 칼날) 아래쪽에 목편을 끼운다.
- 컷터와 스페이서 사이의 느슨한 부분을 나사로 조인다.
  ※ 주의 : 스페이서와 칼날은 고형물과 접촉되어 있어야 하며, 사이에 어떤 이물질도 끼여 있어서는 안 된다.

③ Preload Hub 조이기

- 조임작업은 컷팅챔버의 끝인 기어박스에서 시작한다.
- 잠금나사를 컷터베어링 나사까지 밀어 올리고 난 후, 볼트를 끼워 잠근다.
- 베어링 덮게를 다시 덮는다.
  ※ 주의 : 베어링 오염 및 고장을 방지하기 위해서 청결히 유지해야 한다.

3) 기어박스 베어링 클램프 너트(Clamp nut) 조임

- 기어박스에 있는 베어링 클램프 너트는 Cup bearing과 Cone bearing을 지탱한다.
- 기어박스 베어링 클램프 너트의 조임정도를 확인하기 위하여 기어박스 뚜껑을 제거하고 다음 절차에 따라 실시하다.

① 클램프 링(Clamp Ring)을 느슨하게 한다.

- 탭 와셔(Tab washers)에 있는 탭을 평평하게 한 후, 클램프 링을 잡고 있는 캡 스크류(Cap screw)를 느슨하게 한다.

② 베어링 너트(Bearing nut)를 조인다.

- 축이 더 이상 움직이지 않을 때까지 베어링 너트를 꽉 조인다.
- 베어링에 힘을 가하여 1/4바퀴를 더 꽉 조인다.
- 축을 천천히 회전시키면서 다시 확인한다. 운영 요구조건에 따라 계속해서 조절한다.

③ 클램프 링을 조인다.

- 베어링너트에 있는 클램프 링을 직각으로 놓고 캡 스크류를 가지런히 놓는다.
- 모든 캡 스크류가 40 FT-LB가 될 때까지 원형으로 반바퀴씩 돌린다.

4) 주유

① 파쇄기 헤드 기어박스와 유성 기어 감속기

- 기어오일은 80W-90 이상인 고성능, 고품질 오일이어야 한다.
- 오일은 가동을 시작한 후 한 달이 되면 반드시 교환해야 한다.
- 그 다음부터는 1년 주기로 교환하면 된다.
- 필요할 경우 오일상태를 검사하기 위해 점검구(view ports)를 설치한다.

② 윤활 작업

- 윤활유는 누유되지 않도록 적당량만 공급한다.
- 통상적으로 저온일수록 점도가 낮은 것을 사용하고 고온일수록 점도가 큰 것을 사용한다.
- 운전 중 표면온도가 급격히 상승하면 윤활유가 부족한지 확인 후 필요시 재급유토록 한다.
- 회전부위에서 심한 소음 및 진동이 발생할 경우 윤활유 부족현상에 의한 것일 수 있으므로 확인 후 필요시 재급유한다.
- 윤활 리스트

구 분			감속기부	베어링부
윤활유 종류			GEAR OIL	GREASE
제품명	LG	RANDO	ISO 320	
	GAMRO			MAHA MP#2
최초 교환시기			480시간 사용 후	480시간 사용 후
상시 교환시기			1,450시간 사용 후	1,450시간 사용 후

5) 유지관리

항 목	매 일	매 월 150시간	3 개월 500시간	6 개월 1,000시간	1 년 2,000시간
컷팅챔버 및 배출구 이물질 걸림 체크	○				
오일량 체크(기어박스, 감속기, 유압동력장치)		○			
파쇄기 구리스주입 (엔드플레이트베어링)		○			
컷터 특수고정장치 체크 (볼트. 너트 조임 체크)		○			
전기모터 구리스 주입 (200HP, 25HP, 5HP)			○		
Pressure filter 및 Return filter 교체				○	
어큐뮬레이터 체크				○	
감속기 오일교체					○
기어박스오일교체					○
PLC(전력선 통신) 배터리 교체					○
유압오일 교체					○
[일반적인 사항체크]	○				
• 컷터상태					○
• 기어마모상태				○	
• 베어링마모상태				○	
• 볼트너트 조임상태		○			
• 전기. 계장		○			
• 기타 장비		○			

① 일일 유지관리

점검항목	내 용	
오일 누유	점검	유압유니트, 파쇄기, 유압호스 및 유압라인
	조치	누유부의 OIL SEAL을 교체하거나 볼트를 조인다.
감속기 오일	점검	감속기 오일 유량
	조치	오일 부족시 기어유 320#으로 보충한다.
파쇄기 기어박스 오일	점검	파쇄기 기어박스 오일량
	조치	오일 부족시 기어유 46#으로 보충한다.
유압유니트 오일 탱크	점검	레벨 게이지의 유량(오일탱크 측면에 부착되어 있음)
	조치	오일이 부족하면 제어판넬에 오일적음 경보가 발생하며, 부족시 68# 유압 작동유를 보충한다.
엔드플레이트 베어링	점검	파쇄기 엔드플레이트의 베어링 커버를 떼어낸 후 베어링 마모 상태 점검
	조치	먼지나 습기 기타 이물질을 제거하고 그리스를 주입한다.
보호대 점검	점검	회전부위 및 기타 부위의 보호대가 정위치에 있는지 확인
	조치	보호대를 제자리에 둔다.
컷팅챔버 (파쇄실)	점검	호퍼내부 칼날부위
	조치	쇳조각이나 기타 파쇄가 불가능한 이물질이 끼어있는지 확인하여 제거한다. ※ 파쇄기 컷팅챔버의 내부를 점검하기 위해 점검자가 들어갈 경우, 반드시 파쇄기 전원을 끄고 감시자 1명을 두고 점검을 실시한다.
파쇄 배출부위 점검	점검	파쇄기 배출부위
	조치	이물질, 크리닝핑거 등이 걸려있는지 확인 후 걸려있으면 제거한다. ※ 반드시 전원을 끄고 회전부위를 점검한다.
유압필터 체크	점검	파쇄기 기동 후 유압필터 지시색
	조치	지시색이 빨간색이면 교체하거나 경유나 공기로 청소 후 사용한다.

② 정기점검(매 2개월 또는 200시간 사용 후 점검)

점검항목	내 용	
청소	점검	유압유 니트의 오일쿨러
	조치	오일쿨러에 먼지나 기타 이물질이 있을 경우 냉각 능력이 저하되므로 공기를 이용하여 청소한다.
유압필터 교체	점검	유압필터
	조치	유압펌프와 유압탱크 사이의 흡입밸브(suction valve)를 닫고 모든 유압 필터를 교체한다.
오일레벨 체크	점검	파쇄기 기어박스, 감속기, 유압유니트, 탱크 오일량
	조치	오일이 부족하면 보충하고 변질이 되었으면 교체한다.
엔드플레이트 베어링	점검	베어링 부위
	조치	그리스를 주입한다.
전기배선 체크	점검	2차 전기배선
	조치	느슨한 부위는 조이고 손상된 전선은 새 전선으로 교체한다.
체결나사 점검	점검	호퍼와 파쇄기, 스텐드, 펌프, 모터, 유압호스 등의 나사부위
	조치	느슨 또는 파손 부위가 있는지 점검하여 필요시 조이거나 교체한다.
컷터 stack	점검	컷터 stack
	조치	베어링 커버를 탈취하고 Preload 볼트를 조인다. 볼트가 느슨해진 경우, 해머로 컷터를 쳐서 컷터와 스패이서의 간격을 없애고 볼트를 조인다.(볼트 25ft-lb, 너트 35ft-lb)
컷터의 마모 점검	점검	컷터 마모상태
	조치	컷터가 심하게 마모된 경우 교체하며 회전부위 점검 시에는 반드시 전원스위치를 내린 후 실시한다.
유압유 니트 역회전 밸브 점검	점검	역회전 밸브
	조치	파쇄기의 역회전이 되지 않을 경우, 파쇄기 상태를 정밀하게 점검한 후 파손시 교체한다.

③ 정기점검(매 1년 또는 2,000시간 사용 후 점검)

점검항목	내 용	
감속기	점검	감속기 오일 상태 및 마모정도
	조치	감속기 오일을 기어유 320#(추천)으로 교체한다. 오일교체 시에는 항상 주위를 청결히 하고 먼지나 이물질이 혼입되지 않도록 주의한다. 유성기어 감속기의 마모 정도에 대해 점검하고 주유구 뚜껑은 솔벤트를 이용하여 청소 후 조립한다.
기어박스	점검	기어오일 및 기어박스 상태
	조치	기어오일(기어유 46#)을 교체한다. 기어상태 점검 및 베어링 상태 등을 점검하여 마모시 교체하고 느슨할 경우 조인다. 기어박스 커버를 닫을 시 물이 들어가지 않도록 실란트 등으로 봉하고 볼트를 조인다.
유압장치	점검	유압 오일
	조치	필요시, 유압오일(유압작동유 68#) 및 유압필터를 교체한다.
모터 베어링	점검	모터의 베어링부위
	조치	그리스를 주입한다.
펌프 및 모터 커플링	점검	커플링 부분의 패킹 또는 개스킷 손상
	조치	손상된 패킹 또는 개스킷을 교환한다.
컷터 stack	점검	컷터 마모 또는 손상 여부
	조치	컷터를 12개월간 교체하지 않았다면 컷터를 모두 분해하여 조립하고 마모 정도를 기록한다. 컷터의 분해 및 교체는 교체여부 판단 지침에 따라 실시한다.
PLC 배터리	점검	PLC 배터리
	조치	필요시, 배터리를 교체한다. 파쇄기를 계속 사용할 경우, 자동적으로 전기가 충전되므로 교체를 하지 않아도 된다.

6) 결함발생 시 보수요령

① HPU START/RUN 버튼을 눌렀을 때 전기모터가 가동되지 않는다.

원인	점검 및 조치사항
비상 스위치	모든 비상 스위치를 켠다.(눌려져 있다면 시계방향으로 돌려 뽑는다.)
키 스위치	제어판넬키의 스위치를 켠다.
퓨즈 또는 쁘레커 릴레이	퓨즈손상 및 차단기 트립 또는 릴레이 파손을 확인한다. 필요시 교체하거나 리셋 시킨다.
유압 유니트 오일레벨	유압 유니트의 오일수위를 체크하고, 유량이 부족할 경우 보충 후 가동한다. 오일레벨 센서에 대해 체크하그 필요시 교체한다.
유압 유니트 흡입밸브 체크	유압 유니트의 펌프와 연결된 밸브를 연다. 밸브를 연 후에도 경보가 발생할 경우, 리미트 스위치를 보수하거나 교체한다.
오일온도	오일 온도가 26.7℃ 이상일 경우 기동되지 않으며, 오일온도센서를 약 65.6℃로 조정 후 모터를 기동하면 냉각팬이 돌아 오일을 냉각시키므로 오일이 충분히 냉각된 후 파쇄기를 기동한다.
PLC 체크	PLC 부분의 배선을 체크하고, 필요시 배선 교체 및 느슨한 부분은 조인다.

② SHREDDER START/RUN 버튼을 눌렀을 때 파쇄기가 가동되지 않는다.

원인	점검 및 조치사항
오일 온도저하	오일온도가 80F 이하이면 전기모터는 기동되나 파쇄기는 가동되지 않으므로 오일온도가 80F가 될 때까지 전기모터를 가동시켜 오일의 온도를 높인다. 오일 온도가 80F가 되어도 파쇄기 기동이 되지 않으면 온도센서를 체크한다.
제어판넬 배선 체크	START/RUN버튼, PLC 사이의 배선과 PLC와 솔레노이드밸브 전기 배선을 확인하여 필요시 배선을 조이거나 교체한다.
파쇄 불가능 물질 끼임	컷팅챔버의 칼날사이에 파쇄가 불가능한 물질이나, 고무류 등이 끼어 있는지 확인하고 끼어있을 때에는 이를 제거한다.

③ 파쇄기가 멈추었으나 역회전되지 않는다.

원인	점검 및 조치사항
어큐뮬레이터	어큐뮬레이터를 체크하여 압력이 500 PSI보다 낮을 경우 교체한다.
낮은 시스템 압력	파쇄기가 멈추었을 때 압력을 체크하여 역회전 압력인 2,700 PSI 보다 낮을 경우 압력을 조절한다.

역회전압력이 높게 설정	시스템 압력 3,000 PSI, 역회전 압력 2,700 PSI으로 맞춘다.
디렉셔날 밸브 점검	파쇄기의 역회전 버튼을 누른다. 파쇄기가 역회전되지 않는다면 디렉셔날 밸브를 수리하거나 교체한다.

④ 파쇄기의 역회전 또는 과부하(OVER LOAD)인 경우

원인	점검 및 조치사항
파쇄물 과다 투입	파쇄물 투입량을 줄이거나 투입속도를 낮춘다.
파쇄 불가능한 물질 투입	컷팅챔버 내부에 파쇄가 불가능 물질이 있을 경우, 파쇄기 전원을 끄고 이물질을 빼낸다.
컷터 마모	컷터가 마모되면 역회전은 이루어지므로 컷터를 교체하거나 4인치 핸드 그라인더로 컷터의 후크를 연삭한다.
유압설정 문제 및 유압유니트 손상	유압을 설정하거나 유압펌프 또는 유압모터를 수리하거나 교체한다.

⑤ 파쇄기를 기동하였으나 축의 한쪽이 돌지 않는다.

원인	점검 및 조치사항
파쇄기 축 또는 기어손상	파쇄기의 축 또는 기어의 손상여부를 체크하여 축이 손상되었을 때에는 교체한다.

⑥ 파쇄기에서 소리가 난다.

원인	점검 및 조치사항
컷팅챔버에 쇳조각이나 돌 투입	컷팅챔버에서 제거한다.

2.2.2 우레탄 압축설비

1) 일반사항

- 일일 점검을 통해 유압설비의 효율을 유지하고 설비의 수명을 보존한다.

2) 일일 유지관리

점검항목		내 용
기름탱크 유면	점검	유면계
	조치	적정 유면을 유지한다.
작동유 온도	점검	온도계
	조치	적정온도를 유지한다.
유압펌프 압력계	점검	압력계 지시눈금
	조치	0 kg/cm²로 설정한다.
유압펌프 토출압력	점검	설정압력 확인
	조치	적정 압력으로 조정한다.
유압계통 이상음	점검	흡입관, 카플링, 베어링
	조치	흡입관이 막혀있는지, 커플링이나 베어링의 파손 및 마모 여부를 확인한다.
유압펌프 흡입압력	점검	설정압력 확인
	조치	적정 압력으로 조정한다.
리턴필터	점검	인디케이터 확인
	조치	세척하거나 교환한다.
누유	점검	기기, 배관, 계기의 연결 부위, 배관 등의 누유여부
	조치	샤프트 씰의 파손여부를 확인한다.
실린더	점검	작동속도 및 작동압력 확인
	조치	적정속도 압력으로 조정한다.
샤프트	점검	펌프 샤프트 및 모터 샤프트 동심도
	조치	동심도는 0.05mm 이하, 편각도는 0.1mm 이하로 조정한다.
기타	점검	전기연결, 릴레리, 솔레노이드 상태
	조치	연결상태 불량시 수리하고 파손된 전선을 교환한다.

※ 유압유의 온도는 동절기에는 너무 낮고 하절기에는 너무 높으므로 작동효율이 저하되기 때문에 적정온도를 잘 유지하여야 효율이 증가한다.

3) 결함발생시 보수요령

① 펌프에서 기름이 토출되지 않는다.

원인	점검 및 조치사항
잘못된 펌프 회전방향	펌프의 회전방향을 바꾼다.
흡입관 기밀 불량	관이나 접속부분이 풀려있으면 조인다.

② 소음이 크다.

원인	점검 및 조치사항
흡입관이 가늘거나 막힘	흡입진공도를 200mmHg 이하로 조정한다.
흡입필터 막힘	필터를 청소하거나 교환한다.
탱크 내 기포	리턴필터 라인을 점검한다.
카플링	축심이 어긋났는지 여부와 카플링 파손여부를 점검한다.
베인링	베인을 교환하거나 비정상적인 마모일 경우 기름의 오염, 수분, 점도를 점검한다.

③ 펌프에서 누유된다.

원인	점검 및 조치사항
샤프트 씰의 파손	샤프트(Shaft) 씰 교환하거나 축심이 맞는지 확인한다. 드레인 배관이 막혀 있는지도 점검한다.

④ 유량이 부족하다.

원인	점검 및 조치사항
배인 마모	베인 카트리지를 교환하거나 펌프를 교환한다.
뒤덮개 조임	펌프를 재조립한다.

⑤ 압력보상 피스톤의 작동이 불량하다.

원인	점검 및 조치사항
이물질 끼임	분해해서 세척하여 먼지를 제거하고 재조립한다.

⑥ 압력이 불안정하고 변동이 심하다.

원인	점검 및 조치사항
발란스피스톤 체크부분 이물질	작동유가 오염되었기 때문에 필터 청소 및 작동유를 교환한다.
Poppet 접촉 불량	피스톤 구멍의 먼지를 제거하고 마모되었을 경우 교환한다.
작동유에 공기혼입	탱크 내부에 작동유가 정상적으로 채워졌는지 확인하고 보충한다. 작동유 흡입라인을 점검하여 공기혼입 유무를 확인한다.
압력계 불량	압력계를 교환한다.

⑦ 압력이 짧게 진동한다.

원인	점검 및 조치사항
밸브 포트 내 공기 유입	작동유의 공기를 완전히 뺀다.
작동유 오염	작동유를 교환한다.
배관 불량	탱크배관을 유면보다 아래에 연결하고 작동유를 보충한다.

⑧ 1차(피스톤) 압력이 유지되지 않는다.

원인	점검 및 조치사항
밸브 스프링 마모	스프링을 교환한다.

⑨ 2차(피스톤) 압력이 유지되지 않는다.

원인	점검 및 조치사항
1차 고압회로 배관 누유	전 배관의 2차 압력을 점검한다.

⑩ 조정교축밸브의 회전이 무겁다.

원인	점검 및 조치사항
이물질 끼임	분해해서 세척하여 먼지를 제거한다.
1차 압력이 높을 때	릴리프 밸브를 조정해서 회로압력을 내리고 조정 교축밸브를 조정한다.

2.2.3 우레탄 고형연료 성형설비

1) 일반사항

- 일일 점검을 통해 유압설비의 효율을 유지하고 설비의 수명을 보존한다.

2) 일일 유지관리

점검항목	내 용	
초기 시운전 준비사항	점검	접촉에 대한 안전 설비가 있는 회전하는 부품은 모두 고정
	점검	초기 시운전 이전의 모든 유체 레벨, 안전장비 및 커버 확인
	점검	모든 보호 및 안전장치가 제대로 설치되어 작동하는지 확인
	점검	고정되는 설비에 대한 모든 구성요소, 볼트/너트 확인
	점검	구동 모터의 회전방향이 각각의 제조업체 사양에 따른 방향이 맞는지 확인
	점검	유압 펌프의 회전방향이 각각의 제조업체 사양에 따른 방향이 맞는지 확인
기동 전 준비사항	점검	모든 안전 장비 및 덮개를 확인
	점검	모든 보호 및 안전장치가 있는지 확인하고, 제대로 설치하여 운영
	점검	안전하게 안착시키기 위해 모든 구성 요소, 나사와 볼트를 확인
	점검	성형기 메인 모터 인버터 헤르츠(Hz)값을 확인
	점검	제어반에 있는 모든 도아는 제대로 닫혀 있는지 확인

※ 유압유의 온도는 동절기에는 너무 낮고 하절기에는 너무 높으므로 작동효율이 저하되기 때문에 적정온도를 잘 유지하여야 효율이 증가한다.

3) 결함발생시 보수요령

① 수직, 수평 컨베이어 감속기 모터 오동작

원인	점검 및 조치사항
감속기 모터 오동작	모터 보호 릴레이 작동 체크(과부하 여부 확인)
	컨베이어 몸체 분해 이물질 여부 확인

② 메인 모터 오동작

원인	점검 및 조치사항
메인 모터 오동작	모터 보호 릴레이 작동 체크(과부하 여부 확인)
	크랭크샤프트 및 압축샤프트 부품 확인

③ 펌프 누유

원인	점검 및 조치사항
윤활유 공급 중지	즉시 설비 정지
	윤활유 레벨 확인
	윤활유 펌프 유니트 점검
	배관라인 점검

④ 불규칙한 성형

원인	점검 및 조치사항
배출구 하우징 성형 문제 (우레탄 과다 수분 > 10% 및 이물질 함유로 운전온도 변화	성형 배출가이드 인장 스프링 조정 실시
	우레탄의 투입량 조절
	부품 마모 상태 확인

⑤ 성형이 잘 안 되는 경우

원인	점검 및 조치사항
고형강도 차이로 정지 후 재가동시 터짐 현상 발생	부품 상태 확인 및 교체
부품의 마모 정도에 따라 발생	

2.2.4 이송설비

1) 일반사항

① 컨베이어

- 기어드 모터(geared motor)의 내부에 주기적으로 오일을 교환한다.
- 각종 회전부위의 베어링에는 1개월 1회 이상 그리스를 보충한다.
- 체인의 마모, 또는 늘어남으로 체인이 쳐질 경우 팽팽하도록 조절 · 교환한다.
- 체인기어의 마모 상태를 확인하여 마모되었을 경우 규격품으로 교체한다.
- 회전 부위의 키 마모 상태와 파손 여부를 확인하여 마모가 되었을 경우 교환하고 세트 스크류가 풀려 있으면 조여 준다.
- 컨베이어의 가드, 기둥 및 빔 등은 2년에 1회 이상 지정된 색상으로 도색한다.
- 지지부위의 볼트 상태를 확인하여 풀려 있으면 조인다.
- 이상한 소음 등이 발생할 때는 즉시 구동을 정지시켜 원인을 확인하여 수리 후 재가동한다.

② 실린더

- 공기필터로 습기를 제거한 깨끗한 공기를 실린더에 주입한다.
- 공기 필터에 잔류하고 있는 물을 자주 배출시킨다.
- 장기 사용으로 패킹이 마모된 경우에는 즉시 규격품으로 교체한다.
- 실린더 로드가 항시 수직, 수평을 유지하도록 하여 휘지 않도록 관리한다.
- 스피드 컨트롤러의 규정 속도를 유지하여 실린더 헤드 측에 충격이 가해지지 않도록 한다.
- 실린더의 타이볼트(tie bolt) 풀림상태를 확인한다.

2) 유지관리

① 정기점검

점검위치	점검사항	작동 전	작동 중	작동 후
모터 & 구동부	이상 굉음		○	
	이상 냄새		○	
	이상 진동		○	
	오일 누출		○	
HEAD PULLEY	이상 굉음		○	
스프로켓	밸트 미끌림		○	
슈트	이상진동		○	
베어링	이상굉음		○	
	이상발열		○	
볼트-너트	볼트, 너트 풀림	○	○	○
	볼트, 너트 풀림	○	○	○
컨베이어 프레임	이상진동		○	
가이드 롤러	회전 상태	○	○	○
공기 실린더	작동 상태		○	

3) 결함발생시 보수요령

① 반입 리프터 및 공기 호이스트(Hoist)에서 이상음과 진동이 발생한다.

원인	점검 및 조치사항
볼트 결합부 및 용접부 균열	결합부의 볼트-너트를 조이고 용접부의 균열여부를 확인하여 이상시 보수한다.
공기 누출	니플류를 조이거나 교체한다.

② 반입 공기 호이스트에서 흡착이 불안정하다.

원인	점검 및 조치사항
패드 노후화	패드를 교체한다.

③ 컨베이어(롤러, 벨트, 진동)에서 이상음 및 진동이 발생한다.

원인	점검 및 조치사항
볼트 결합부 및 용접부 균열	결합부의 볼트-너트를 조이고 용접부의 균열여부를 확인하여 이상시 보수한다.
체인과 스프로켓 접촉	수평 유지상태를 점검하여 쳐져 있는 경우 체인장력을 조절한다.
컨베이어 체인 진동 및 걸림	Take-up 장력을 조절한다.

④ 컨베이어(롤러, 벨트, 진동)의 모토에서 이상과열이 발생한다.

원인	점검 및 조치사항
이상 과열 60℃ 이상일 때	정지 후 모터를 교체하거나 재권선한다.

⑤ 컨베이어(롤러, 벨트, 진동)의 체인 및 스프로켓이 마모되었다.

원인	점검 및 조치사항
균일 마모	구동체인의 규모마일이 1/3 이상 이상이면 교체한다. 마모량이 메인체인 정상피치의 2% 이상이면 교체한다.
치형의 이상마모	마모량이 표면에서 2m/m 이상이면 교체한다.

⑥ 컨베이어(롤러, 벨트, 진동)의 BRG류에서 이상소음이 발생한다.

원인	점검 및 조치사항
축(shaft) 편차 발생	베어링을 교체한다.

⑦ 컨베이어(롤러, 벨트, 진동)가 찢어지거나 마모되었다.

원인	점검 및 조치사항
이물질이 걸림	이물질을 제거하고 SKIRT를 조절하며, 기존 두께보다 1/3 이상 마모되거나 찢어졌으면 교체한다.

2.2.5 방진설비

1) 일반사항

① 시동시

- 안전장치, 방제장치, 냉각장치 또는 온도계, 압력계 등의 계측기의 작동 및 성능을 확인한다.
- 필요에 따라 연도 및 덕트에 잔류하는 폭발성가스의 유무를 분석하여 확인한다.
- 송풍기, 압축기, 전동기, 로터리밸브, 에어로크댐퍼, 집진장치 본체 등의 회전부의 상황을 확인한다.
- 집진장치 본체 및 덕트에 접속된 송풍기, 밸브, 댐퍼, 회수 수정장치 또는 맨홀, 핸드홀 등 접속부 기밀 상태를 확인한다.
- 송풍기용 전동기는 통상, 처리가스 온도에서 출력을 설계하고 있기 때문에 시동시에는 배출가스 밀도가 커져서 과부하가 될 우려가 많으므로 댐퍼를 줄여서 가동하고 점진적으로 댐퍼를 열어준다.

② 운전시

- 집진장치의 운전 시, 배출가스의 온도 및 압력손실 등에 주의하여 운전한다.
- 운전 중 마모, 부식 폭발성 가스가 한계를 넘는 경우 폭발의 위험성이 있다.
- 배출가스 온도, 압력손실, 소요시간 등을 기록한다.

③ 정지시

- 배출가스 중에는 부식성, 유해성 또는 폭발성 가스를 포함하는 경우가 많으므로 오염물질 발생시설의 조업 정지 후에도 최소한 10～15분간 방지시설(송풍기) 운전을 계속하여 방지시설에 부착된 먼지를 완전히 떨어내고 배출가스를 공기로 치환한 후 송풍기를 정지시킨다.
- 송풍기에 부착된 각종 전동기 등의 정지 또는 접지 등을 확인하고, 집진본체, 연도, 송풍기 회출장치 등의 먼지고착이나 막힘 여부를 점검하여 장기간 정지할 경우에는 되도록 먼지를 제거하고 청소한다.
- 안전장치, 냉각장치, 전동기, 회전기, 전기설비 등의 작동을 점검하고 보수한다. 맨홀, 핸드홀 등의 패킹은 장기간 정지할 경우 교체한다.
- 압력계, 온도계, 차압계, 기타 자동계측기의 정기적인 정도검사와 교정한다.

2) 유지관리

① 원심력 집진시설

- 장치 내 미스트 및 먼지가 쌓이지 않도록 주기적으로 청소한다.
- 시설 내 부식 및 침식, 연결부와 용접부분에 파손으로 인한 공기 누출 및 유입이 없는지 확인한다.
- 시설 설계사양서를 비치하여 가스량, 온도, 입 · 출구 속도, 먼지 부하 가동 등 설계 사양대로 가동이 되는지 점검하여 확인한다.

② 여과 집진시설

- 여포의 손상과 연결결함 및 여포에 액적부착 여부를 확인한다.
- 압력 손실을 점검한다.
- 장치의 파손 및 공기누출을 점검한다.
- 베어링 파손과 회전축 주위의 결함 여부를 확인한다.
- 압축공기의 비정상적 소음 및 회전축 주위의 결함 여부를 확인한다.
- 송풍기의 지지대 및 주유상태를 점검하고 비정상적인 소음이 나는지 확인한다.
- 댐퍼밸브의 작동 상태와 손상여부를 확인한다.
- baffle plant 부식과 마모 상태를 확인한다.

항목	점검사항	점검시기	
		정상 운전시	정기 점검시
탈진 시스템	탈진 강도의 이상유무	○	
	SOL 밸브의 이상음 발생유무	○	○
	탈진주기는 세팅치 기준 작동여부	○	
	△압력(저 → 고) 상승시간	○	○
본체	본체의 누수 여부	○	○
	DOOR에서의 누수 및 닫힘상태	○	○
	RUPTURE 디스크 누수여부	○	○
	케이싱 내부 부식상태		○

본체	AIR LINE의 누수상태	○	○
	AIR UNIT의 작동상태(압력세팅치 포함)	○	○
	호퍼 내부 먼지의 고착상태		○
필터 백 & 백 케이지	핸드 레일 및 계단의 상태	○	○
	백 조립부의 누수 현상		○
	백의 파손여부		○
	백과 케이지 변형 및 부식여부		○
	백과 케이지의 들러붙음 여부		○
	백에 먼지의 고착여부		○
덕트	마모상태		○
	외기 누수 여부	○	○
	연결부 볼팅 상태	○	○
	분진퇴적현상		○
	이상소음	○	
	부식여부		○
로터리 밸브 콘베이어	이상음 유무	○	○
	윤활상태	○	○
	부식여부		○
	분진배출의 정상유무	○	
	FLANGE 부위를 통한 외기 누수 유무	○	
	ROTOR의 분진고착유무		○
댐퍼	씰링 상태	○	○
	정확한 개도(열림/닫힘)의 유지여부	○	○
차압설비	분진고착 및 부식 유무		○
	도압관의 막힘여부	○	○
전기계장	적정 차압의 유지	○	○
	각종 기계류의 세팅치의 이상유무	○	○
	계기류 설치 상태		○
	패널 SELECTOR S/W작동모드 세팅유무	○	

AIR UNIT	정상적인 세팅압력 유지여부	○	○
	응축수 제거 여부	○	○
	AIR LINE 누수 여부	○	○
기타	주위 청소 및 정리상태	○	○

3) 결함발생시 보수요령

① 원심력 집진시설의 압력강하가 크다.

원인	점검 및 조치사항
사이클론 및 덕트 내 막힘	사이클론을 청소한다.

② 원심력 집진시설에서 분진이 재비산한다.

원인	점검 및 조치사항
호퍼 내 분진의 과다 침척	호퍼부분을 청소한다.
공기 누출 및 유입	부식되거나 침식된 파손된 부위를 보수한다.

③ 원심력 집진시설의 조정교축밸브의 회전이 무겁다.

원인	점검 및 조치사항
진동	분해, 세척을 하여 먼지를 제거한다.
유동부분 및 드라이브 소음	송풍기 지지대 고정상태, 윤활유 주유상태, 유동부분 연결상태를 확인한다.

④ 여과 집진시설의 압력강하가 높다.

원인	점검 및 조치사항
여포 청소상태	여포를 청소한다.
여포 밀폐로 인한 포집기 먼지 재비산	A/C 비율을 낮추거나 설계자를 불러 재점검한다.
여포 젖음	청정공기로 여포를 시키거나 진공이나 습세척으로 여포를 청소한다.
높은 공기 여재비	가스량 점검 및 입구유량을 감소시키거나 설계자를 불러 재점검한다.

⑤ 여과 집진시설에서 비정상적으로 압력강하가 낮다.

원인	점검 및 조치사항
압력측정공의 막힘	측정공에 역통풍을 시키거나 감지기가 먼지나 수분 응축으로 막히지 않도록 한다.
마노메타 파손 및 연결부 이탈	일시적으로 국소압력계를 사용하거나 수리한다.

⑥ 여과 집진시설에서 연도배출

원인	점검 및 조치사항
여포 파손	여포를 교환한다.
여포 투과율 증가	여포 시험 및 소요동력 및 주기를 점검하여 소요동력을 낮춘다.

⑦ 여과 집진시설에서 편류가 심하다.

원인	점검 및 조치사항
부적정한 덕트 균형	시스템을 재균형 시킨다.
덕트 막힘	덕트를 청소한다.
부적당한 팬 위치 선정	설계자를 불러 점검 및 조정한다.

⑧ 여과 집진시설에서 비정상적인 소음이 발생한다.

원인	점검 및 조치사항
진동	송풍기 지지대의 고정 상태를 확인한다.
유동부분 소음	윤활유 주유상태 확인한다.
밸트 드라이브 소음	유동부분 연결 상태를 확인한다.

5장 폐전기·전자제품 재활용 기술

1. 재활용 공정별 기술 정의 및 원리
2. 물질별 재활용 기술 원리
3. 국내·외 기술 동향

1. 재활용 공정별 기술 정의 및 원리

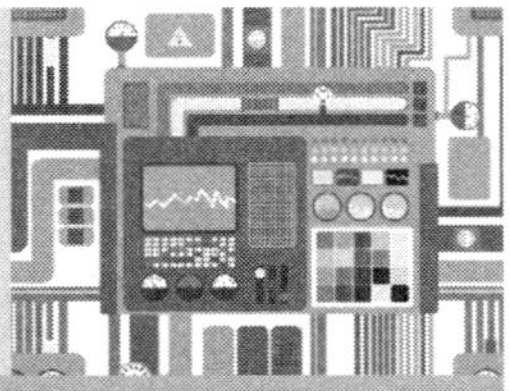

국내에서 발생하는 폐전기·전자제품 중 대형제품의 경우 해체, 분리, 파쇄, 분쇄, 선별 과정을 거쳐 철, 구리, 알루미늄, 플라스틱 등을 분류하여 재활용하고 있으며, 소형제품은 일부 파쇄공정이 운영되는 곳도 있으나 거의 수작업으로 회수하여 재활용하고 있다. 본 절에서는 각 재활용 공정별 세부요소 기술의 정의 및 원리에 대하여 설명하고자 한다.

1.1 전처리 공정

1.1.1 호이스트(HOIST)

일반적으로 냉장고, 세탁기 등 대형제품을 전처리공정 반입대로 운송 시 파렛트에 적재하여 지게차로 운송하고 있으며, 반입대에 올려진 파렛트에서 제품을 하차할 때 호이스트를 이용하고 있다.

호이스트는 훅 등을 사용하여 화물을 수직 및 수평 또는 수직 동작만을 행하는 양중기를 말하여, 일반적으로 정치식, 모노레일식, 이중레일식 호이스트로 구분한다. 리사이클링센터에서는 무거운 제품을 반복해서 들어 이동하는 작업이 많기 때문에 이러한 반복작업은 작업자로 하여금 작업능률의 저하, 무력감, 산업재해의 우려가 있어 호이스트를 설치하여 이동 작업을 하고 있으며, 대부분 진공흡입식 호이스트를 채택하여 운영하고 있다.

냉장고, 세탁기 등 중량물 이송 호이스트 설치·운영

▲ 그림 5-1 **반입 호이스트 장치**

1.1.2 컨베이어

호이스트를 통해 운반된 제품은 전처리 컨베이어로 이송되어진다. 컨베이어란 공장 내에서 부품의 운반, 반제품(半製品)의 이동, 광산, 항만 등에서의 석탄, 광석, 화물의 운반, 건설현장에서의 흙과 모래의 운반 등에 널리 사용되고 있다. 또한, 단순한 운반 장치로 만이 아니고 작업원과 결합시켜 움직이는 작업대로도 사용되어, 공장 내에서 대량생산방식의 기초를 형성하고 있다. 재활용업체에서는 주로 롤러 컨베이어나 슬레이트 컨베이어를 사용한다. 컨베이어는 종류와 용도가 다양하여 일률적으로 분류하기는 어려우나, 주요 컨베이어는 다음과 같다.

1) 벨트 컨베이어

벨트 컨베이어는 고무, 직물, 철망, 강판 등으로 만들어진 벨트를 순환시켜서 그 위에 물건을 올려놓고 연속으로 운반하는 장치이다. 고무벨트가 가장 많이 사용되고 있다. 벨트는 엔들리스로 하여 벨트 바퀴에 걸고, 벨트 바퀴를 전동기로 회전시켜서 구동한다. 1개의 벨트 길이는 수평인 경우 약 2,000m까지 할 수 있다. 도중에 늘어지는 것을 방지하기 위해 아이들러(idler)로 지지한다. 아이들러의 형태는 운반물의 종류에 따라 다르지만, 상자에 넣은 것일 때는 납작한 아이들러가 사용되고, 석탄, 곡물과 같은 것일 때는 홈이 팬 아이들러를 사용한다.

2) 나사 컨베이어

나사 컨베이어는 원통형 또는 단면의 아래쪽 반이 반원형인 물통 모양의 외곽 속에 나사를 넣고, 이 나사를 회전시켜서 물건을 나사의 날개에 따라 이동시키는 것으로, 스크류 컨베이어라고도 한다. 나사 컨베이어는 물건의 특성에 따라 나사 날개의 형태가 각각 다르다.

3) 버킷 컨베이어

버킷 컨베이어는 쇠사슬이나 벨트에 버킷을 여러 개 달고 회전시켜서 버킷에 재료를 담아 낮은 곳에서 높은 곳으로 운반하는데 사용된다.

4) 공기 컨베이어

공기 컨베이어는 밀폐된 관 속으로 공기를 고속으로 보내면서 이것에 가루를 띄워 운반하는 것을 말한다. 입자가 미세한 미분탄, 시멘트 등의 운반에 사용한다. 관의 한 끝을 진공펌프에 연결하고 다른 끝을 운반하고자 하는 분체 속에 넣는다. 분체는 흡입구로부터 관 속으로 빨려 들어가서 이동하게 된다. 관의 도중에 약간 넓은 곳이 있는데, 여기서 공기의 유속이 약해져서 분체는 아래로 떨어지게 된다.

5) 체인 컨베이어

체인 컨베이어는 쇠사슬을 이용하여 운반하는 장치이다. 쇠사슬 위에 물건을 직접 올려놓거나, 또는 쇠사슬에 매달린 용기에 물건을 담아 운반하는 것이다.

6) 롤러 컨베이어

롤러를 길게 늘어놓은 형태로써, 이 위로 물건을 굴려서 운반하는 장치이다. 손으로 밀거나 또는 경사를 두고 물건 자체의 무게로 운반되도록 한다.

7) 트롤리 컨베이어

트롤리 컨베이어는 공장 내의 천장에 설치된 레일 위를 이동하는 트롤리에 물건을 매달아서 운반하는 형식이다. 대량생산을 하는 경우에 부품의 운반에 널리 사용된다.

8) 유체 컨베이어

물이나 다른 유체의 흐름을 이용하여 자갈, 석탄, 광석 등 비교적 알이 굵은 고체를 이송하는 장치이다. 매립공사나 준설공사, 탄갱에서의 석탄이송 등에 사용한다.

이송물은 홈 또는 관 내 흐르는 물 속에 투입되어, 유수와 함께 흘러서 운반된다. 보수가 쉽고, 먼 곳에도 쉽게 이송할 수 있는 특징이 있다. 사용영역이 한정되며 이송 후 물기를 빼야 하는 단점도 있다.

1.1.3 냉매회수 및 저장장치

회수되는 전기 · 전자제품 중 냉매를 포함하는 대표적 제품으로 냉장고와 에어컨이 있으며, 재활용업체는 오존층파괴 및 지구온난화 물질인 각종 냉매의 친환경적인 처리를 위하여 별도의 냉매회수장치를 구비하여 운영해야 한다.

과거 반세기 동안 냉동 공조기의 냉매로 널리 사용되어온 프레온 계열의 냉매는 메탄과 에탄의 원소인 수소를 불소, 염소, 브롬 등의 할로겐족 원소로 치환한 화합물이다. 따라서 이러한 냉매를 할로카본(Halocarbon)이라고 하기도 하며, 보통 수소가 많을수록 가연성이 증대되고, 염소가 많으면 독성이 증가되며 불소가 많으면 열분해에 대한 안정성이 커진다. 할로카본은 크게 CFCs, HCFCs, HFCs로 분류할 수 있다. CFCs는 염소, 불소 및 탄소로 구성되어 있는 화합물로 R-11, R-12, R-113, R-114 및 R-115 등이 포함된다. HCFCs는 구성 원자 중에 수소가 한 원자 이상 포함되어 있는 화합물로 R-22, R-123, R-124 등이 이 그룹에 속하여 HFCs는 수소, 불소 및 탄소로만 구성되어 있으며 R-134a, R-143a 등이 있다. 이 중 주로 전기 · 전자제품에서 사용되는 냉매는 R-12, R-22, R-134a 등이다. [표 5-1]에 가전제품에서 사용되는 냉매 종류별 특성에 대하여 나타내었다.

R-12, 134a, 그리고 22냉매 이외에도 R-600a과 400계열 냉매가 냉장고와 에어컨에서 종종 발생되고 있다. R-600 냉매는 주로 냉장/냉동 시스템의 대체 냉매로써 각광받고 있다. 냉장고의 냉매는 CFC-12 및 HFC-134a로부터 R600으로 대체냉매의 패러다임이 전환되었다고도 볼 수 있다. R-600a는 프레온냉매인 HCFC-22와 유사한 성능효율(Coefficient Of Performance, COP)를 보이며, 냉각열량은 HCFC-22의 약 60%정도 증가한 것으로 물성평가 결과가 보고되고 있다. 자연냉매 R-600은 HCFC-22에 비해, COP는 유사하며(최대 10% 감소), 냉각열량은 약 70% 증가한 것으로 조사되기 때문에 증발온도만을 고려한 2단 압축-2단 팽창 냉동시스템에서는 자연냉매의 사용을 적극적으로 고려할 필요가 있는 것으로 보고되었다.

R-600a 냉매의 경우, 탄화수소 냉머로써 일명 '이소부탄'으로 불리고 있으며, 가연성 분류 등급에서 A3(가연성)에 속하므로 발화나 폭발에 유의하여야 한다.

장점으로는 독성이 없고 안정한 물질로 분류되며, 냉매 유체로써의 적당한 용해도를 가지고 있다. 또한, 오존층파괴지수가 0이며 낮은 GWP(4)를 보유하고 있으며 비체적이 다른 냉매보다 크기 때문에 냉매 주입량이 상대적으로 감소하는 영향을 받게 된다.

R-400계열 냉매는 CFC와 HCFC가 오존층 파괴 및 지구온난화지수가 높은 냉매인 것으로 판명됨에 따라, '몬트리올 의정서'에 의해 Phase out이 물질로 강력하게 규정되면서 R-22 냉매(주로 에어컨)를 대체하기 위한 냉매로써 현재 활용되고 있다. R-400계열은 비공비 혼합냉매로써 미국냉난방공조협회(ASHRAE)에 따르면 R-404, R-407, R-408, R-409, R-410 등이 현재 개발 · 유통되고 있다. R-400계열 냉매의 특징은 POE(Polyol Ester oil) 냉동유를 사용한다는 점이다. 즉, R-400계열 냉매의 특성은 흡습성이 강해서 공기 중에 노출이 된 경우 빠르게 습기를 흡수하므로 에어 필터 드라이어 및 습기제거 시스템이 필요하며, 특히 냉동유를 완전히 밀폐된 시스템 내에서 활용하는 것이 중요하다.

▼ 표 5-1 **주요 냉매 종류별 특성**

냉매번호	화학명	화학식	분자량	비등점(℃)
R-12	Dichlorodifluoromethane	CCl_2F_2	138.92	-29.8
R-22	Monochlorodifluoromethane	$CHCLF_2$	142.48	-40.8
R-134a	Tetrafluoroethane	CH_2FCF_3	102.03	-26.5
R-600a	Isobutane	$CH(CH_3)_3$	58.12	-12.1
R-410	difluoromethane pentafluoroethane	CH_2F_2(50%) CHF_2CF_3(50%)	72.6	-48.5

냉매가 회수되는 원리는 공기압축기를 이용하여 회수된 냉매를 고압으로 압축하여 기체냉매를 액상으로 저장하는 원리이다. 증기압축기 냉동기는 [그림 5-2]와 같이 증발, 압축, 응축 및 팽창의 네 가지 과정이 하나의 사이클을 이루며 작동한다. 냉매는 증발기가 설치되어 있는 저온의 계에서 열량을 흡수하여 증발하며 계를 냉각시킨다. 저온 저압의 냉매 증기는 압축기에서 압축 과정을 거쳐 고온 고압의 냉매 증기로 변화한다. 냉매가 증발과 압축 과정에서 흡수한 열량은 응축기(고온 측)에서 방열하며 냉매액으로 응축되고, 이 냉매액은 팽창 밸브를 통하면서 다시 증발하기 좋은 저압의 포화액의 상태로 된다.

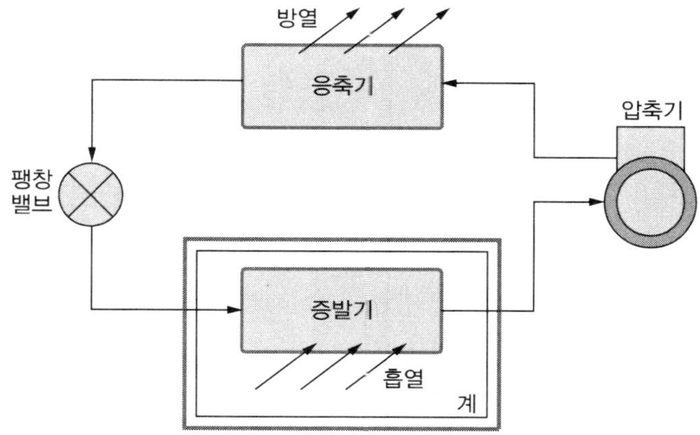

▲ 그림 5-2 **증기압축기 냉동기 작동원리**

폐전기 · 전자제품 중 폐냉장고에서는 현재 R-12, R-134a가 주로 발생하고 있으며, 폐에어컨은 R-22가 발생하고 있다. 냉장고 전처리과정에서는 트롤리를 이용하여 R-12, R-134a의 냉매를 구분하여 회수하고 있다. 압축기 및 연결 동선에서 1차 회수를, 압축기를 절단, 분류하여 2차 회수하여 잔류냉매를 처리한다. 또한 에어컨은 포터블 회수장비를 이용하여 효율적으로 냉매를 회수하고 있다.

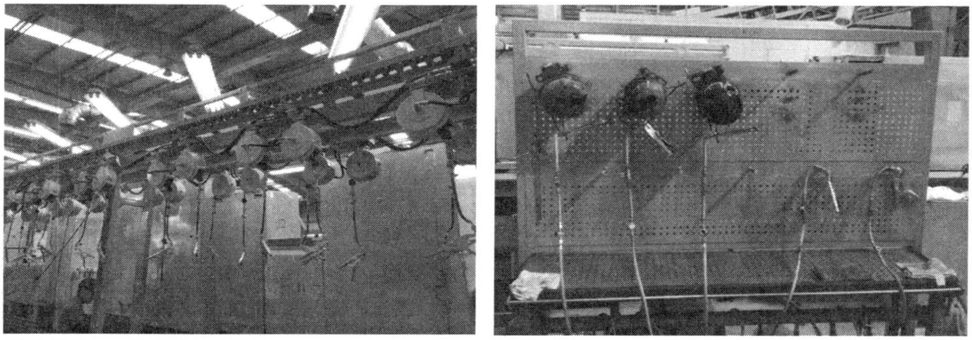

냉장고 트롤리 냉매회수라인(1차회수) 냉장고 압축기 냉매회수(2차회수)

▲ 그림 5-3 **냉장고 냉매 회수장치**

1.2 파쇄 공정

냉장고, 세탁기, 에어컨 등의 대형제품은 전처리 공정에서 냉매회수 및 단위부품 등의 유가물 회수가 끝나면 리프트를 따라 이동하여 파쇄기로 유입된다. 일반적으로 1차 파쇄기에서 파쇄된 후, 2차 파쇄기를 거쳐 비철분쇄기로 유입된다. 1차 파쇄기는 대부분 2축 전단형 파쇄기를 사용하고, 2차 파쇄기 및 비철분쇄기는 mill 타입형 또는 관성타력분쇄기 등을 사용한다.

1.2.1 2축 전단형 파쇄기(Shredder)

유압 및 감속기에 의해 강력한 회전력으로 2개의 축(Shaft)에 체결된 칼날이 서로 다른 회전비로 저속으로 회전하여 연속으로 전단, 파쇄하는 유형으로, 저속 고 토크 유압 모터의 장착에 의한 자기보호유압 회로를 가진 유압시스템을 구성하여 파쇄 대상물에 따라 토크를 증감하며 그에 따른 회전력도 조절이 가능하다. 또한, 고강력 특수재질 및 열처리에 의한 내마모성, 내충격성을 가진 칼날을 장착하여 각종 산업폐기물의 1차 전처리 파쇄에 적합한 파쇄기이다. 대부분의 리사이클링 센터에서는 1차 파쇄공정에서 약 200～250HP의 2축 전단형 파쇄기를 채택하고 있다.

▲ 그림 5-4 2축 전단형 파쇄기 내부 칼날 형태 및 구조

1.2.2 관성타력 분쇄기

관성타력 분쇄기는 중속의 관성타력과 절단력으로 분쇄하는 설비로, 컷터의 형상은 4면체이다. 관성타력 분쇄기의 장점은 일반적으로 컷터 표면을 열처리하여 표면을 강화하고 표면의 내마모성을 증가하여 사용량이 길고, 고정컷터는 독립적으로 클리어런스 조정이 가능하여 마모된 고정컷터만 교체, 조정할 수 있다. 폐전기 · 전자제품 리사이클링센터 중 일부 센터가 처리공정에서 2차 파쇄기 및 비철 분쇄기로 관성타력 분쇄기를 채택하여 사용하고 있으며, 이는 일반 파쇄기보다 파 · 분쇄 대상의 입자를 평면으로 펴주는 역할을 하여 보다 입도를 균일하게 배출하는 효과가 있다. [그림 5-5]는 관성타력 분쇄기의 구조를 나타내었다.

▲ 그림 5-5 관성타력 분쇄기 구조

1.2.3 충격식 분쇄기(Hammer mill)

회전 rotor에 다수 개의 hammer가 붙어있으며, 이것을 고속으로 회전시켜 feeder로 공급된 원료를 요철형상의 라인과의 충격작용으로 순간 분쇄시켜 하부의 스크린을 통과하여 제품을 생산하는 장비로 속도, hammer 형상, 수량, 스크린 사이즈 등으로 입도를 조절할 수 있는 분쇄기이다. 전단, 충격, 파쇄 등 각각의 분쇄작용이 동시에 가능한 장점이 있다.

1.2.4 기타

기타 분쇄기로는 Air jet mill, pin mill, ball mill, roll mill 등 다양한 유형의 분쇄기가 있으며, 파쇄물의 종류 및 성상에 따라 적합한 분쇄기를 선택한다.

1.3 선별 공정

폐전기 · 전자제품의 파쇄공정 중 적절한 선별장치를 배치하여 철, 구리, 알루미늄, 플라스틱 등의 유가물을 회수하고 있다. 선별의 종류로는 자력선별, 비중선별 등이 대표적이며, 이외에도 와전류 선별, 색채 선별, 근적외선 선별 등이 있다.

1.3.1 자력선별

자력선별은 자기장 내에서 각 광물입자들이 자장에 작용하는 물질의 차이를 이용하는 방법으로, 크게 전자석과 영구자석으로 분류되며, 습식법과 건식법으로도 분류할 수 있다. 자기장 내에서 자성을 띠고 있는 광물입자는 자성에 이끌려 비자성 입자와 분리가 이루어지게 된다. 최근에는 자력선별의 효율을 높이기 위해 신형 고구배 자력선별기가 개발되고 있고, 약자성물체를 분리하기 위해 10톤까지 들어올릴 수 있는 초전도체 자력선별기가 개발되어 미립의 약자성 물체를 제거하는데 이용되고 있다. 전기 · 전자제품 재활용 공정에서는 주로 1차 파쇄 후 컨베이어 벨트로 이송될 때 자력선별기를 이용하여 철을 분리해내고 있다.

1.3.2 비중 선별

혼합된 두 종류 이상의 물질이 서로 다른 비중을 가지고 있고, 이들 물질에 외력을 가하면 비중차에 의해 2종의 물체는 서로 다른 운동을 한다. 이 원리를 이용하여 두 종류의 물질을 선별하는 것을 비중 선별이라 한다.

비중 선별에서는 입자에 작용하는 외력으로 물을 이용하거나 바람의 힘을 이용하기도 하며, 바람의 힘을 이용하는 것을 풍력선별이라고도 한다. 외부의 에너지를 이용하여 물질의 입자를 주기적으로 상하방향으로 맥동시켜 비중이 큰 물질을 하부로, 비중이 작은 물질을 상부로 이동하여 층을 형성시켜 상하로 분리하는 것을 지그(jig) 선별이라 하며, 완경사 판에서 물을 흘리면서 판을 전후로 이동시켜 입자들을 분리하는 것을 shaking table 선별이라 한다.

주로 풍력 선별을 통한 비중선별기를 이용하고 있으며, 일부 흐르는 유체와 비중차이를 이용하여 침강시키는 등의 습식(물분리) 선별도 이용한다.

1.3.3 와전류 선별

와전류(Eddy current)란 도체의 내부에서 국부적으로 소용돌이 모양으로 닫힌 통로를 흐르는 전류로써, 도체 내부를 지나는 자기력선속의 변화로 인하여 생기는 전류를 뜻한다. 와전류 선별기는 이러한 와전류 원리를 이용하여 선별하는데 컨베이어벨트 내부에서 빠르게 회전하는 고성능의 영구자석드럼은 벨트 위로 지나가는 비자성체인 비철금속에 와전류를 유도하여 자기장이 생기게 한다. 이 힘은 인력에 반대로 작용하며 비철금속은 컨베이어벨트의 물류 이동시 반력에 튕겨 나가면서 혼합 폐기물 속에 섞어있는 비철 금속을 선별하게 된다. 보통 선별 대상물질인 비철금속은 표면적이 넓고, 가벼우며 도전율이 높을수록 선별이 잘되는 경향을 보인다. 일부 재활용업체에서는 중력 선별과 와전류 선별 공정을 혼합으로 구성하여 비철금속의 선별효율을 높이는데 사용한다.

▲ 그림 5-6 **와전류 선별 원리 및 적용사례**

1.3.4 광학선별

1) 근적외선 선별(Near Infrared Ray)

근적외선(NIR: Near-infrared ray)이란 태양의 복사열에 가까운 적외선으로 파장 $0.8 \sim 2.5 \mu m$로 공기를 가열하지 않고 물체에만 열파장으로 전달되는 단파장의 적외선을 뜻한다. 근적외선 선별기술은 주로 플라스틱을 선별하는 기술로 물질 고유의 적외선 흡수 스펙트럼을 분석하여 실시간으로 공급된 물질의 재질을 판별, 토출을 통하여 선별하는 기술이다. 현재 근적외선 선별이 가능한 플라스틱의 종류로는 PET, PS, PP, PVC, ABS, PA, PC, PBT, PU 등이 있으며, 분석기,

Scan Unit, 제어장치, 토출장치 등으로 구성되어 있다.

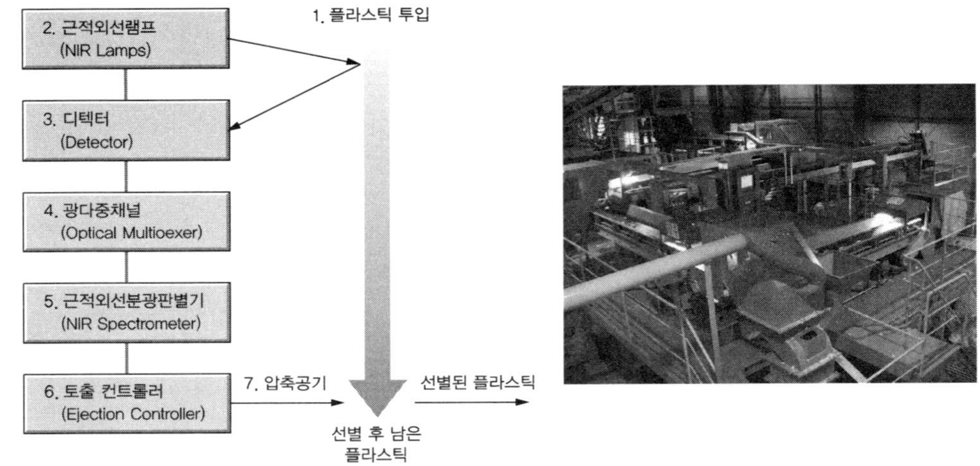

▲ 그림 5-7 **근적외선 선별 원리 및 적용사례**

2) Combi-sensor 선별

콤비센서는 두 가지 센싱 기술을 복합시킨 설비를 일컫는다. 다양한 센싱 기술 중에서 폐전기 · 전자제품 재활용 산업분야에서 콤비센서를 지칭하는 기술은 "고성능 카메라에 의한 색상분류"와 "전기전도성 차이에 의한 분류"이다. 위 기술은 주로 냉장고나 세탁기에서 발생한 비철금속(알루미늄, 구리) 재질 선별에 사용된다. 먼저 고성능 CCD(Charge Coupled Device) 카메라는 구리와 알루미늄이 갖는 고유의 색상을 구분해주고, 전기전도성 인식장치는 구리(5.80×10^7)와 알루미늄(3.82×10^7)이 갖는 고유의 전기전도성의 차이를 인식하여 CCD 카메라가 보내준 자료를 토대로 선별의 효율성을 높여준다.

2. 물질별 재활용 기술 원리

본 절에서는 전기 · 전자제품을 재활용함으로써 발생한 유가물이 어떻게 재생산 자원으로 활용되는지에 대해 간략히 설명하고자 한다. 일반적으로 재활용센터(중간 또는 종합처리업)에서 분류된 철, 비철금속, 플라스틱, 유리(CRT) 등은 바로 원료로 활용되기는 어렵고, 2차 가공업체에 넘겨진 후 추가적인 고품위화 공정을 거치게 된다.

2.1 철, 비철금속

2.1.1 철 금속

국내 철강생산기술은 산업구조의 변화 및 기술발전과 함께 요구되는 소재의 고도화 및 다양화 추세에 대응하는 방향으로 발전하여 왔으며, 또한 생산의 유연성과 환경 친화성 등 새로운 요구에 맞추어 더욱 발전하고 있는 추세이다.

철강재의 생산방법은 크게 고로와 전기로로 나눌 수 있고, 고로업체는 철강석을 주원료로 사용하여 판재류(후판, 열연강판, 냉연강판)를 생산하여 자동차, 전자, 조선, 건축내외장재, 플랜트, 건설자재 등으로 사용되고 있으며, 전기로업체는 고철을 주원료로 사용하여 조강류(H형강, 철근 등)를 생산하여 건설용자재로 건축현장에 공급되고 있다. [표 5-2]에 전기로와 고로의 특성에 관하여 나타내었다.

현재 리사이클링센터에서 최종 배출되는 철의 경우, 주로 전기로의 조강류 생산 원료로 사용되고 있다. 전기로 조업에서 고철의 품질은 생산성 및 최종 제품을 결정하는 주요 인자로써, 고철 속에 함유되어 있는 Cu, Sn과 같은 잔류원소는 정련과정에서 완전제거가 불가능하다. 따라서 용해와 합금기능이 중요한 합금

강이나 강도 중심의 형강, 철근 등 조강류 생산이 주류를 이루고 있다. [그림 5-8]은 리사이클링센터에서 발생하는 고철의 재생산 공정을 나타낸 것이다.

▼ 표 5-2 **고로와 전기로의 특성**

구분	고로	전기로
설비	• 전로	• 전기로
주원료	• 철광석, 코크스, 석회석	• 고철
용량	• 대용량	• 중, 소용량
조업방법	• 용광로에 철광석을 주원료로 코크스를 연료로 선철을 만든 후 전로에서 강을 제조	• 고철을 주원료로 전기를 이용, 아크열로 용해시켜 강을 제조
화학성분	• P, S 함량제품 제조 가능 • 불순원소 함량이 매우 낮다.	• P, S 함량 0.015%이하 제조가 어려움 • 미량의 불순원소 항상 존재
기계적 성질	• 강도 400, 490, 570N/mm^2 • 충격치 A, B, C등급 • 불순물함량이 낮아 고강화성 제품 설계	• 강도 400, 490N/mm^2 • 충격치 A, B등급 • 불순물함량이 다소 높아 고 충격성 특성이 미흡함
생산제품	• 판재류	• 조강류

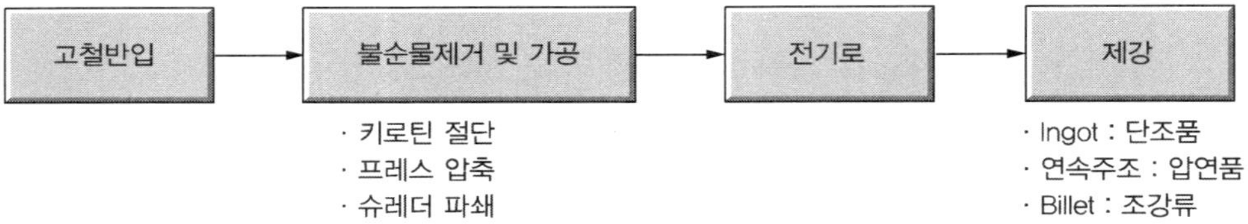

▲ 그림 5-8 **고철 제강 공정**

2.1.2 비철금속

주로 구리와 알루미늄이 발생하며, 대형 제련업체로 운송되어 각 물질의 원료 및 소재 등 다양한 형태로 재생산되고 있다.

1) 구리(Cu)

구리는 특유한 적색 광택을 가진 금속으로 전성 · 연성 · 가공성이 뛰어날 뿐만 아니라 강도도 있다. 열 및 전기의 전도율은 은에 이어 2번째로 크고 결정은 등축 정계이다. 구리는 자연계에 천연 상태로 산출되기도 하지만 주로 휘동석 · 황동석 등과 같은 광물을 제련하여 얻은 불순한 구리를 전기 분해로 정제시켜 순수한 구리를 얻는다. 또한, 구리는 그 자체뿐 아니라 황동 · 청동 · 알루미늄청동 · 베릴륨구리 등 합금의 용도도 매우 넓으며, 전선을 비롯하여 신동품으로써 많이 쓰인다. 전선은 전해구리를 용해하여 틀에 넣어 굳힌 봉동을 써서 각종 전선으로 가공한다. 신동품은 전해구리와 기타 합금용 금속 · 부스러기구리 · 구리합금 등을 알맞게 배합 용해한 다음 소정의 성분으로 조정하여 주입한 동괴를 원료로 하여 판 · 봉 · 관 · 선 등으로 가공한다. 동판은 열전도성과 내식성을 활용하여 일반 집기, 동화(동전)를 만드는 데 사용된다. 동화(동전)에는 주석 2～10%를 섞은 청동이 사용된다.

리사이클링센터에서는 폐전선 및 파쇄된 형태의 구리입자 등으로 배출하게 되는데 폐전선의 경우, [그림 5-9]와 같이 탈피, 파분쇄 공정 등을 통하여 최종 형태의 구리로 재생산되고 있다.

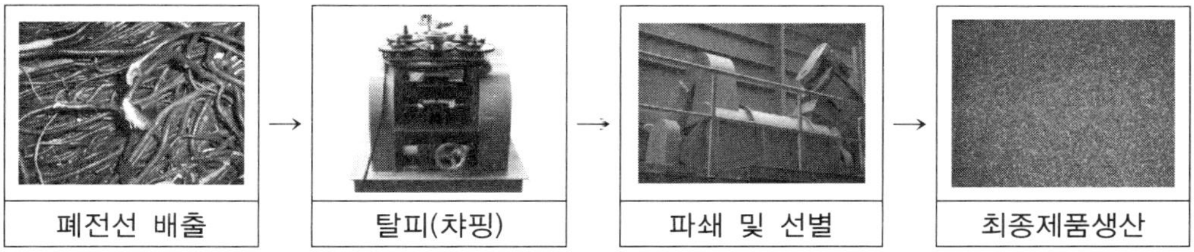

▲ 그림 5-9 **폐전선 재생산공정**

또한, 파쇄된 구리는 제련업체로 이송되어 전기동생산의 원료 등으로 사용되고 있다. 휘동석 · 황동석등과 같은 광물을 제련하는 동 제련의 대표적인 공정으로는 전해전련공법, 자용로 공법 등이 있고, 전자스크랩, 자동차 스크랩 등의 저품위 원료는 주로 [그림 5-10]과 같은 공정을 통하여 재생산되고 있다.

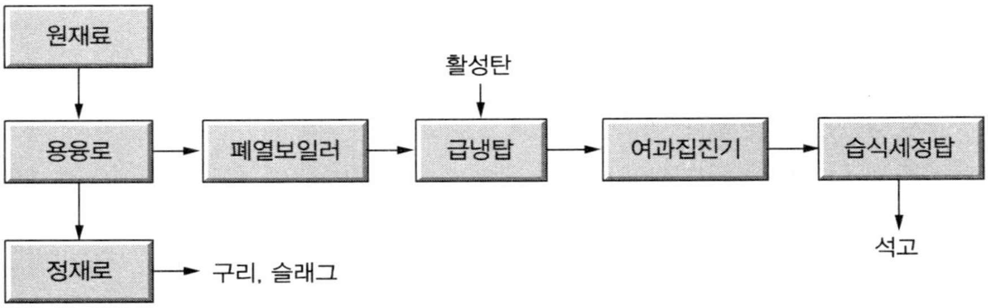

▲ 그림 5-10 **폐전선 재생산공정**

우선 구리 및 기타 비철금속과 관련된 재활용 대상원료는 용융로에 투입하기 전에 스팀을 이용하여 건조한 후 혼합하여 단광화한다. 단광화를 하는 이유는 2차 제련 공정에서 용융금속이 들어있는 표면으로 추가의 물질이 공급되면 많은 양의 휘발물질과 연소 생성물 가스가 발생할 수 있는데 투입물질을 사전에 압축하여 단광화를 하게 되면 마찰충전물의 필요량을 방지하고 배출가스 및 배출물 방지를 위한 시스템 능력을 향상시킬 수 있기 때문이다.

단광된 원료 및 연료는 투입구를 통하여 TSL(Top Submerged Lance Technology) 용융로에 투입되어 약 1,300℃에서 용융되며 용융물들은 약 4시간마다 한번씩 정제로(유도로)로 장입된다. 정제로로 장입된 용융물은 동 성분과 슬래그 성분으로 비중 차이에 따라 분리가 되며 용탕 위치에 따라 출탕 작업을 하여 배출하는데 이 때 수냉으로 급속 냉각하여 그래뉼(granule)로 제조한다. 한편, 용융로 공정에서 발생하는 고온의 가스는 보일러에서 증기를 회수하고, 대기오염 방지시설을 이용하여 대기오염 물질 등을 제거한다.

2) 알루미늄(Al)

알루미늄은 백색의 부드러운 금속으로 전성 · 연성이 커서 박이나 철사로 만들 수 있다. 성질은 순도에 따라 다르고 전기의 양도체이며 비저항은 구리의 약 1.6배이며, 비중으로 보아 전형적인 경금속이다. 공기 중에 방치하면 산화물의 박막을 생성하여 광택을 잃지만 내부까지 침식되지는 않는다. 공기 중에서 녹는점 가까이 가열하면 흰 빛을 내며 연소하여 산화알루미늄이 된다. 이때 높은 온도가 되므로 분말을 써서 금속의 야금(冶金)이나 용접을 한다. 알루미늄을 생산하는 원료는 산화알루미늄이 함유된 보크사이트를 사용하며, 보크사이트에서 산화알루미늄의 분리는 베이어 처리(Bayer process)를 이용한다. 정제된 산화알루미늄은 홀-헤럴트 처리에 의해서 전기분해 되어 순수한 알루미늄(Al)으로 정제된다.

지구에 존재하는 원소 질량의 8.2%나 차지하는 알루미늄의 풍부함과 알루미늄의 순수 정제 가능으로 인해 알루미늄의 사용은 급증하게 되었다. 전성과 연성이 뛰어나고 전기 전도성이 좋아 고압 전선의 재료로 쓰인다. 산소와 쉽게 반응하지만 산화 피막(산화 알루미늄) 형성 후 피막이 산소 접촉 차단제 역할을 하므로 녹이 잘 슬지 않아 창틀의 재료와 같은 광택이 오래 지속될 수 있는 부분에 많이 쓰인다. 가볍고 녹이 잘 슬지 않아 알루미늄 캔을 제조할 때 쓰인다. 열 전도성이 커서 주방 용기 등의 재료로 쓰인다. 가볍지만 강도가 약한 알루미늄의 단점을 보완하고자 강도를 강화시켜 합금을 만들어 사용한다. 알루미늄 호일을 만드는데 사용되며 가볍고 내구성이 큰 특성을 이용해 항공기, 선박, 차량의 주요 재료로 쓰인다.

우리나라의 알루미늄 재생 base metal업체는 재생합금업체 약 20개사, 제강용 탈산제 전문업체 3개사, 비철금속업체 200~300개사 정도가 있다. 알루미늄 재생 업체들의 용해설비 1기당 평균용량은 8톤, 도가니 0.5톤으로 규모가 작을 뿐 아니라 대부분 반자동과 수동설비를 보유하고 있다. 알루미늄 재생합금은 70% 이상이 주물 및 다이캐스팅용이며, 약 25%가 제강용 탈산제로 압연 및 압출을 포함하여 기타 용도로 5% 미만이 소비되고 있다. 리사이클링센터에서 최종 배출되는 알루미늄의 경우, 다양한 방법으로 재활용되고 있으며, [그림 5-11]에 제강용 탈산제로 생산되는 알루미늄의 재활용 공정에 대하여 나타내었다.

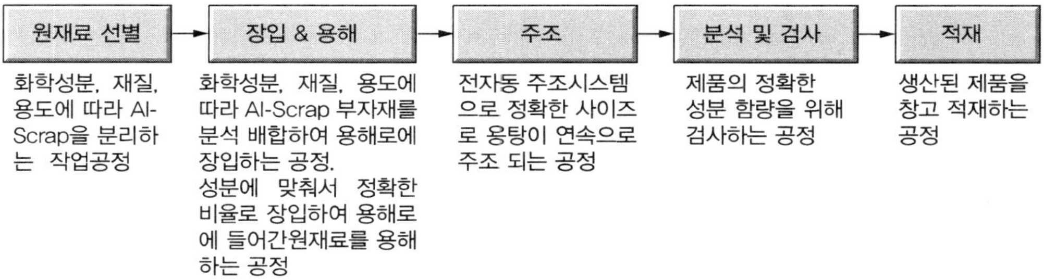

▲ 그림 5-11 **폐전선 재생산공정**

2.2 플라스틱

플라스틱은 고분자의 유기물질로 구성되었으며, 완성된 상태에서는 고체이지만 제조 또는 완성품에 대한 가공 과정에서는 유동 성형할 수 있다. 플라스틱은 그 열적 특성에 따라 열가소성(폴리에틸렌, 염화폴리비닐 등)수지와 열경화성(페놀포름알데히드, 폴리에스테르, 멜라민 수지, 에폭시 수지 등)수지로 구별된다. 또 범용 플라스틱에 대하여 내열성, 기계성, 전기적 성질 등 그 기능 면에서 공업용 소재로써 뛰어난 성질을 나타내는 플라스틱을 엔지니어링 플라스틱 또는 고기능 수지라고 한다. 폴리아미드나일론(PA), 폴리아세탈(POM), 폴리카보네이트(PC), 폴리부틸렌프탈레이트(PBT), 폴리페닐렌옥사이드(PPO) 등이 포함된다.

플라스틱 제조방법은 크게 유화중합, 분산중합, 괴상중합, 용액중합 4가지로 나눌 수 있다. [표 5-3]에 제조방법 및 특성에 대하여 나타내었다.

▼ 표 5-3 플라스틱 제조방법(신재)

원인	점검 및 조치사항
유화중합	• 물에 단량체와 유화제, 개시제 등을 넣고 유화상태를 만든 후 온도를 올려 중합 • 쉽게 중합제품을 얻을 수 있으나, 불순물이 많고, 후가공이 필요하다는 단점이 있다.
분산중합	• 물에 단량체와 개시제 혼합물을 분산시킨 후 중합 • 제열도 쉽고, 순수한 물질을 얻을 수 있으나, 중합할 수 있는 제품에 제약이 따른다.
괴상중합	• 모노머에 열을 가해 중합 • 매우 순수한 고분자를 얻을 수 있는 장점이 있으나, 제열이 어렵다는 단점이 있다.
용액중합	• 물 대신 용매에 단량체를 녹인 후 중합하는 방법으로 특수한 고분자를 만들 때 사용한다. • 용매를 다시 회수해야 한다는 단점이 있다.

재활용 공정에서는 다양한 종류의 플라스틱이 발생하고 있으며, 최종 플라스틱 전문 선별·가공업체로 인수되어 각종 공정을 통해 플라스틱 원료로써 재생산된다. 재생산된 플라스틱은 다시 가전제품의 원료로 사용되어 Closed Loop Recycling의 이상적인 자원순환 형태로 재활용 되는 경우도 있다. [그림 5-12]와 [그림 5-13]에 재생플라스틱 습식제조공정 및 압출공정에 대하여 나타내었다.

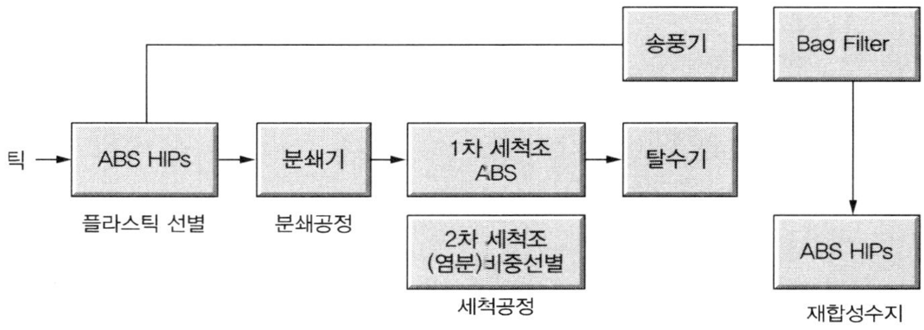

▲ 그림 5-12 **플라스틱(ABS, HIPS) 습식선별 및 제조공정**

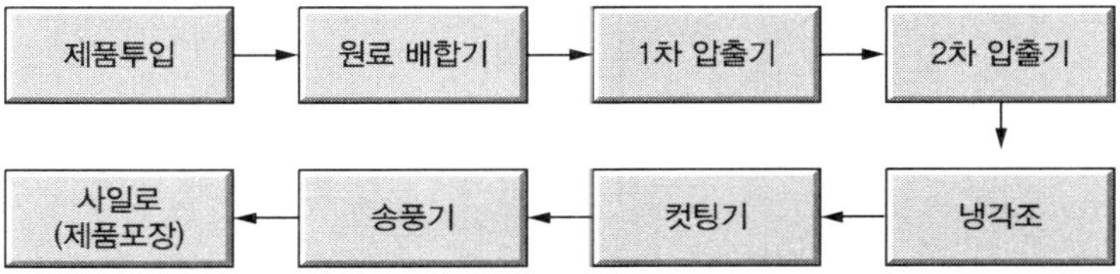

▲ 그림 5-13 **플라스틱 압출공정(재생재)**

3. 국내·외 기술 동향

3.1 국내 E-waste 재활용 기술 현황 및 연구 동향

앞 절에서 소개한바와 같이 폐전기·전자제품은 해체, 파쇄, 선별 과정을 통해 철, 구리, 알루미늄, 플라스틱을 재생산하고 있으며, 그 외 인쇄회로기판, 모터, 트랜스, 디스플레이(유리), 단열재(폴리우레탄)등 단위부품(또는 물질)을 선별하여 재활용하고 있다. 현재 국내 폐전기·전자제품 재활용 기술은 많은 발전을 거듭하여 친환경적, 효율적인 체계를 갖추고 있으며, 점점 고도화되는 정부정책 및 신소재 사용 등에 대응하기 위하여 다양한 연구개발이 활발히 진행되고 있다. 정부출연과제로 진행 중인 E-waste 재활용기술 개발 연구과제는 아래 [표 5-4]와 같다.

▼ 표 5-4 국내 E-waste 재활용 개발 국책연구과제(2010년~)

세부과제명	기간	연구내용	연구기관
전자제품 리사이클링 시스템 선진화사업 기획조사 연구	'11년~'13년 (2년)	E-waste 다양화 및 발생량 증가에 대비한 고효율 리사이클링 기술개발 로드맵 구축	고등기술연구원
재생 PC-ABS 개발 연구	'11년~'14년 (3년)	PC-ABS 전처리 공정기술 확보 및 PC-ABS제조를 위한 별도 ABS 개발	씨엔텍 코리아
전기전자 폐자원으로부터 유가금속 회수 상용화기술 개발	'11년~'19년 (8년)	귀금속(Au, Ag) 및 Cu 회수기술 실증 및 희유금속의 선택적 회수 시스템 개발	지질자원 연구원
E-waste 유기계 잔류물의 고부가 자원화 기술개발 사업	'11년~'16년 (5년)	폐 PCB수지 해중합 공정개발 및 고부가 응용 기술 개발	전북대

소형 폐 가전기기로부터 유가금속 회수를 위한 자동 선별기술 개발	´11년~´16년 (5년)	소형 가전제품 유가금속 자동 선별 장치 개발	제씨콤
폐 CRT Cullet 재활용기술 개발	´11년~´14년 (3년)	폐 CRT 유리 분쇄 분급장치 개발 및 콘크리트, 점토블록 생산 공정 개발	연세대
폐 디스플레이 토탈 리사이클링 기술개발	´11년~´16년 (5년)	폐 디스플레이 재활용 증대를 위한 효율적 해체, 분해메커니즘 및 회수 기술 개발	고등기술연구원
폐가전제품 리사이클링 선진화를 위한 고효율 전처리공정 개발	´12년~´16년 (4년)	E-waste 재활용 효율 향상을 위한 전처리 핵심 기술 및 유용자원 회수 공정기술 개발	고등기술연구원
폐 PCBs(Printed Circuit Boards)로부터 유용자원 회수 습·건식 융합 상용화 기술개발	´14년~´15년 (1년)	전기·전자제품 등에서 발생한 전자회로기판을 이용한 습식처리 기반 희유금속 회수기술 개발	ER메탈
폐전자기기/자동차 영구자석으로부터 희토류 원소 회수기술 개발	´14년~´15년 (1년)	전기·전자제품 및 자동차에서 회수한 영구자석을 이용하여 희토류 회수기술 개발	지질자원연구원
폐소형가전의 효율적 재활용을 위한 해체/파쇄/선별 공정기술 개발	´14년~´15년 (1년)	전기·전자제품 중 중·소형 폐전기·전자제품을 대상으로 한 적정 해체/파쇄/선별 실증화 기술 개발	지질자원연구원
폐디스플레이 해체/선별 자동화 장치 및 LCD/LED 폐유리 무해화/재활용 상용시스템 개발	´16년~´19년 (3년)	평판디스플레이 재활용 공정 구축 및 LCD(수은) 무해화 기술 개발	고등기술연구원
인공지능 및 레이져유도 기술 기반 자동선별 상용장치 개발	´16년~´19년 (3년)	폐전기·전자제품 파쇄 공정에서 발생한 파쇄잔재 플라스틱 재질선별을 위한 제이져유도 선별기술 개발	수원대
레이져유도 기술 기반 금속류 자동선별 상용장치 개발	´16년~´19년 (3년)	폐전기·전자제품 및 자동차 파쇄 공정에서 발생한 파쇄잔재 비철금속(구리, 알루미늄, 스테인레스 등) 재질 선별을 위한 레이져유도 선별기술 개발	광주과학기술원
PU계 미활용 폐자원의 화학원료화 상용시스템 및 순환활용 기술실증	´16년~´19년 (3년)	폐폴리우레탄계 물질 회수 및 해중합 반응을 이용한 재생폴리올 개발 및 응용제품 개발	정우화인

3.1.1 인쇄회로기판(Printed Circuit Board)

인쇄회로기판은 직접회로, 저항기 또는 스위치 등의 전기적 부품에 납땜된 얇은 판을 말한다. 인쇄회로기판은 거의 모든 전기 · 전자제품에 포함되어 있으며, 금, 은, 백금 등 귀금속을 비롯하여 각종 유용금속들이 함유되어 있기 때문에 자원 빈국으로써 금속원료 소재의 대부분을 수입에 의존하고 있는 우리나라로써는 매우 귀중한 2차 자원이다.

재활용업체에서 발생하는 인쇄회로기판은 일괄적으로 회수되어 전처리공정에서 적당한 크기로 파쇄 후 비철금속 제련소로 이송되어 선택적 제련방식을 통하여 사용가능한 유가금속으로 재생산되고 있다. 주로 구리와 금, 은 등의 귀금속 위주로 추출이 이루어지고 있고, 상대적으로 희소금속의 추출비율은 매우 낮은 것으로 알려져 있다.

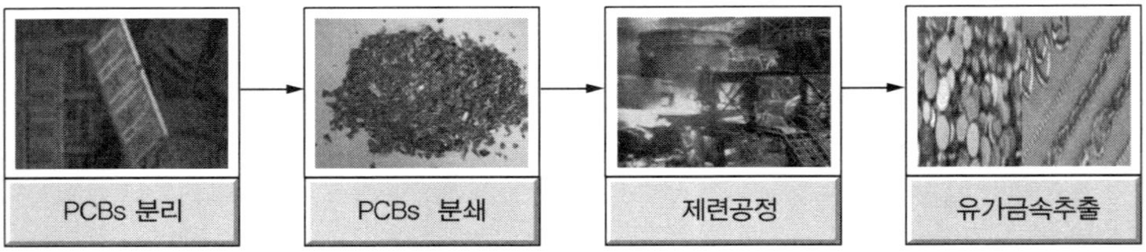

▲ 그림 5-14 **인쇄회로기판 재활용 공정**

E-waste에서 발생하는 인쇄회로기판에서의 희소금속의 효율적인 회수방안에 대한 연구는 전처리, 추출 등의 영역에서 대해 활발하게 이루어지고 있지만 현재까지는 경제성이 낮아 실용화되지 못하고 있어 경제적으로 이를 회수할 수 있는 기술개발이 시급한 실정이다.

3.1.2 폐 디스플레이(CRT, FPD)

현재 디스플레이 중 E-waste로써의 주로 배출되는 품목은 CRT(TV, 모니터)와 FPD(TV 및 모니터) 등이다. FPD는 평판디스플레이의 약어로 LCD, LED, PDP 모니터를 모두 포함한다. TV 및 모니터는 현재 해체 후, 플라스틱, 철, 비철금속, 인쇄회로기판, 유리 등 단위부품을 해체하여 재활용하고 있다.

다만, CRT에 포함된 유리의 경우, CRT TV에 대한 수요가 없으므로 다시 CRT 유리로 생산하여 이용할 수 없는 실정이다. 즉, 이로 인해 학계 및 연구기관은 CRT 유리 재활용 기술개발을 주력하여 폐 CRT 재활용 기술을 상용화하는 노력을 지속하였다. FPD(LCD TV, 모니터)의 경우, 조립시 액정과 전극물질 층이 패널에 강하게 결속되어 있어 기계적 분리에 의한 재활용은 거의 불가능하여 전량 소각 및 매립에 의존하고 있는 실정이다.

1) CRT 유리의 재활용기술

「지상파 텔레비전 방송의 디지털 전환과 디지털 방송의 활성화에 관한 특별법(´09.4.22)」에 따라 우리나라는 2013년부터 기존 아날로그 방송을 중지하고, 디지털 방송으로 전환하였다. 이에 CRT TV의 생산이 중단되고 CRT 유리에서 다시 CRT 유리의 원료로 재활용되는 방식이 붕괴되면서 CRT 유리의 재활용 방법이 전무한 실정에서 한국전자제품자원순환공제조합은 학계, 블록제조업체, 리사이클링 센터와 컨소시엄을 구성하여 CRT 유리를 재활용한 블록 제조 기술 연구 개발을 수행 중에 있다.

CRTP(전면부 CRT 유리)와 CRTF(후면부 CRT 유리)는 공통적으로 SiO_2가 가장 많이 함유되어 있었으나, CRTP(전면부 CRT 유리)에는 BaO, CRTF(후면부 CRT 유리)에는 PbO가 다량함유 되어 성상에 차이가 있다. 따라서 폐 CRT 유리 재활용시 분리가 필요하다. 따라서, 후면유리는 따로 분리하여 납 제련소에서 제련되어 재생산되고 있고, 전면유리를 이용하여 블록 제조 재활용 기술을 개발하여 상용화 단계에 이르고 있다.

콘크리트블록 및 점토벽돌의 골재로써 CRT 유리를 적용하기 위해서는 적절한 크기로 분리하여야 한다. 따라서 [그림 5-15]와 같이 폐 CRT 유리 분쇄 · 분급 장치를 개발하였으며 2 ton/hr 급의 설비를 구축하여 운영하고 있다.

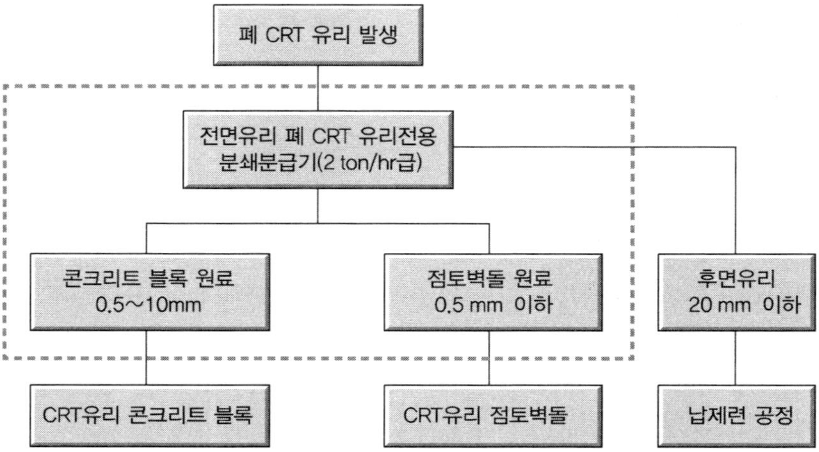

▲ 그림 5-15 **CRT 유리 분쇄·분급 장치 개념도**

CRT 유리 분쇄 · 분급 설비 전경　　　　CRT 유리 입도별 배출구

▲ 그림 5-16 **CRT 유리 분쇄·분급 설비**

한편 입도별 분류된 유리를 사용하여 다양한 혼합비율, 소성온도 등에 따라 생산되는 블록제품의 품질평가를 실시하였고, 또한, 중금속 용출 시험을 실시하여 환경성 또한 검증하였다. 그 결과, 콘크리트블록의 경우, 0.5～10mm의 유리를 골재로 사용하여 기존 골재의 30%까지 대체할 수 있었고, 점토벽돌의 경우 0.5mm 이하의 유리를 기존 골재의 약 1.9%까지 대체 할 수 있었다. 또한, 국가공인기관에서 중금속 용출 시험을 실시한 결과, 콘크리트 블록 및 점토벽돌 모두 용출농도가 Cr, Pb, Cu, As, Hg, Cd 기준치 이하의 용출 농도를 나타내었으며 매우 미량이어서 환경에 영향을 미치지 않는 것으로 분석되었다. [그림 5-17], [그림 5-18]에 CRT 유리를 활용한 콘크리트 블록 및 점토벽돌 생산 공정을 나타냈다.

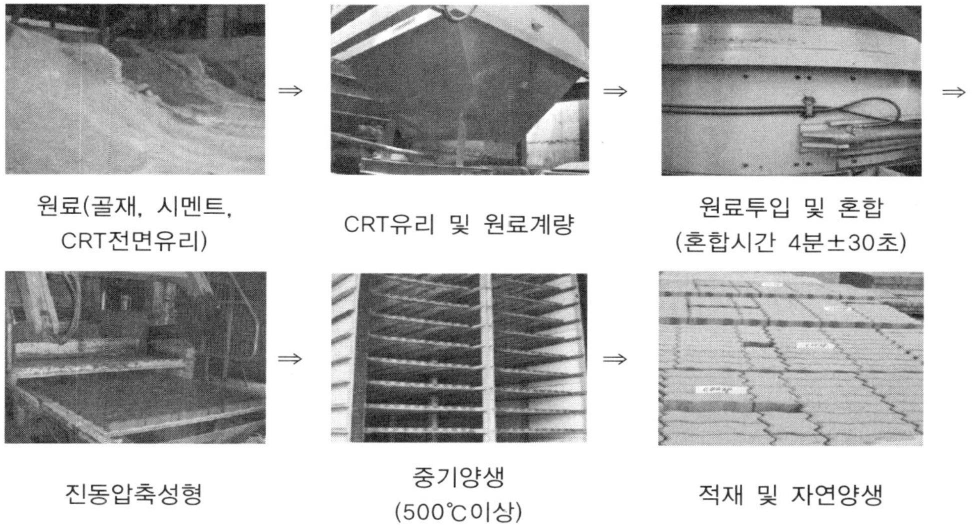

▲ 그림 5-17 폐 CRT 유리 콘크리트 블록(인터로킹블록) 생산 공정

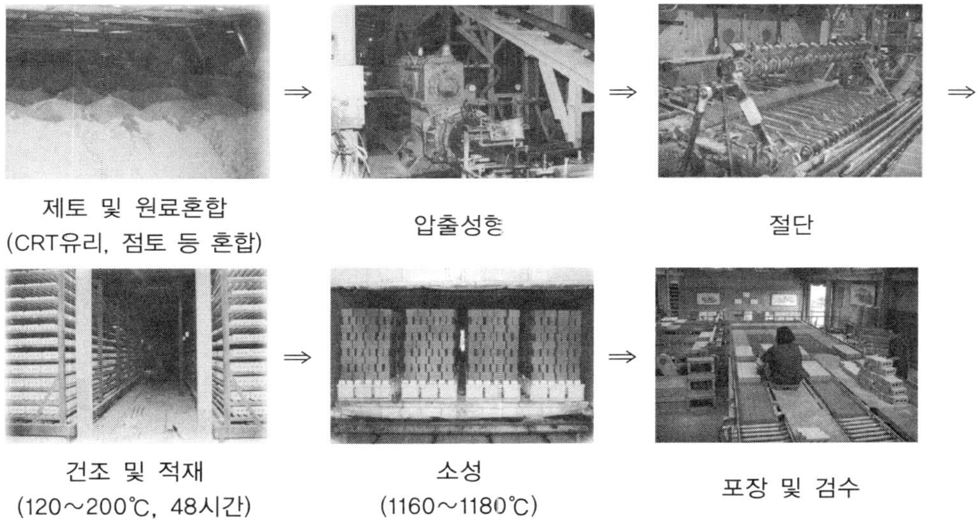

▲ 그림 5-18 폐 CRT 유리 점토 블록 생산 공정

2) FPD(Flat Panel Display) 재활용기술

2010년 이전까지, 국내에서 FPD 패널 재활용에 관한 연구는 일부 산업계와 학계에서 기초연구가 간헐적으로 진행되어졌으나, 실용화 단계로의 접근은 쉽게 이루어지지 못하였다. 그러나 FPD 디스플레이 재활용 기술개발 시급성이 사회적

문제로 대두됨에 따라, 2011년 유용자원사업단에서는 “폐디스플레이 재활용 상용화 기술 개발” 연구를 최초로 추진하였고, 2017년 상용화기술 및 설비를 완성하였다. 유용자원사업단은 2019년까지 이에 대한 연구개발 사업을 지속적으로 추진하고 (연구사업명 : 폐디스플레이 해체/선별 자동화 장치 및 LCD/LED 폐유리 무해화/재활용 상용시스템 개발) 실증화 설비를 재활용현장에 보급할 계획을 추진 중이다.

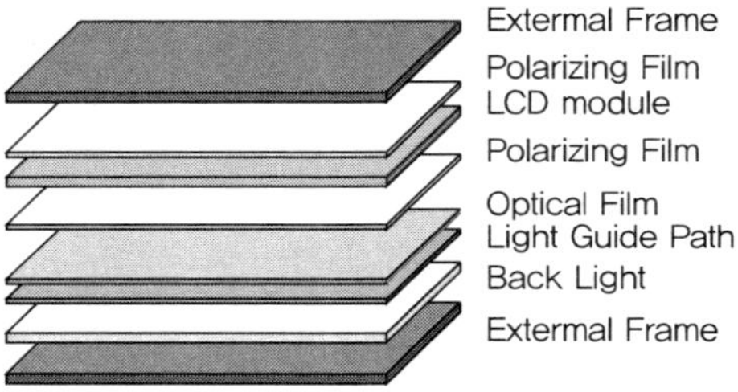

LCD Panel의 구성

LCD 파쇄유리

▲ 그림 5-19 **LCD Panel의 구성 및 파쇄유리**

유용자원사업단이 개발한 폐디스플레이 재활용 실증화연구의 세부 공정을 살펴보면, 크게 3가지로 구분되는데 각 공정은 1) 폐디스플레이 해체/분리 공정, 2) CCFL 자동화 처리공정, 3) LCD 유리재활용 공정으로 구분된다. 첫 번째 공정인 폐디스플레이 해체/분리 공정은 사업단에서 직접 개발한 “비전인식” 시스템을 통해 제조사 및 모델별 FPD의 기본정보를 데이터베이스화하여 저장한 후, 작업자에게 해체/분해 정보를 제공해 준다. 이후, 작업자가 각 공정에 투입되어 PCB, 케이스, CCFL, 플라스틱 등의 구성물질을 분리하게 된다[그림 5-20].

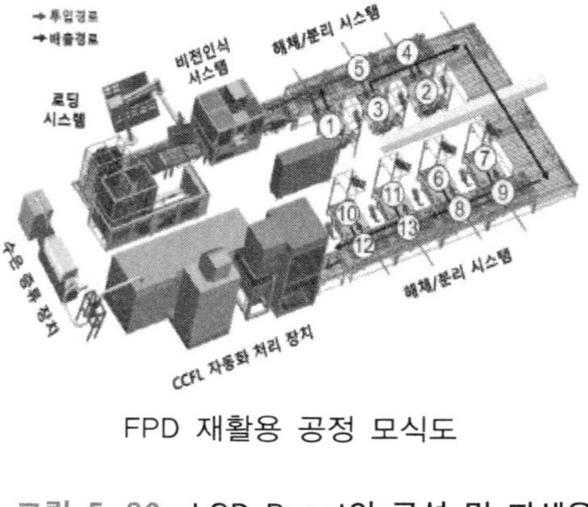

FPD 재활용 공정 모식도

LCD 수은 해체·증류장치

▲ 그림 5-20 **LCD Panel의 구성 및 파쇄유리**

2단계 CCFL 자동화 처리 공정에서는 1단계에서 수거된 CCFL을 파쇄 및 2단계 선별공정을 거쳐 수은 물질을 분리하지 되고 열적 처리를 통해 수은을 흡착시켜 별도로 회수할 수 있다. 이때, 열처리 대상 수은은 입자수은이며, 기체수은은 집진설비를 통해 바로 회수하게 된다. 3단계 LCD 유리 재활용 공정은 파쇄 및 5회의 선별을 거쳐 다양한 유가물 및 폐기물을 생산 · 구분하게 된다.

▼ 표 5-5 유용자원사업단 FPD 재활용 실증플랜트 공정 정보

세부과제명	기간	연구내용	비고
일 근무시간	8시간	근무인원	8명
연간 작업일 수	250일	연간처리댓수	약 120,000대
하루 처리 댓수	480대	연간 처리량	약 5,040,000톤

3.1.3 폴리우레탄

폴리우레탄은 분자 내에 2개 이상의 수산기를 가진 폴리올류(폴리에테르나 폴리에스테르)와 2개 이상의 이소시아네이트기를 가진 폴리이소시아네이트류를 반응시켜서 얻어지는 폴리머의 총칭이다. 주고리가 다수의 우레탄결합-NHCOO-에 의해 묶어져 이렇게 명명되었다. 폴리우레탄은 원료의 종류나 배합비율을 달리하거나 글리콜 디아민 등의 변성제를 가함으로 매우 광범위한 성질로 변하여 경질 · 연질 폼, 고무탄성체, 도료, 접착제, 합성피혁, 실링제 등의 용도로 다양하게 사용된다. 기체를 이용하여 발포체로 제조된 폴리우레탄은 대체로 열경화성이고, 스판덱스 섬유와 플라스틱 가공을 거치는 것은 열가소성으로 분류할 수 있다.

현재 폴리우레탄은 냉장고에 단열재로써 대당 약 10% 이상 포함되어 있으며, 전국 전기 · 전자제품 리사이클링센터에서 발생하는 폐 우레탄은 연간 약 15,000톤이 배출되고 있으나 단순 압축되어 모두 소각처리 업체에 위착처리하고 있다. 이에 따라 폐 폴리우레탄의 재활용 기술개발은 매우 시급한 실정이고, 현재 폴리우레탄을 이용한 고형연료 제조 기술, 재생폴리올 생산 기술 등을 개발하기 위해 연구가 수행되고 있다.

1) 고형연료 제조 기술

고형연료 제조 기술은 국내외에서 널리 사용되는 기술이나, 폴리우레탄은 부피가 매우 크고 밀도가 낮기 때문에 RPF(Refuse Plastic Fuel)로 고형연료화되어 사용된 사례를 국내에서 찾기 어려웠다.

2014년, 전자산업환경협회(연세대학교 & 대경에스코 공동개발)는 냉장고에서 발생하는 폐 우레탄의 고형연료 제조 기술 개발을 위하여 우레탄의 물리, 화학적 특성을 분석하였고, 성형기 type, sieve size, 압력, 온도 등의 다양한 성형조건을 설정하여 폐 우레탄의 성형 시험(Pellet화)을 실시하였다. 초기에는 다양한 사이즈의 고형연료 생산 시 쉽게 부서지거나 압축이 잘 되지 않는 등의 문제가 발생하였으나, 최적 성형조건을 도출하여 우레탄 고형연료 생산 기술의 개발을 완료하였다. [그림 5-21]에 pilot급 우레탄 성형기와 생산된 고형연료를 나타내었다.

우레탄 성형설비 전경　　Ring dies 타입 성형부　　우레탄 고형연료

▲ 그림 5-21 **우레탄 고형연료 제조 설비(100kg/hr 급) [한국전자제품자원순환공제조합]**

2016년, 한국전자제품자원순환공제조합(케이알티 공동개발)은 상기의 제작한 고형연료 성형기의 생산능력을 약 4배 정도 향상시킨 400kg/hr급 고형연료 성형기를 "케이알티"와 공동으로 개발하여 특허를 출원하였다. 설비의 특성은 압축타격 방식으로 175HP 모터로 크랭크암을 구동시켜 그 힘으로 고형연료 배출부에 우레탄을 직접 타격함으로써 압축강도가 높은 고형연료를 생산하는 방식이다. 2018년 현재, 개발된 고형연료 성형기는 수도권자원순환센터(경기 용인), 수도권 서부자원순환센터(경기 화성), 경기북부자원순환센터(경기 양주), 모던이앤알(충남 금산) 등에 설치되어 운영되고 있다[그림 5-22].

우레탄 성형설비 측면도　　　고형연료 배출부　　　우레탄 고형연료

▲ 그림 5-22 **우레탄 고형연료 제조 설비(400kg/hr 급)[KRT, 공제조합]**

2017년, 동남권자원순환센터(경남 밀양)에서도 고형연료 성형기를 개발(제이에스티 공동개발)하여 설치 · 가동하였다. 성형기 1기의 생산능력은 250kg/hr이며 총 3기를 도입하여 운영 중이다. 설비의 특성은 2축 실린더(피스톤) 왕복 방식에 의해 우레탄 고형연료를 생산하는 방식이다. 설비 운영 및 유지보수를 통해서 압축강도와 품질을 꾸준히 개선하였으며 상기 4개의 권역별 자원순환센터와의 기계설비 차별성과 기술개발의 다양성 측면에서 우수한 사례로 볼 수 있다[그림 5-23].

우레탄 성형설비　　　고형연료 생산부　　　우레탄 고형연료

▲ 그림 5-23 **우레탄 고형연료 제조 설비(250g/hr 급)[제이에스티]**

고형연료 성형기에 대한 업체의 꾸준한 기술개발 노력과 자원순환센터의 도입의지를 기반으로, 우레탄 고형연료 성형설비는 국내에서 성공적으로 개발된 것으로 평가된다. 더 나아가, 최근의 이슈는 고형연료 성형기에서 생산되는 연료의 압축강도와 품질 향상에 더 초점을 맞추고 있다. 우레탄 고형연료 생산기술은 폐전기 · 전자제품으로부터 고형연료를 생산함으로써 "SRF 생산 → 소각 → 열에너지"로의 자원 선순환 구조를 마련하였으며, 최종적으로 집단 열에너지 공급 또는 증기터빈을 이용한 전기 생산(전력거래소 공급)까지 가능하게 되었다.

2) 재생폴리올 생산 기술

폐 우레탄을 이용한 재생폴리올 생산기술 개발의 경우 2000년대 들어서 학계, 산업계에서 활발히 이루어졌으나, 폴리우레탄 스크랩 해중합물의 단순 변성 폴리올의 경우, 신재와 혼합사용 비율이 제한적이고 이물질 제거 공정기술이 미흡하다. 그러나 최근 들어 냉장고에서 발생하는 경질 폴리우레탄 폼 폐기물을 이용한 에폭시 수지 경화제가 개발되어 다양한 용도로 사용이 검토되고 있으며, 화학적 처리공정에서 이물질 제거 기술이 개발되어 상용화 공정을 구축 중에 있는 것으로 조사되었다. [그림 5-24]에 경질 폴리우레탄 폼의 해중합물에 대하여 나타내었다.

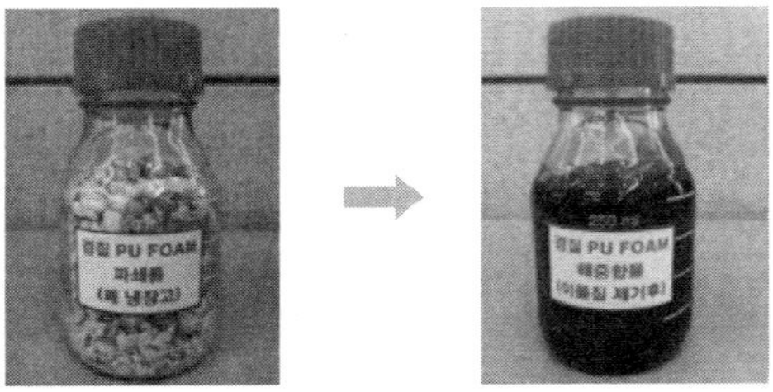

▲ 그림 5-24 **폴리우레탄폼의 해중합물**

또한, 화학적인 변성 방안으로 프로필렌 옥사이드(Propylene oxide : PO) 부가 설비를 이용함으로써 신재 폴리올과 비교하여 동등 수준 이상의 재생 폴리올 제조 기술이 확립되었으며, [그림 5-25]에 재생폴리올 제조 기술 공정을 나타내었다.

국내에서는 유용자원사업단 소속 "정우화인"에서 재생폴리올 생산에 대한 연구 및 시설 투자를 지속하였다. 전북 익산에 소재한 정우화인은 제 1공장~제 3공장을 운영하여 각각 1차 해중합물 생산(제 1공장), 중간생성물/2차 해중합물 생산(제 2공장), MDI 합성 및 단열재 생산(제 3공장)을 분리하여 진행하고 있다.

2018년 현재, 정우화인은 유용자원사업단에서 「PU계 미활용 폐자원의 화학원료화 상용시스템 및 순환활용 기술실증」사업을 수행하고 있으며, 연구개발 만료기간은 2019년 4월 30일이다. 설비 실증화 완료에 따른 성과로는 호남권리사이클링센터 및 논산지점과 폐 우레탄 납품 계약을 2018년 초 체결하였으며, 논산지점에서 월 30톤 가량의 폐 우레탄을 정우화인에 납품하여 해중합 반응물 생산을 지속하고 있는 것으로 조사되었다.

폐 우레탄을 이용한 재생폴리올 생산 연구는 폐냉장고를 원료로 사용하므로 이물질 혼입과 리사이클링센터별 이물질 비율(%) 다양성 등의 문제로 일정한 물리/화학적 성상의 해중합물을 생산하는 데 어려움을 겪었다. 최근 이물질 제거를 위한 전처리 설비를 개발·설치하여 이러한 문제점들을 극복해 나가고 있다.

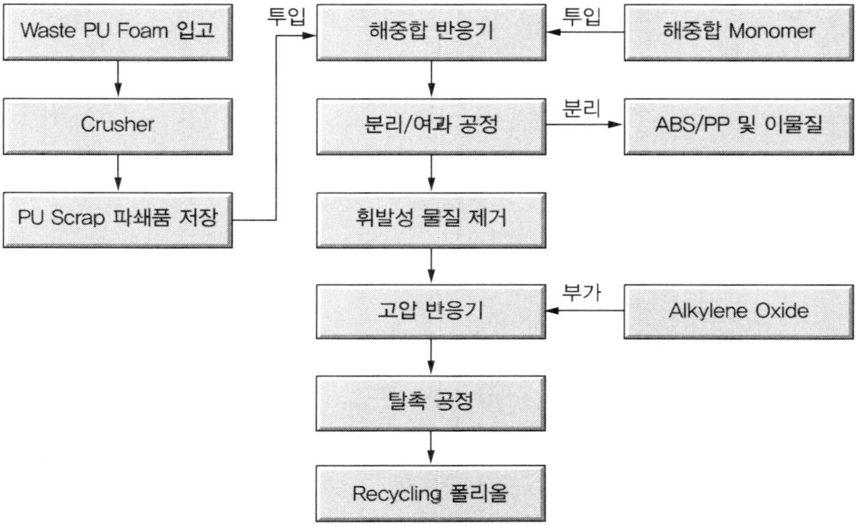

▲ 그림 5-25 **재생폴리올 생산 기술 공정**

우레탄 단열재(발포) 생산

우레탄 단열재 최종 생산품(포장)

▲ 그림 5-26 **정우화인 폐 우레탄 재활용 최종생산품 생산 현황**

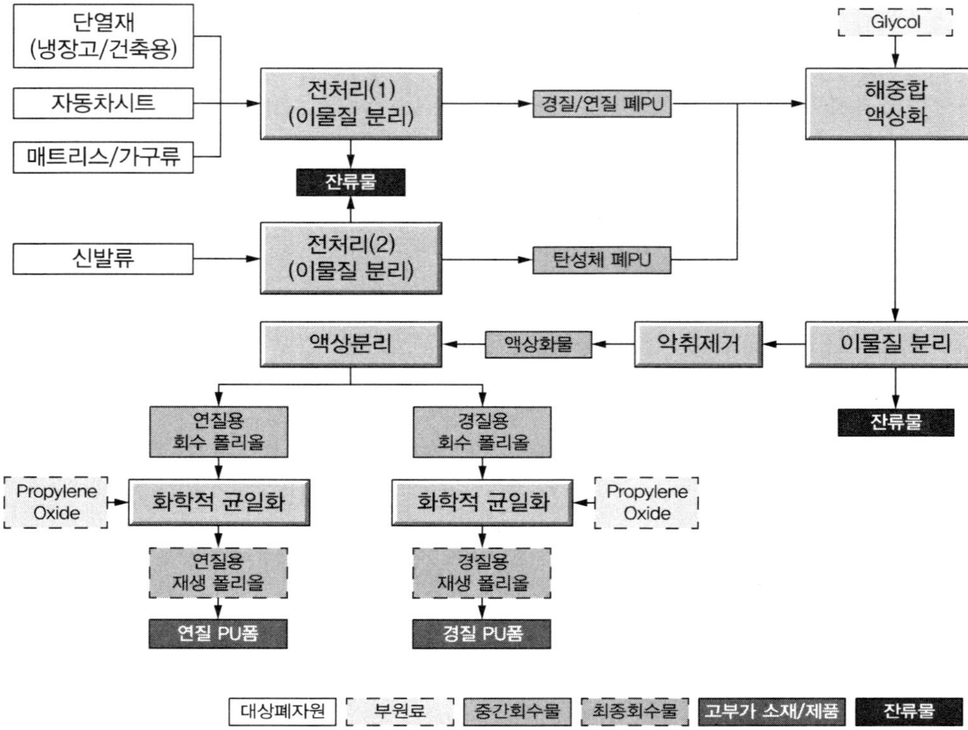

▲ 그림 5-27 재생폴리올 생산 기술 공정

3.2 해외 E-waste 재활용 기술 현황 및 연구 동향

앞서 언급한 우레탄 고형연료 성형설비에 대해서도 일본 다이오 엔지니어링(주)(Daio Eng.)에서 설비 제작 및 테스트를 완료하여 일본 주요 리사이클링센터에 보급중인 것으로 조사되었다. 아래의 [그림 5-28]은 일본 도시바(TOSHIBA) 리사이클링센터에 보급한 다이오 엔지니어링(주)의 우레탄 고형연료 성형기 설비 전경이다.

일본 다이오 엔지니어링(주) 고형연료 제조설비의 주요 특성은 우레탄 고형연료를 제작하는데 압축방식을 동일하게 이용한다는 점이며, 배출부의 직경은 100mm로 우리나라 고형연료 물리적 특성기준에 부합한다. 생산능력은 설비 1기 기준으로 300kg/hr의 생산능력을 가지고 있으며, 공제조합(케이알티 공동개발)과 동남권자원순환센터(제이에스티 공동개발)에서 사용하고 있는 성형설비의 중간

정도의 생산능력을 보유하고 있다. 또한, 공랭식(8 m^3/min) 방식으로 고형연료 성형부의 열을 식혀주는 보조장치를 구비하고 있다.

우레탄 성형설비

고형연료 생산부

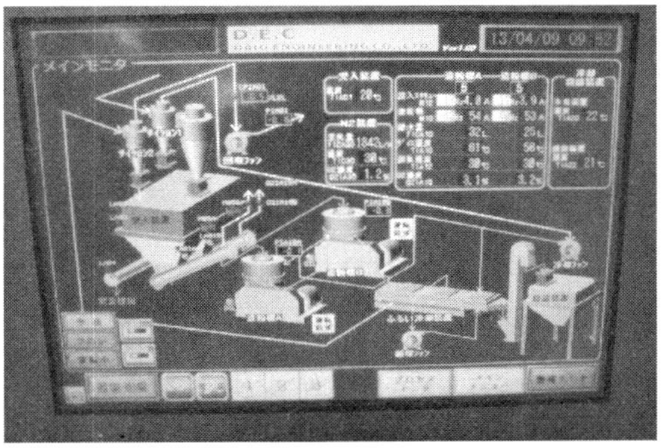

우레탄 성형설비 제어 PLC

우레탄 정량공급 장치

▲ 그림 5-28 **일본 도시바 리사이클링센터 고형연료 성형기(제작 : 일본 다이오 엔지니어링(주))**

홍콩 정부는 폐전기·전자제품의 회수 및 재활용 체계를 구축하기 위해서 DBO(Design, Bulid and Operate) 위탁사업 진행 중이며, 2018년 현재 독일회사인 ALBA와 2027년까지 회수 및 재활용체계를 운영하도록 계약을 체결하였다. 홍콩의 WEEE 재활용센터는 정부의 인허가를 통해 운영 중인 1곳으로 시범 운영되고 있으며 통칭하여 “Eco Park”로 불린다. Eco Park 내에 WEEE Park(재활용시설)를 조성하여 2018년 3월 19일부터 운영하고 있다.

Eco Park의 TV 및 모니터(FPD 위주) 재활용 설비특성은 다관절 로봇팔(Robot Arm) 설비를 이용해서 FPD의 가장자리의 접착부를 절단(Cutting)하여 패널 내부의 재자원화가 가능한 내장재의 회수가 용이하도록 해체된 패널을 후처리 공정에 제공해주는 역할이다. 후처리 과정에서는 작업자가 수작업을 통해 부품을 분리해낸다. 로봇팔 설비는 FPD를 최대 180대/hr까지 처리할 수 있다.

FPD 해체용 다관절 로봇팔

FPD 수작업 분리 공정

▲ 그림 5-29 **홍콩 WEEE Park의 FPD 자동화 해체 장치**

▼ 표 5-6 **홍콩 WEEE park FPD재활용 공정 세부 정보**

구분	내 용
처리용량	• 180대/시간 처리 가능
주요 특징	• (LCD) 로봇팔로 평면 디스플레이 자동 절단 • (LCD) 램프 내 수은 제거 및 수은 방출을 막기 위한 활성탄 필터 장착 • (CRT) 납을 포함한 후면유리 분리 절단을 위한 열선 절단 • (CRT) 후면유리 납 방출을 막기 위한 HEPA 필터 장착
공정도	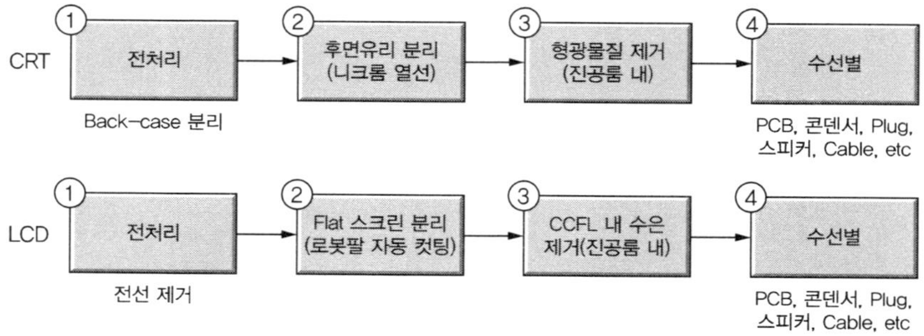

국외에서는 일본, 벨기에, 독일 등에서 E-waste 재활용 기술연구가 활발히 이루어지고 있고, 특히 일본의 Dowa, 벨기에의 Umicore 등에서는 희소금속 등 유가금속 회수 기술을 상용화하여 시설을 가동하고 있으며, 독일의 경우 파쇄, 분쇄 기술 개발 및 상용화에 주력하고 있다.

일본의 Dowa 메탈마이닝(주), 주우금속광산(주), 일광금속(주) 등은 고온 추출 기술을 이용하여 유가금속 회수플랜트를 가동하고 있고, 귀금속 함량이 높은 전자 스크랩의 경우 습식 추출 기술을 이용하고 있다. 또한 8개 기관에서 습식 기술을 이용하여 폐 소형기기로부터 희소 금속의 회수 기술을 개발 중에 있으며, 주로 인쇄회로기판으로부터 동, 아연 등의 베이스 메탈과 금 등의 귀금속, 니켈, 크롬, 망간, 탄탈 등의 희소 금속을 회수하고 있다.

벨기에의 Umicore의 경우, 최근 귀금속과 구리 외에도 다양한 유가금속을 회수할 수 있는 종합 용융, 정련로를 개발하여 가동하고 있으며, 종합용융, 정련로는 구리 용련로, 납 고로-정련로, 니켈 용련로, 특수금속 정련로, cupellation로 등으로 구성되어 있다.

한편 독일의 경우, 다양한 전처리, 파쇄 및 선별 설비를 갖추고 E-waste의 재자원화를 실시하고 있으며 또한 칼스루헤 연구센터에서는 인쇄회로기판에서 금속 성분 분리와 함께 오일을 회수하는 열분해기술을 개발하여 Pilot 시설을 가동 중에 있다.

부록

1. 재활용 시설 화재 · 안전 관련 점검항목
2. 재활용 시설 안전관리 매뉴얼
3. 환경성보장제 회수 · 재활용의무 대상제품 적용 범위
4. EcoAS 사용법
5. 용어정의
6. 유관기관 소개

1 재활용 시설 화재 · 안전 관련 점검항목

① 주요 소방시설물 점검관리 항목

소화기	(1) 화재 발생시 이외는 소화기 사용을 금지한다. (2) 소화기 배치(위치)를 임의로 변경하지 아니한다. (3) 소화기 정/부 책임자를 항상 선정하여 소화기에 소화기 관리 책임자 명판을 부착 · 관리한다. (4) 각종 소화기의 설치높이는 바닥면으로부터 약 1.5m 이하로 사용이 용이해야 하며, 눈에 잘 보이는 곳에 배치한다. (5) 소화기는 소방안전관리법에 의거, 정기검사를 실시한다.
소화전	(1) 소화전은 화재시가 아니면 사용을 금지한다. (2) 소화전 정/부 책임자를 항상 선정하여 소화기에 소화기 관리 책임자 명판을 부착 · 관리한다. (3) 공사관계 및 기타 문제점 등으로 소화전 설비를 임의로 이전할 수 없다. (4) 소화전 수신반과 펌프 및 기타 소방설비 전원을 관리하는 부서는 임의로 전원차단을 하지 아니한다. (5) 소화전 사용 후, 호스는 건조시킨 후 원상태로 정리한다. (6) 옥내 소화전은 앵글밸브와 호스(2개), 노즐이 항상 연결되어 있어야 한다. (7) 소화전 앞에는 물품적재를 금지하며, 소화활동시 지장이 없도록 통로를 만들어 놓는다.
자동화재 탐지설비	(1) 수신기 부근에는 조작상의 장애물이 없도록 한다. (2) 수신기의 상용전원은 상시 정상으로 공급되어야 한다. (3) 수신기의 비상/예비전원의 전압 및 용량을 적정토록 한다. (4) 수신기 조작부의 각 스위치는 정상위치에 놓도록 한다. (5) 화재 감지기의 동작을 방해하는 물품이 없도록 한다. (6) 소방관계자 이외 수신기의 조작을 금지한다.
소화용수 설비	(1) 화재발생 이외에는 다른 용도로 사용을 금지한다. (2) 유사시 사용할 수 있도록 소화용수 설비 주위의 물품 적재를 철저히 금지 · 관리한다.
피난 기구설비	(1) 유사시 이외에는 절대 사용을 금지한다. (2) 피난기구의 설치위치는 설치가 용이하고, 눈에 쉽게 띄는 곳을 선정한다. (3) 피난기구는 임의로 위치를 변경할 수 없다.
기타 소방기구	(1) 간이소화용구(물양동이, 소화수조, 건조사, 갈쿠리, 자동확산 소화기 등)는 적당한 장소에 배치 · 관리하며 주기적으로 상태를 점검한다. (2) 건조사에는 모래주머니를 비치, 관리하도록 한다.

② 소방시설물 세부관리 항목 - 소방펌프

분류	점검내용	점검주기
1	밸브의 개폐 상태는 정상인가?	주간
2	펌프 및 배관의 누수 부위는 없는가?	주간
3	압력 스위치의 설정값은 정상인가?	주간
4	제어반의 스위치류는 정상인가?	주간
5	조작 판넬의 상태는 양호한가?	주간
6	펌프실의 배수상태는 양호한가?	주간
7	연료탱크 저장량은 70% 이상 유지되고 있는가?	주간
8	동결방지 열선 상태는 양호한가?(동절기)	주간
9	소화전 개방 시 각 펌프는 자동으로 기동하는가?	월간
10	제어반(수동)기동 상태는 양호한가?	월간
11	수신반 원격기동 상태는 양호한가?	월간
12	펌프 운전 중 이상 소음은 없는가?	월간
13	펌프 성능시험 배관을 이용한 수량은 양호한가?	월간
14	체크밸브의 상태는 양호한가?	월간
15	경보장치(댐퍼, 저수위)는 정상적으로 작동하는가?	월간
16	전기 판넬 및 차단기, 전자개폐기 상태는 양호한가?	월간

③ 소방시설물 세부관리 항목 - 화재수신기

분류	점검내용
1	교류전원 표시용 LED가 항상 점등되어 있는가?
2	전압계는 정상전압인 DC24(+2)V를 항상 지침하고 있는가?
3	모든 시험용 스위치는 항상 정상 위치에 놓여 있는가?
4	스위치류는 개폐기능이 확실히 작동하는가?
5	외함이 부식, 찌그러짐, 손상 등이 없는가?
6	수신기 내부에 송수화용 송수화기가 설치되어 있는가?
7	수신기 외함이 벽에 노출되어 있는가?
8	수신기 내부에 예비전원이 부착되어 있는가?
9	배선연결용 단자는 탈락, 풀림, 손상 등이 없는가?
10	퓨즈는 정격용량을 사용하는가?
11	수신기의 내부에는 예비부품(휴즈 등)이 비치되어 있는가?
12	취급설명서 및 명판이 파손되어 있지는 않는가?
13	각종 단자에는 해당하는 단자명판이 부착되어 있는가?
14	A/S를 위한 회로도 및 품질보증서가 비치되어 있는가?

④ 설비유지관리 대상 분류 - 법적항목

분류	점검내용	주기	비고
법적 설비 (점검 및 검사 필요 항목)	압력용기	1회/2년	산자부 「고압가스 안전기준」
	수변전설비	1회/3년	산자부 「전기 안전기준」
	공기압축기	1회/2년	산자부 「건설기계 관리기준」
	리프트	1회/2년	고용부「유해·위험기계 안전검사 및 자율검사 기준」
	호이스트	1회/2년	
	소방설비	1회/년	행안부 「소방시설 기준」

⑤ 법적 관리/점검 항목 - 리프트

점검내용	비고
규격 및 형식별 적용범위	• 적재하중이 0.5톤 이상인 리프트(이삿짐 운반용 리프트는 적재하중이 0.1톤 이상인 경우)는 적용. 다만, 간이리프트, 운반구 운행거리가 3m 이하인 일반작업용 리프트, 자동이송설비에 의하여 화물을 자동으로 반출입하는 자동화설비의 일부로 사람이 접근할 우려가 없는 전용설비는 제외한다.

⑥ 법적 관리/점검 항목 - 압력용기

점검내용	비고
규격 및 형식별 적용범위	(1) 화학공정 유체취급 용기와 모든 사업장의 공기 및 질소저장 탱크 등으로써 사용압력의 값(음의 압력을 포함한다. 이하 같다.)이 게이지 압력으로 0.2kgf/cm^2(20kPa) 이상이 되고 사용압력(단위 : kgf/cm^2)과 용기내용적(단위 : m^3)의 곱이 1 이상인 압력용기에 대하여 적용한다. (2) 상기 (1)의 화학공정 유체취급 용기는 증발, 흡수, 증류, 건조, 흡착 등의 화학공정에 필요한 유체를 저장, 분리, 이송, 혼합 등에 사용되는 설비로써 탑류(증류탑, 흡수탑, 추출탑 및 감압탑 등), 반응기 및 혼합조류, 열교환기류(가열기, 냉각기, 증발기 및 응축기 등) 및 저장용기 등을 말한다. (3) 상기(1)의 규정에 의한 압력용기 중 고압가스 안전관리법의 적용을 받는 용기, 에너지이용합리화법의 적용을 받는 용기, 원자력 관계의 용기, 수냉식 관형 응축기(다만, 동체측에 냉각수가 흐르고 관측의 사용압력이 동체측의 사용 압력보다 낮은 경우), 사용 온도 60℃ 이하의 물만을 취급하는 용기, 판형 열교환기, 핀형 공기냉각기, 유압실린더 및 수압실린더는 적용하지 아니한다. (4) 상기 (1)의 규정에 의한 압력용기중 사용압력이 210kgf/cm^2 · g (21MPa) 이상의 압력 용기에 대하여는 더욱 견고한 구조로 설계되도록 이 기준을 상향하여 적용할 수 있다.

⑦ 법적 관리/점검 항목 - 전기설비

<table>
<tr><th>점검내용</th><th>비고</th></tr>
<tr><td>규격 및 형식별 적용범위</td><td>【일반용 전기설비의 정기점검】
일반용 전기설비는 사용 전 점검 또는 정기점검을 받은 후 다음 중 어느 하나에 해당하게 된 날이 속하는 달의 전후 2개월 이내에 안전공사로부터 정기점검을 받아야 한다.

다음에 해당하는 시설에 설치된 경우, 1년이 되는 날로 한다.
• 화약류 제조 사업장, 갑종탄광, 도시가스사업장, 액화석유가스의 저장·충전·판매사업장, 고압가스의 제조소·저장소, 위험물의 제조소 또는 취급소와 같은 위험시설(다만, 용량 20킬로와트 미만의 전기설비가 설치된 시설만 해당)
• 공연장, 영화상영관, 유흥주점·단란주점, 체력단련장, 대규모점포 및 상점가, 의료기관, 호텔 및 집회장(다만, 용량 20킬로와트 미만의 전기설비가 설치된 시설만 해당)
• 학교에 설치된 전기설비는 2년이 되는 날
• 그 밖의 시설에 설치된 전기설비는 3년이 되는 날

【자가용 전기설비의 정기점검】
자가용 전기설비의 소유자 또는 점유자는 다음에 해당하는 자가용 전기설비에 대하여 정기검사를 받은 후 해당 시기에 맞추어 안전공사로부터 정기검사를 받아야 한다.

• 4년 이내
- 증기터빈 및 내연기관 계통
- 수차·발전기 계통
- 풍차·발전기 계통
- 태양광·전기설비 계통
- 연료전지·전기설비 계통
- 전기저장장치·전기설비 계통
• 2년 이내
- 의료기관, 공연장, 호텔, 대규모 점포, 예식장, 지정 문화재, 단란주점, 유흥주점, 목욕장, 노래연습장에 설치한 고압 이상의 수전설비 및 75킬로와트 이상의 비상용 예비
- 발전설비
• 전기안전관리자의 선임이 면제된 제조업자 또는 제조업 관련 서비스업자의 수용설비(2년마다, 2년이 되는 날이 속하는 달의 2개월 전후)
• 그 밖의 수용가에 설치한 고압 이상의 수전설비 및 75킬로와트 이상의 비상용 예비발전설비(3년마다, 3년이 되는 날이 속하는 달의 2개월 전후)</td></tr>
</table>

⑧ 법적 관리/점검 항목 - 공기압축기,

점검내용	비고
규격 및 형식별 적용범위	【자율안전확인신고】 산업안전보건법 시행령 제28조의 2(자율안전확인대상 기계 · 기구)에 포함된다. • 면제대상 법령 : 품질경영 및 공산품안전관리법에 따른 안 인증, 산업표준화법에 따른 인증, 국가표준기본법에 따른 시험 · 검사기관에서 실시하는 시험, 국제전기기술위원회(ICE)의 국제방폭전기기계 · 기구 상호 인정제도에 따라 인증을 받은 경우 • 자율안전확인신고 처리 : 신고서 접수후 15일 이내에 자율안전확인신고증명서 발급

⑨ 법적 관리/점검 항목 - 크레인

점검내용	비고
규격 및 형식별 적용범위	【의무안전인증】 산업안전보건법 시행령 제28조의 2(의무안전인증 대상 기계 · 기구에 포함된다. • 면제대상 법령 : 고압가스 안전관리법, 에너지이용 합리화법, 전기사업법, 항만법, 광산 보안법, 건설기계관리법, 선박안전법에 따른 검사를 받은 경우. 안전인증이 면제되는 의무안전인증대상을 제조 · 수입하는 자는 안전인증 면제신청서를 작성하여 안전인증기관에 제출하여 안전인증면제 확인서를 교부 받아야 한다. • 안전인증은 기술능력 및 생산체계 심사로 이루어진다. • 심사대상 : 호이스트 및 차량탑재용 크레인 • 심사시기 : 최초설치 또는 이전설치 완료한 때

2 재활용 시설 안전관리 매뉴얼

[Chapter 1. 사업장 일반개요 작성하기]

사업장 일반개요 작성을 통해, 긴급 또는 평시 외부 기관 및 인력이 즉각적인 재활용센터의 개요를 파악할 때 필요하다.
사업장의 부지(대지), 용적률, 인·허가 사항에 대한 명료한 정리 및 대표자, 근로자 수, 최신 주소를 수시로 업데이트하여 훈련, 출동, 점검 등에 상시적으로 대비하도록 한다.

1 사업장 개요

사 업 장 명	○○ 리사이클링센터	대 표 자	◇◇◇
업 태			
종 목			
소 재 지			
주요생산품		전 화	123-4567
근 로 자 수	총 ○○명 (남 : ○○, 여 : ○○) ※ 경비용역 ( )		

2 연혁

- 본 사업장은 2,000년 0월에 설립되었으며, 2018년 현재 전체 부지(약 25,000m^2) 內 5개의 건물동(10,000m^2), 부대설비동(1,000m^2)으로 구성된다.

3 주요업무

- 본 사업장은 서울·경기 및 강원권(지자체)에서 발생하여 회수된 폐전기·전자제품을 「폐기물관리법」 및 「전기·전자제품 및 자동차의 자원순환에 관한 법률」에 근거하여, 일정 기준 이상의 설비를 이용하여 재활용함으로써 재생산자원을 생산하는 사업장이다.
- 연간 처리능력은 약 30,000톤, 월별 처리능력은 약 2,500톤, 일 처리능력은 100톤이다 (25일 기준).
- 주요 재활용 대상품목으로는 상기 「전기·전자제품 및 자동차의 자원순환에 관한 법률」에서 규정한 4개 제품군(대형/중형/소형/통신사무기기)의 27개 품목을 재활용 중이며, 주요 공정으로는 냉장고, 세탁기, TV, 에어컨을 독립적으로 재활용할 수 있는 자체 공정을 운영하고 있으며, 중·소형 제품을 보관 후 일괄 처리할 수 있는 전용 공정을 보유한다.

조직도 작성을 통해, 긴급 상황 발생 시 부재 인원과 상주인원의 정확한 파악을 할 수 있다. 긴급 상황 발생 시 조직도에 나타난 각 팀 또는 파트별 책임자를 통해 직원 전체에 대한 관리 및 명령체계가 수립되므로, 평소 부서별 책임자를 임명하는 것이 권장된다.

1 조직도 (예시)

- 대표이사 및 3개팀(경영관리, 기술설비, 생산운영) 체제로 총 ##명으로 운영되고 있다.
  - 대표이사 : 사업장 업무(경영, 회계, 인사, 대외) 총괄
  - 경영관리팀 : 조직, 인사관리, 회계 · 세무, 폐전기 · 전자제품 입 · 출고 관리 총괄
  - 기술설비팀 : 사업장 內 전기 · 기계(설비) 유지 · 보수 및 주기별 예방점검 총괄
  - 생산운영팀 : 품목(공정)별 폐전기 · 전자제품 재활용 현장 실무 총괄

- 조직도

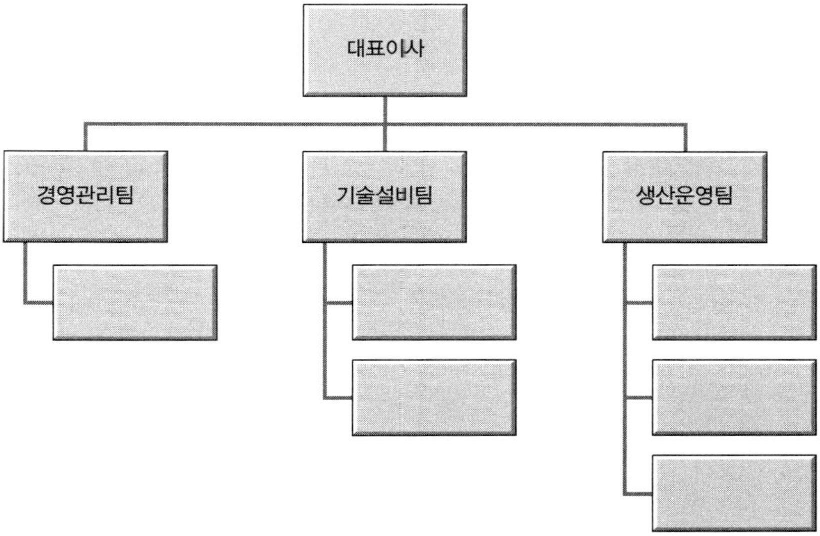

사업장 내 화재 및 폭발이 자주 발생하거나 또는 취약하다고 예상되는 지점에 대한 전략적 분류를 통해, 해당 지역에 사전 예방조치를 강화할 수 있다.
긴급 상황 발생 시 외부기관(관계당국: 소방, 경찰 등)에 취약지역에 대한 세부 정보를 별도로 제공할 수 있으므로 화재 진압 및 인명/재산 구출에 중요한 근거자료로 활용될 수 있다.

1 기본정보 (예시)

① 부지 및 건물

- 전술한 바와 같이, 본 사업장은 전체 부지 약 25,000m^2 규모로써 총 5개의 건물동(5,546m^2)으로 구성되어있다.(주요건물의 위치 및 특징은 아래 표와 그림 참조)
- 제시된 건물 이외 부지는 주로 도로(보행로 포함), 녹지, 외부 휴게소(흡연구역), 주차장, 국기게양대, 계근(계량)대 등으로 이용되고 있다.
  - 사업장 부지 및 건물 세부정보
- 각종 파쇄기, 우레탄 집진, 우레탄 성형 등이 이루어지는 공장동이므로 화재 위험성이 가장 높다.

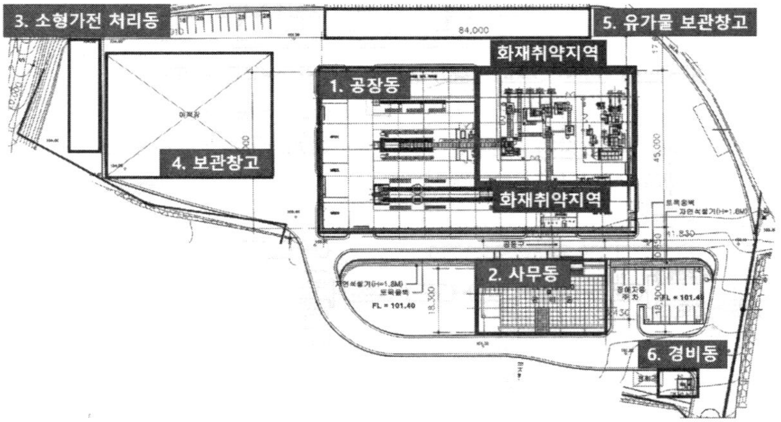

분류	명칭	면적	구성 및 특징
1	공장동	3,909m^2	주요 폐전기·전자제품 재활용 공정 운영 (냉장고, 세탁기, 에어컨, TV 재활용 공정)
2	사무동	1,018m^2	1층(홍보관, 교육장), 2층(사무실, 식당)
3	소형가전동	115m^2	중·소형 전기·전자제품 재활용 전용 공정 운영
4	보관창고 A	495m^2	입고 완료된 폐전기·전자제품 보관
5	보관창고 B		재생산자원(유가물) 보관
6	경비동	9m^2	보안업체 직원 상주(당직실 포함)

긴급 상황 발생시, 최초목격자로부터 대표자까지 지정된 시간 안에 긴급 내용을 수신할 수 있도록 비상연락망 체계를 구축할 필요가 있다.
[1] 비상연락망 (예시) ① 조직 및 운영 • 긴급상황 발생 시, 본 사업장은 비상연락망 체계에 따라, 3분 이내에 대표자 및 관계기관에 연락을 완료할 것을 목표로 운영하고 있다. • 본 사업장은 3개팀 총 ##명의 근무자 중, 당번제를 도입 평일 및 주말 각각 1명의 화재/안전 관리자(정/부 책임자)를 지정하여 운영하고 있다.

긴급대응반은 사업장 비상상황 발생시, 예비 임무를 사전에 할당함으로써 비상상황을 대응할 수 있는 가장 기초적인 역할 배정이다.
긴급대응반을 운영할 경우, 화재, 인명 구출 등 기본적인 위급 상황에서 능동적인 대처를 통해 사업장의 피해를 최소화할 수 있다.

1 긴급대응반 (예시)

① 조직 및 운영

- 긴급상황 발생 시, 전 직원은 각자가 사전에 배정받은 역할을 숙지하여 비상 시 행동요령에 따르도록 한다. 사전 행동요령은 교육 및 반복 훈련을 통해 습득하도록 한다.
- 상황 발생시, 각 파트별 관리자는 선임의 역할이 되어 비상 상황에 따른 업무를 단독적으로 추진할 수 있는 권한을 부여할 수 있다.
- 본 사업장은 지휘, 전파, 지원, 진압, 구출반으로 구성된다.

비상시 업무 체계도						
총괄 책임자	대표이사					
책임자	경영관리팀	기술설비팀		생산운영팀		
관리자	### 과장 (파트장)	### 대리 (기계파트장)	### 과장 (전기파트장)	### 반장 (지게차)	### 반장 (냉장고)	### 반장 (세탁기)
보고자	### 주임	### 주임	### 대리	### 사원	### 사원	### 사원
	#### 사원	### 주임		### 사원	### 사원	### 사원
	###사원			### 사원	### 사원	### 사원
	###사원				### 사원	### 사원
					### 사원	### 사원
					### 사원	### 사원
					### 사원	### 사원
					### 사원	### 사원
					### 사원	### 사원
						###사원
	지휘반	전파반	지원반	지휘반	진압반	구출반

자체 비상대응 체제 구축 비상시 대피절차와 비상대피로(비상시 가까운 비상구를 이용하여 대피) 홍보/교육 화재상황 발생시, 자체적인 대응책을 갖출 수 있도록 소화설비 위치/사용방법 교육
[2] 조직 및 운영 ● 본 사업장의 화재/안전사고 취약지역인 공장동은 총 3개의 비상구를 보유하고 있다. 이에 따라, 비상상활 발생시 효율적으로 비상구를 따라 피난할 수 있도록 직원들을 사전에 교육하고 있다. - 비상대피는 파란색 화살표를 따라 진행되어야 한다.(→) 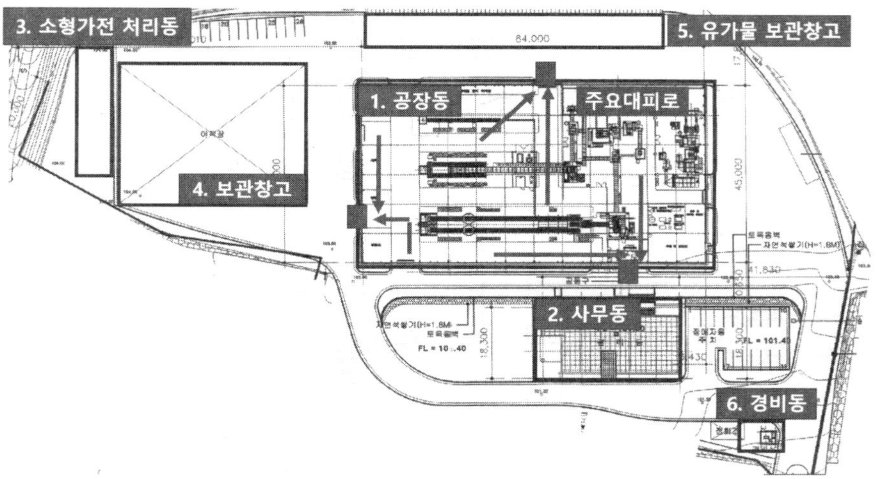

화재 소화활동은 아래 소방시설 현황을 사전에 교육하고, 필요한 장비를 효율적으로 운용할 수 있도록 지속적으로 교육하여야 한다.

소방시설현황 (예시)

분류(층별)	바닥면적(m^2)	용도	소화설비				피난설비			경보설비						
			소화기			옥내(외)소화전	유도등			자동화재탐지					비상방송	가스누설경보기
										감지기						
			분말등	자동소화	기타		피난구	통로	객석	열	연기	발신기	회로	시각경보기		
계			47	13	6	7	41	2		44	74	12	13			
공장동	4,000	공장														
사무동A	1,500	홍보	8	3			8	1		8	4	1	1		1	
사무동B		사무	5	1			12	1		13	2	1	2			
소형가전동	1,000	공장	3	1	1					4						
보관창고	2,500	보관창고	3		3					8		2	2			
경비동	200	사무	1													

경비동	사무동 1층(공조실)	사무동 1층 (유류창고)	사무동 1층(공조실)
			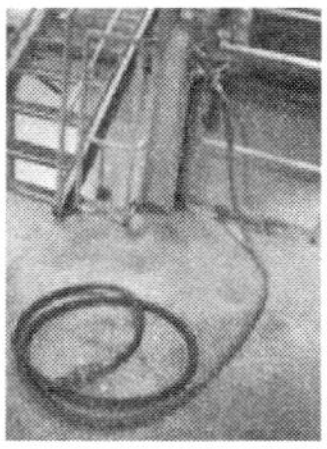
공장동 우레탄 압축실	공장동 출입구	유가물 보관창고	공장동 냉장고 파쇄기

3 환경성보장제도 회수 · 재활용의무 대상제품 적용 범위

[2018. 12월 기준 – 회수·재활용 의무대상품목 27개]

① 냉장고

범위	냉장고, 김치냉장고, 화장품 냉장고 등 용도와 무관하게 냉장 또는 냉동 기능을 제공하는 것
대상 제품	가정용 냉장고 / 냉동고, 김치냉장고, 와인냉장고, 화장품냉장고, 차량용 냉장고, 업소용 제작 냉장고 / 쇼케이스, 자동차 출시 후 차주가 선택적으로 부착(대시보드)하는 차량용 냉장고
비대상 제품	• 냉장 · 냉동창고, 냉장 · 냉동차량 등

② 세탁기

범위	세탁 전용, 건조 기능이 추가된 세탁기 등과 무관하게 세탁 기능을 제공하는 것 (가정용에 한함)
대상 제품	세탁기, 세탁건조기, 전자동세탁기, 2조식세탁탈수기
비대상 제품	• 업소용세탁기, 드라이클리닝기, 건조기

③ 에어컨

범위	벽걸이형, 스탠드형, 건축물 내장형 등 구조나 기타 추가 기능(공기정화 등)유무 등과 무관하게 실내 냉방기능 제공하는 것
대상 제품	창문형 에어콘, 벽형(스탠드형 포함)에어컨, 냉난방기, 자동차 출시 후 차주가 선택적으로 부착(대시보드)하는 차량용 에어컨
비대상 제품	• 냉각탑을 이용한 멀티에어컨, 냉각탑, 냉풍기, 난방기, 제습기 등

④ TV

범위	화면표시 장치와 무관하게 영상기능을 제공하는 것(크기와 상관없다.)
대상 제품	브라운관(CRT)TV, 리퀴드 크리스탈 디스플레이(LCD)TV, 플라즈마 디스플레이 패널(PDP)TV, 비디오일체형, DVD일체형, 비디오, DVD일체형, 유료 방송용 셋톱박스 일체형, 경비 시스템 구축업체에 납품하여 감시용으로 사용되는 CRT텔레비전, TV수신이 가능한 노래방용 모니터, LCD텔레비전, PDP텔레비전, 프로젝방식 텔레비전, DMB단말기, 주방TV폰, 욕실용TV, 자동차 출시 후 차주가 선택적으로 부착(대시보드)하는 차량용 TV
비대상 제품	• 네비게이션 등 TV의 기능이 있는 제품, 주 기능이 TV가 아닌 제품. CCTV, 영상 모니터, 영상 프로젝트, 광고용 전광판 • TV기능이 있는 프리젠테이션 LCD-project(빔프로젝터)와 모니터는 주 기능이 TV가 아니므로 제외

⑤ 개인용컴퓨터

범위	노트북형 컴퓨터, 테스크탑형 등과 무관하게 논리적 연산작용 기능을 제공하는 것
대상 제품	데스크탑, 노트북, 템플릿PC(아이패드, 갤럭시탭), POS, PDA폰, PC본체, 모니터, 자판 포함 또는 PC본체모니터 일체형, 개인용 컴퓨터 부속품, 부분품(제품에 들어있는 제품 사용설명서(매뉴얼)에 기재된 스피커, 헤드셋, 메모리스틱 등의 부분품. 부속품은 대상), 개별적 판매되는 자판(키보드) / 모니터
비대상 제품	• 서버용, 휴대용 전자계산기, 금융기기 • 모니터 중경비 시스템 등 특정 용도로만 사용되도록 설계되어 그 구조 등이 일반 모니터와 다른 경우 비대상 • 타사에서 생산한 부분품, 부속품을 사용하여 개인용 컴퓨터를 단순히 조립하여 판매하는 경우 비대상
참고	다기능을 가진 전기, 전자제품의 경우에는 주기능에 따라 대상품목 여부를 판단하여야 한다.

⑥ 오디오

범위	콤포넌트, 전축 등과 무관하게 음향기능을 제공하는 것 음성신호 변환기 및 음성 출력기로 구성된 전자제품으로 1개의 전원을 공급받아 기록, 재생하는 기기(휴대용은 제외)
대상 제품	오디오 DVD 일체형, 컴포넌트 시스템, 자동차 출시 후 차주가 선택적으로 부착(대시보드)하는 차량용 오디오
비대상 제품	• 휴대용(MP3, 미니카세트, 워크맨, CDP, MDP) • 다른 매체와 연결되어야 오디오 기능을 수행하는 제품 (홈씨어터, DVD플레이어 등) • 라디오, 어학기, 노래방반주기, 확성기 등
참고	휴대용 : 몸에 지니고 다닐 수 있는 것으로 휴대하기가 간편한 제품을 말한다. (MP3플레이어, 미니카세트 등)

⑦ 이동전화단말기

범위	무선기지국을 이용하여 일반 전화가입자 또는 다른 이동통신 전화가입자와 통화기능을 지니고 있는 것
대상 제품	이동전화단말기(전지 및 충전기 포함), 스마트폰(아이폰, 갤럭시S 등) 개별적 판매되는 전지 및 충전기
비대상 제품	• 차량용 카폰, 무전기, 차량용 충전기 등

⑧ 프린터

범위	잉크젯 방식, 레이저 방식 등과 관계없이 프린터 기능을 지니고 있는 것과 그 밖에 복사 기능, 팩시밀리 등 복합기능을 지니고 있는 것으로 연산장치(컴퓨터 등)에 의한 정보를 출력하는 장치
대상 제품	레이저프린터, 잉크젯프린터, 도트프린터, 산업용프린터(롤프린터, 플로터 등), 직물 / 니트 및 완성된 의류에 직접 인쇄할 수 있는 의류 프린터기기, 산업용 출력검토기기(씨멀 / 잉크젯), 산업용 출력프레스(전자사진 및 잉크젯), 사진인화자판기(photo Kiosk), 카드 발권 프린터, 점자를 PRESS하여 찍어주는 시각장애인용 점자 인쇄기
비대상 제품	• 은행 등에서 사용하는 순번 대기표, 소형 모바일 프린터, 상업용 사진현상기, 의학용 / 산업용 X-레이 이미징기기. 산업용 그라비어 및 리소그래픽 인쇄 준비기기, 카드조회 단말기, 금융자동화기기(AMT), 의료용 영상처리용 장치
참고	1. 롤프린터 : 영수증출력, 플로터프린터 : 현수막 등 출력, 현수막 플로티

⑨ 복사기

범위	컬러식, 디아조식 등과 관계없이 프린터 기능을 지니고 있는 것과 그 밖에 프린터 기능, 팩시밀리 기능 등 복합기능을 지니고 있는 것
대상 제품	디지털복사기, 흑백 / 칼라복사기, 프린터, 팩시기능 추가 복사기, 또는 등사기 또는 산업용 복사기 등
비대상 제품	사진현장기

⑩ 팩시밀기

범위	정지 영상을 전기적인 신호로 변환하여 통신 채널을 통하여 전송 기능을 지니고 있는 것과 그 밖에 프린터 기능, 복사 기능 등 복합기능을 지니고 있는 것
대상 제품	열전사식팩시밀리, 디지털팩시밀리, 프린터복사기 추가기능 팩시밀리

⑪ 식기건조기(식기세척기 포함)

범위	소독 · 살균 · 건조 기능 등 추가 기능의 유무 등과 관계없이 식기를 자동으로 세척 또는 건조하는 기능을 지니고 있는 것
대상 제품	업소용 식기건조(세척)기, 가정용 식기건조(세척)기, 빌트인 식기건조(세척)기, 식기살균 · 소독 · 건조기, 수저살균 · 소독 · 건조기, 컵 살균 · 소독 · 건조기, 젖병 살균 · 소독 · 건조기
비대상 제품	• 전기 · 전자제품이 아니다 : 식기건조대 • 식기를 대상으로 하지 않는다 : 과일 · 야채 세척기, 과일 · 야채 탈수기, 쌀 세척기, 행주건조기, 행주 살균기, 고두장갑 살균기, 청소도구 살균기, 장난감 살균기, 장화세척기, 칫솔살균기, 손건조기 • 식기 세척이 주기능이 아니다 : 초음파세척기, 살균수제조기

참고	1. 식기건조대 : 구멍 뚫린 받침대, 전기미사용 2. 과일야채세척기 : 초음파발생장치를 이용하여 과일이나 야채 등을 세척하는 기기 3. 초음파세척기 : 초음파발생장치를 이용하여 그릇이나 안경 등을 세척하는 기기, 초음파 진동을 가한 용매 속에서 물품의 표면에 부착된 이물질을 제거하는 장치를 말한다. 4. 살균수제조기 : 전기분해를 이용, 물분자를 초미립자로 쪼개어 생성된 수산화기가 유해세균의 세포막에 있는 수소와 결합해 파괴시키는 살균기술을 이용하여 살균수를 제조하는 기기. 살균수를 제조하여 가정에서 과일, 야채, 칼, 도마, 식기 등을 살균하는데 사용된다.

⑫ 전기오븐

범위	밀폐*기구 내의 가열된 공기와 벽의 방사열 등을 이용하여 식품을 가열하는 기능을 지니고 있는 것 ※ 음식물을 용기 안에 넣거나 선반 위에 올려놓을 수 있는 구조로 되어 있고, 문이 있는 가열 공간을 갖는 기기
대상 제품	업소용 전기오븐, 가정용 전기오븐, 빌트인 전기오븐, 광파 전기오븐, 스팀 전기오븐, 컨벡션 전기오븐, 할로겐 전기오븐, 미니전기오븐, 복합형 전기오븐, 단일형 전기오븐, 오븐 전자레인지, 오븐조리기, 조리레인지, 오븐토스터
비대상 제품	• 전기 · 전자제품이 아니다 : 직화오븐기(바비큐 오븐), 가스오븐 • 밀폐기구 내의 조리방법이 아니다 : 오픈형 전기 그릴, 인덕션 • 문이 있는 가열공간이 아니다(전기용품 안전기준의 '오븐' 정의에 따라 제외) : 뚜껑 덮는 전기 그릴, 식품 건조기, 전기찜기(전기쿠커)
참고	* 밀폐 : 샐 틈이 없이 꼭 막거나 닫음 1. 오븐 전자레인지 : 전자레인지와 오븐 기능이 함께 있는 제품 2. 오븐조리기 : 일반적으로 사용되는 복합오븐과 달리 부피는 작고, 예열과 해동이 필요 없으며, 이동이 가능 3. 조리레인지 : 호브 및 하나 이상의 오븐을 갖춘 기기

⑬ 전자레인지

범위	전자기파를 이용하여 식품을 가열하는 기능을 지니고 있는 것 ※ 가열실 내에서 식품 및 음료를 가열하기 위해 300MHz~30MHz의 1개 또는 복수의 ISM 주파수 대역의 전자 에너지를 사용하는 기기
대상 제품	업소용 전자레인지, 가정용 전자레인지, 소형(미니) 전자레인지, 다이얼식 전자레인지, 버튼식 전자레인지, 오븐 전자레인지
비대상 제품	• 전자기파를 이용하지 않는다 : 전기레인지(전기쿡탑)
참고	1. 전기레인지 : 유도가열 원리를 이용하여 전기 에너지로 음식을 조리하는 기구로, 가스레인지와 같은 기능을 하나 가스 누출과 폭발 위험 등이 없도록 전기를 이용. 세척이 편리하고 열전도율이 높고 에너지 소비량이 적으며, 공기 중 산소를 소모하지 않아, 일산화탄소와 같은 각종 유해 가스가 발생하지 않는다.

⑭ 전기히터

범위	열원 및 가열방식 등과 관계없이 실내 난방 기능을 지니고 있는 것
대상 제품	산업용(업소용) 전기히터, 가정용 전기히터, 벽걸이형 전기히터, 선풍기형 전기히터, 스탠드형 전기히터, 소형(미니) 전기히터, 원적외선 전기히터, 근적외선 전기히터, 팬 난방기, 전기온풍기(열풍기 포함), 천정형 온풍기, 전기방열기(전기스토브), 전기컨벡터, 전기온열기, 전기라디에이터, 전기식 돈풍기
비대상 제품	• 전기 · 전자제품이 아니다 : 가스히터(난로), 가스식 돈풍기 • 직접난방장치가 아니다 : 전기보일러 • 실내난방의 기능이 아니다 : 물히터(온수히터), 가열총(히팅건), 전기찜질기, 국소적 보온을 위한 제품(전기방석, 전기담요, 전기발열장갑, 전기(온수)매트, 전기(온수)침대, 전기찜질기 등)
참고	1. 팬 난방기 : 팬에 의해 가속된 공기의 이동이 있는 난방기 2. 온풍기 : 난방기의 발열체 뒤쪽에 팬을 장치하고, 따뜻한 바람을 강제로 보내는 기구 3. 전기방열기 : 전열선으로부터 나오는 열을 난방 등에 이용하기 위한 장치로써 전열선 배후에 반사판을 붙이는 경우가 많은데 일반적으로 전기스토브가 가장 대표적 4. 전기컨벡터 : 알루미늄 열선히터를 이용하여 찬 공기를 더운 공기로 변화시켜 주는 원리 5. 라디에이터 : 내연기관에서 발생한 열의 일부를 냉각수를 통해서 대기 속으로 방출하는 장치 6. 돈풍기 : 돼지 창자처럼 꼬불꼬불한 연풍이 있어 돈풍기라고 불리는 히터 7. 물히터 : 물을 가열하거나 전기, 가스, 액체 연료에 의한 세제(용융되거나 혼합 가능한 화학물이 첨가하거나 첨가하지 않은 물) 또는 열을 교환하는 것 8. 히팅건 : 뜨거운 공기를 분사하는 기기로 재료를 녹이거나 페인트 또는 플라스틱을 부드럽게 하기 위해 사용하기도 함. 실내용 난방기기가 아닌 휴대용 가열기구 9. 전기찜질기 : 온열 면적이 $0.2m^2$를 넘지 않고 신체에 접촉하여 일부분에 온열을 가함으로써 신체 일부분을 따뜻하게 하는 기기($0.2m^2$ 미만으로 유연성을 갖는 축열식 전기찜질기(전원을 분리한 후 소비자가 사용하는 제품)도 이 기준을 적용)

⑮ 전기정수기(냉 · 온수기 포함)

범위	냉온수기 · 이온수기 기능 등 추가 기능의 유무 등과 관계없이 물리적 · 화학적 · 생물학적 과정을 거쳐 물을 깨끗하게 하는 기능을 지니고 있는 것
대상 제품	업소용 전기정수기, 가정용 전기정수기, 소형(미니) 전기정수기, 물통 전기정수기, 얼음 전기정수기, 냉온 전기정수기, 냉온수기, 이온수기 기능을 지닌 전기정수기, 직수 전기정수기, 미네랄 전기정수기, 전기이온수기, 조리수기
비대상 제품	• 기기 내에서 물을 정수하는 기능이 아니다. : 살균수 제조기, 전기 온수기, 순간 온수기 등 • 통상적으로 해석되는 냉온수기가 아니다. : 온수 디스펜싱기기

참고	1. 냉온수기 : 필터가 있어 정수의 역할을 하는 것이 아닌 차가운 물/뜨거운 물을 인위적으로 바이메탈이라는 장치를 통해서 온도조절을 하는 기구. 일반적으로 18.9L짜리 생수 1통을 엎어서 넣어 사용 2. 이온수기 : 물을 전기분해하여 이온화시키는 기구 3. 전기 온수기 : 물을 가열하고 용기에 저장하며 물의 온도를 조절할 수 있는 장치를 장착한 거치형 기기 4. 순간 온수기 : 물이 기기 내부를 흐르는 동안 물을 가열하기 위한 거치형 기기

⑯ 비디오플레이어(브이시아르(Video Cassette Recorder) 및 디브이디(Digital Video Disk) 플레이어로 한정)

범위	전기 녹화장치로써 자기 테이프 및 디지털 저장 장치에 텔레비전 등의 영상을 기록하고 재생하는 기능을 지니고 있는 것
대상 제품	VCR플레이어, DVD플레이어, VCR · DVD 등 겸용 플레이어, 휴대용 DVD플레이어, 블루레이 플레이어, 유니버셜 플레이어, DVD · DVIX콤보
비대상 제품	• 주기능이 비디오(VCR, DVD) 플레이어가 아니다. : 디빅스 플레이어, 셋톱박스
참고	1. 블루레이 플레이어 : 블루레이 디스크를 재생하는 기기 - 블루레이 디스크 : DVD가 650nm파장의 적색 레이저를 사용하는 데 비하여 블루레이디스크는 훨씬 짧은 405nm파장의 청자색 레이저를 사용하여 DVD와 같은 크기에도 더 많은 데이터 저장 가능, 블루레이디스크가 사실상 차세대 DVD의 표준이 된다. 2. 유니버셜 플레이어 : 3D 블루레이, DVD, DVD-Audio, Super Audio CD, 음악 CD를 재생 가능 3. 디빅스 플레이어 : 하드 디스크 드라이브(HDD)가 내장된 재생 기기로, 영화, 드라마, 음악, 사진 등 각종 멀티미디어 데이터를 저장한 후 TV나 프로젝터 등에 연결해 감상 가능하며 가정에서는 물론 차 안에서도 차량용 TV, 네비게이션 등에서 이용이 가능 4. 셋톱박스 : 디지털망을 통해 비디오 서버로부터 전송된 압축신호를 원래의 영상 및 음성신호로 복원해 주는 장치. TV에 위성이나 케이블 방송 시청, 혹은 인터넷 접속 등 다양한 부가기능을 가능하게 해주는 기기, 기존의 아날로그 TV를 디지털 TV로 바꿔주는 하드웨어. 셋톱박스에다가 전화선, 케이블 TV망, ADSL등 통신회선을 연결하면 컴퓨터 없이도 쉽게 인터넷 검색이 가능하게 되며 크기는 VCR 정도로 방송형식에 따라 케이블TV용, 위성방송용, 인터넷 TV용으로 나뉜다.

⑰ 공기청정기

범위	정화 방식과 가습·제습 기능 등 추가 기능의 유무 등과 관계없이 공기 중 세균이나 분진 등을 여과하여 공기를 정화하는 기능을 지니고 있는 것 ※ 공기 이온화용 장치를 장착할 수도 있는 여과 장치를 갖춘 자급식 기기
대상 제품	업소용 공기청정기, 가정용 공기청정기, 차량용 공기청정기, 미니 공기청정기, 대형 공기청정기, 에어워셔, 산소발생기, 공기살균기, 음이온 공기청정기, 공기청정가습기, 공기청정제습기
비대상 제품	• 공기를 정화하는 용도가 아니다 : 어항산소발생기
참고	1. 에어워셔 : 공기 세정기, 중앙집중식 공조기로 분무 노즐에서 적당한 물을 분무하여 공기를 정화하기도 하고 온수 분무로 가습하거나 냉수 분무로 감습하기도 한다. 2. 산소발생기 : 공기 중에 있는 오염물질과 질소를 제거하고 산소를 고농축시켜 실내에 발생시키는 전기기기 3. 공기살균기 : 기기 내에 집진부(헤파필터)가 내장되지 않고 고압방전, UV, 플라즈마 등의 방법으로 활성산소, 이온, 오존, 이온성 물질 등을 발생시켜 실내공기 중 부유세균 및 냄새 물질을 일정수준 이하로 저감시키는 장치

⑱ 가습기

범위	기화식·가열식 등 그 방식이나 공기청정·제습 기능 등 추가 기능의 유무 등과 관계없이 공기 중에 수분을 공급하는 기능을 지니고 있는 것
대상 제품	업소용 가습기, 가정용 가습기, 미니(휴대용) 가습기, 가열식 가습기, 초음파식 가습기, 복합식 가습기, 버튼식 가습기, 다이얼식 가습기, 터치식 가습기, 페트병가습기, 공기청정가습기
비대상 제품	• 전기·전자제품이 아니다 : 천연가습기

⑲ 전기밥솥

범위	전기 저항에 의하여 발생하는 열을 이용하여 자동으로 밥을 조리하는 기능을 지니고 있는 것
대상 제품	업소용 전기밥솥, 가정용 전기밥솥, 소형(미니) 전기밥솥, 일반전기밥솥, 압력전기밥솥, IH압력전기밥솥, 단순기계식 전기밥솥, 마이콤식 전기밥솥, 다이얼식 전기밥솥
비대상 제품	• 전기·전자제품이 아니다 : 냄비형 압력밥솥 • 밥을 조리하는 것이 아니다 : 전기보온기
참고	1. 전기보온기 : 음식이나 그릇류를 보온하는 기능을 가진 것

⑳ 청소기

범위	전력 공급 방식과 관계없이 청소기능을 지니고 있는 것
대상 제품	업소용(사무실용) 청소기, 가정용 청소기, 차량용 청소기, 침구용 청소기, 미니(핸디, 무선)청소기, 스틱형 청소기, 로봇 청소기, 스팀(진공)청소기, 고압 세척기, 카페트 세척기, 마루광택기(대리석연마기), 잔수처리기(물흡입청소기), 전기바닥청소기, 전기표면세척기, 스팀해빙기
비대상 제품	• 전기 · 전자제품이 아니다 : 회전(물걸레) 청소기
참고	1. 고압 세척기 : 높은 압력을 이용하여 물을 분사시켜 오염물질을 세척하는 기기 2. 잔수처리기 : 초강력 진공모터를 사용하여 배수 작업 등을 하며, 물탱크 청소, 카페트 청소, 수영장 청소 등에 쓰인다.

㉑ 전기비데

범위	욕실 · 화장실 등에 설치하는 위생기구로써 냉온수 분사를 통해 항문 등을 세정하는 기능을 지니고 있는 것
대상 제품	업소용 비데, 가정용 비데, 일체형 비데
비대상 제품	• 전기 · 전자제품이 아니다 : 아기 비데(수동형), 기계식비데 • 기타 : 휴대용 비데(건전지 사용)
참고	1. 기계식 비데 : 세면대 냉온수를 연결해서 사용하는 비데로 전기를 사용하지 않으며, 물청소가 용이

㉒ 선풍기(환풍기 제외)

범위	전동기를 이용하여 바람을 일으키는 기능을 지니고 있는 것
대상 제품	업소용 선풍기, 가정용 선풍기, 천장형 선풍기, 스탠드형 선풍기, 탁상용 선풍기, 벽걸이형 선풍기, 타워형 선풍기, 소형(미니) 선풍기, 날개 없는 선풍기, 냉풍기, 빙풍기, 공기순환기
비대상 제품	• 기타 : 송풍기, 환풍기 • 타 제품의 부분품 : 선풍기 내장형 쿨링시트(통풍시트)
참고	1. 냉풍기 : 차가운 얼음물 사이로 더운 바깥 공기를 통과시켜 시원한 바람을 내보내는 원리로, 선풍기 날개 앞에 물에 적신 수건을 걸어 놓으면 조금 더 시원한 바람이 부는 것과 비슷. 냉풍기 안에 얼음물이 담긴 수조가 설치되어 있으며 기기를 작동시키면 컨베이어벨트처럼 생긴 천이 이 수조안으로 연속적으로 빠지며 수조에서 나와 기기 안으로 들어오는 더운 공기와 접촉하여 주위 열을 빼앗고 다시 수조로 들어감. 이 현상이 반복되며 시원한 바람이 나온다. 2. 빙풍기 : 냉풍기와 같은 원리이나 천에 얼음물을 묻히는 대신 얼음물을 금속판 사이에 통과시켜 열 교환 효과를 내는 것 3. 공기순환기 : 에어써큘레이터, 공기를 순환시켜주는 기계, 냉난방기 사용 시 차가운 공기 혹은 따뜻한 공기를 전체적으로 고르게 퍼지게 해주는 용도로 많이 사용된다.

	4. 송풍기 : 공기나 기체에 압력을 가해 내보내는 기계(송풍 : 기계 따위로 바람을 일으켜 보낸다.) 5. 환풍기 : 실내의 공기를 바깥의 맑은 공기와 바꾸는 기구, 대개 프로펠러 모양의 팬이 달려 있다.

㉓ 믹서(주서 포함)

범위	종류나 용도에 관계없이 재료를 갈거나 이겨서* 가루 또는 즙을 내는 기능을 지니고 있는 것
대상 제품	업소용 믹서기, 가정용 믹서기, 소형(미니) 믹서기, 식품 가공기, 핸드블렌더, 주서기, 주서믹서기, 녹즙기, 압즙기, 원액기, 분쇄기(커피 분쇄기 등), 빙삭기, 아이스크림 · 슬러시 제조기, 마늘박피기, 야채다지기, 야채절단기, 슬라이스기, 전기고기갈개, 거품반죽기, 크림거품기, 계란반죽기
비대상 제품	• 재료를 갈거나 이겨 만들지 않는다 : 전기약탕기(슬로우쿠커) • 냉장고로 분류 : 슬러시 제조기 중 설빙고처럼 살짝 얼린 후 진동에 의해 슬러시를 만드는 기기
참고	*이기다 : 1. 가루나 흙 따위에 물을 부어 반죽하다. 2. 칼 따위로 잘게 썰어서 짓찧어 다지다. 1. 식품 가공기(푸드 프로세서, 후드믹서) : 모터, 날, 원형날 세트로 구성되어 있는 전기 기기. 자르기, 다지기, 갈기, 섞기, 치대기 등에 사용 2. 핸드블렌더 : 믹서기와 기능은 비슷하지만 구조가 칼날과 용기가 분리되어 있고, 칼날이 부착된 본체를 움직여서 수프나 소스를 곱게 만들 때 사용 3. 아이스크림 제조기 : 냉동용기(내용물을 차갑게 유지하도록 디자인된 용기)에 들어 있는 주걱을 회전시켜 셔벗이나 아이스크림을 만드는 기기 4. 전기약탕기(슬로우쿠커) : 재료를 갈거나 이겨 즙을 내는 원리가 아닌 물과 함께 끓여 액체로 만드는 원리

㉔ 전기다리미

범위	열과 압력을 가하여 옷 · 섬유의 구겨진 주름살을 펴는 기능을 지니고 있는 것
대상 제품	업소용 전기다리미, 가정용 전기다리미, 소형(휴대용) 전기다리미, 핸디형 전기다리미, 스틱형 전기다리미, 직물용 전기 스티머(스팀 전기다리미), 건식 전기다리미, 유선 전기다리미, 무선 전기다리미
비대상 제품	
참고	1. 직물 표면에 증기를 직접 가하여 의복이나 직물의 주름을 제거하는 기기 2. 스팀다리미 : 다리미질을 하는 동안에 물을 생성하고, 섬유에 물을 가하는 장치가 있는 다리미 3. 무선 전기다리미 : 받침대에 올려놓은 상태에서만 전원 공급기에 연결하는 다리미

㉕ 연수기(경수연화기)

범위	경수에 들어 있는 칼슘과 마그네슘 같은 양이온을 제거하여 연수를 만드는 기능을 지니고 있는 것
대상 제품	업소용 연수기, 가정용 연수기
비대상 제품	• 전기 · 전자제품이 아니다 : 녹물제거연수기 • 전기정수기로 분류 : 전기이온수기
참고	1. 녹물제거연수기(싱크대, 욕실 연수기) : 싱크대 혹은 세면대 등의 수도 헤드만 교체해서 사용할 수 있는 제품으로 샤워기 머리 부분에 필터가 달려 있어 녹, 중금속 등을 제거해준다(전기 미사용).

㉖ 음식물처리기

범위	건조식, 분쇄식, 냉동식 등 그 처리방식과 관계없이 음식물쓰레기의 보관 · 처리 기능을 지니고 있는 것 ※ 씽크대 수챗구멍에 부착해서 흘러나가는 물에 작은 음식물 찌꺼기를 걸러내서 음식물 쓰레기 줄이는 기기 또는 효소 및 발열체를 이용하여 음식물 쓰레기를 발효시키거나 건조시켜 음식물 쓰레기 부피를 줄이는 기기
대상 제품	업소용 음식물처리기, 가정용 음식물처리기, 음식물분쇄기, 분쇄건조 음식물처리기, 탈수방식 음식물처리기, 열풍건조 음식물처리기, 냉동방식 음식물처리기, 미생물 음식물처리기, 음식물건조기, 전기 음식물탈수기
비대상 제품	• 전기 · 전자제품이 아니다 : 싱크대 내장 음식물 탈수기, 음식물 휴지통

㉗ 자동판매기

범위	일정 액수의 돈을 직접 투입하거나 신용카드 등으로 결제하면 원하는 물건이 나오는 기능을 지니고 있는 것 ※ 동전, 신용 카드 또는 다른 지불 수단을 이용하여 작동하는 디스펜싱 기기*
대상 제품	미니 자동판매기, 커피 자동판매기, 캔 자동판매기, 특수 자동판매기(라면 자동판매기, 일용품 자동판매기 등), 원두커피 자동판매기, 담배 자동 판매기, 포장 식음료 자동 판매기, 신문 · 오디오 및 비디오 테이프 또는 디스크 자동 판매기, 티켓발매기, 키 자판기
비대상 제품	• 자동판매기가 아닌 자동 디스펜서**이다 : 슬러시/소프트 아이스크림기, 커피머신 • 결제하여 구매하기 위한 제품이 아닌 서비스기기지폐교환기, 동전교환기, ATM기 • 프린터 · 복사기 등으로 분류 : 무인 민원 발급기, 사진 인화 자판기, 무인 유료 복합기(유료형 무인 복사 · 프린터 제품) • 물건이 나오는 기능이 아니다 : 물품보관함, 무인택배보관함
참고	* 디스펜싱 기기(dispensing appliance) : 식품, 음료 또는 기타 제품을 제공하는 기기로 제품을 조리하는 기능을 포함할 수 있으며, 손으로 조작할 수도 있고, 동전이나 신용카드를 이용하여 작동시킬 수도 있다. ** 자동 디스펜서(automated dispenser) : 자동 커피머신과 같이 버튼 또는 손잡이를 한번 누르면 정해진 양만이 공급되도록 고안된 도구

4 EcoAS 사용법

4.1 개념

운영관리정보체계는 「전기 · 전자제품 및 자동차의 자원순환에 관한 법률」 제38조 및 동법 시행령 제34조에 근거한 전기 · 전자제품 및 자동차제품 재활용시스템(Electrical and Electronic Equipment and Vehicle ECO-Assurance System)으로 보고자료의 간소화, 관련업계의 대응 용이성 제공 및 효율적인 관리를 위하여 한국환경공단에서 운영하고 있다. 웹사이트 주소는 http://www.ecoas.or.kr이다.

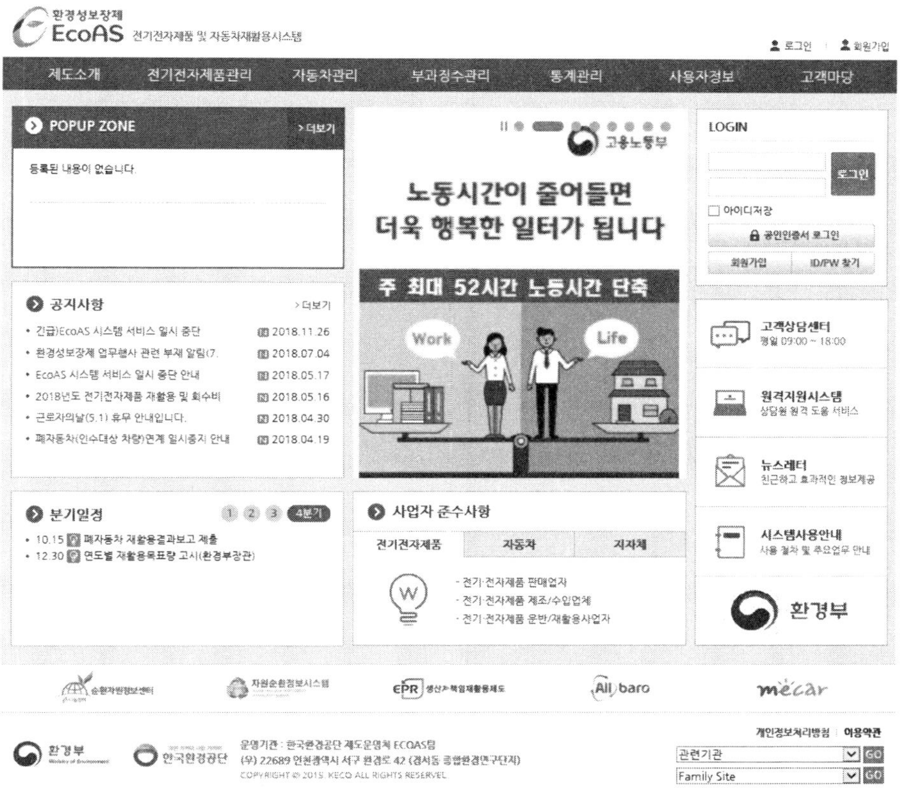

▲ EcoAS 초기화면

환경성보장제 이해관계자는 모든 행정사항을 EcoAS를 통해 작성, 제출 가능하며, 제출자료 및 회수 · 재활용 실적은 자동으로 집계되어 통계자료가 구축된다.

4.2 관리표 작성 및 제출방법

- 유해물질 사용제한 등의 공표
  - 전기전자제품관리 > 사전예방관리 > 유해물질함유기준준수 클릭하여 유해물질 함유기준 준수 여부 확인 · 평가서 작성하여 제출

- 재활용정보 제공
  - 전기전자제품관리 > 사전예방관리 > 재활용정보제공관리 클릭하여 재활용정보를 작성(요청/통보)하여 제출

- 전기 · 전자제품별 출고 · 수입실적 제출
  - 전기전자제품관리 > 재활용실적 > 출고 · 수입실적 클릭하여 전년도 출고, 수입 실적량을 작성하여 제출

• 전기 · 전자제품별 연간 매입 · 판매실적 제출

- 전기전자제품관리 > 재활용실적 > 매입 · 판매실적 클릭하여 전년도 매입, 판매 실적량을 작성하여 제출

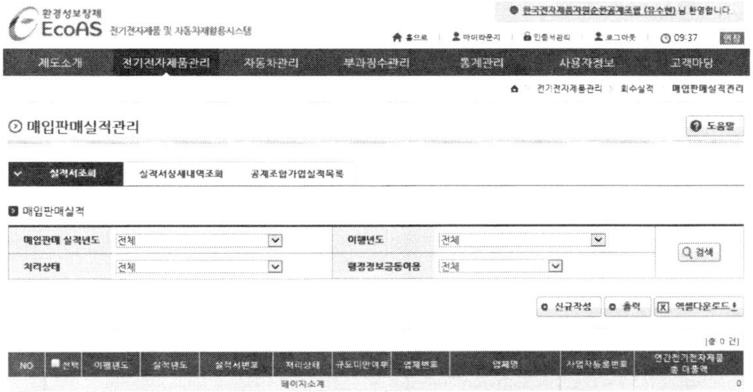

• 의무이행계획서 제출

- 재활용의무이행계획서 : 전기전자제품관리 > 재활용실적 > 재활용의무이행계획 클릭하여 의무대상품목, 재활용방법 및 기준 등 작성 및 제출
- 회수의무이행계획서 : 전기 · 전자제품관리 > 회수실적 > 회수의무이행계획 클릭하여 의무대상품목, 회수방법 등 작성 및 제출

▲ 의무이행계획서 제출서식

- 의무이행결과보고서 제출
  - 재활용의무이행결과보고서 : 전기전자제품관리 > 재활용실적 > 재활용의무이행결과 클릭하여 의무대상품목, 재활용방법 및 기준 등 작성 및 제출
  - 회수의무이행결과보고서 : 전기전자제품관리 > 회수실적 > 회수의무이행결과 클릭하여 의무대상품목, 회수방법 등 작성 및 제출

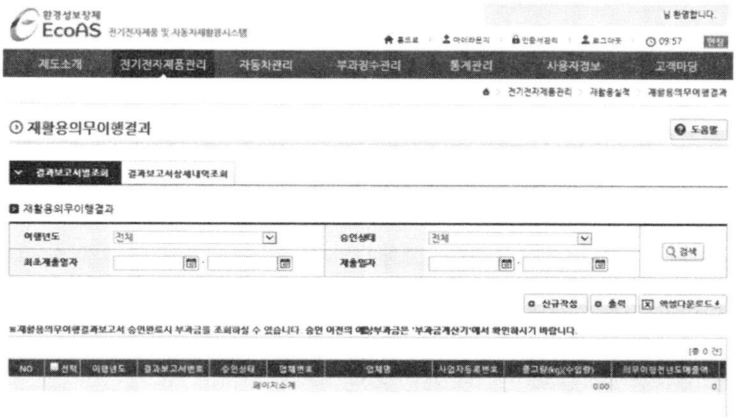

▲ 의무이행결과 제출서식

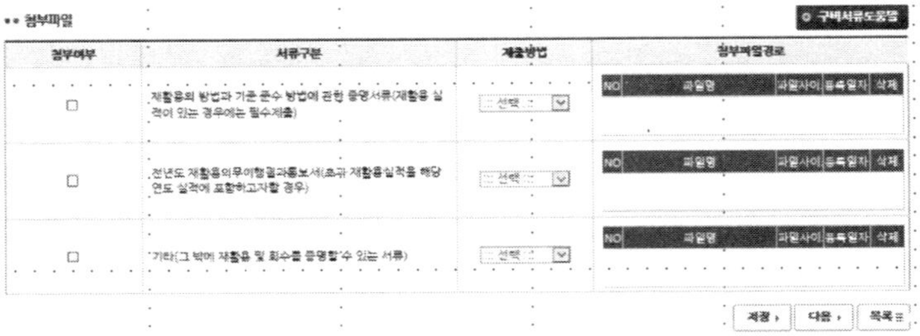

- 관리표 제출

  - 대 상 : 폐전기 · 폐전자제품이나 폐자동차를 운반하거나 재활용하는 자

구 분	제출방법
수집 · 운반자	가. 수집 · 운반자가 폐전기 · 폐전자제품별로 관리표를 작성하여 인수자의 확인을 받은 후 제출한다. 이 경우 작성기준일자는 재활용사업자나 집하장 등으로 인계한 일자이며, 수집지역은 관리표 작성 · 제출 의무자의 소재지를 기준으로 작성한다. 나. 가목에도 불구하고 혼합 수거된 폐전기 · 폐전자제품을 선별장에서 선별하는 경우 소형기기군은 제품군별로 선별 후 관리표를 작성 · 제출한다. 이때 관리표 작성기준일자는 재활용사업자 등으로 인계한 일자이며, 수집지역은 선별장 소재지를 기준으로 작성한다. 다. 개인 및 운영관리정보체계에 미등록된 재사용업자(이하 "미등록된 재사용업자"라 한다)가 폐전기 · 폐전자제품을 수거하여 재활용사업자의 사업장으로 운반할 경우 재활용사업자가 작성하여 제출한다. 이 경우 관리표 작성기준일자는 재활용사업자의 사업장으로 반입된 일자이며, 수거지역은 재활용사업자의 사업장 소재지를 기준으로 작성한다. 라. 수집 · 운반자가 미등록된 재사용업자의 사업장으로 운반할 경우 수집 · 운반자가 작성하여 제출한다. 이 경우 작성기준일자는 재사용업자의 사업장으로 인계한 일자이며, 수집지역은 수집 · 운반자의 소재지를 기준으로 작성한다. 마. 둘 이상의 관리표 작성 · 제출 의무자가 공동으로 집하장을 사용하는 경우에는 그 중 하나의 의무자가 의무자별 관리표를 작성 · 제출할 수 있다. 이 경우 관리표 작성기준일자는 재활용 사업장 입고 일자이며, 수거지역은 집하장 소재지를 기준으로 작성한다.
집하장 운영자	가. 집하장을 운영하는 자가 다른 집하장이나 다른 재활용사업자의 사업장으로 운반할 경우 인계자가 작성하여 인수자의 확인을 받은 후 제출한다. 나. 집하장을 운영하는 자가 미등록된 재사용업자의 사업장으로 운반할 경우 집하장을 운영하는 자가 작성하여 제출한다.
재활용 사업자	가. 재활용사업자가 재활용정보를 작성하여 제출한다. 나. 재활용사업자가 폐전기 · 폐전자제품에서 회수한 기후·생태계변화 유발물질을 폐가스류처리업자 등에게 인계한 내역을 작성하여 제출한다.
폐가스류 처리 업자	가. 재활용사업자로부터 인계받은 폐전기 · 폐전자제품 기후 · 생태계변화 유발물질을 재활용하거나 안전하게 처리한 정보를 작성하여 제출한다.

- 전기 · 전자제품관리 > 전자관리표 클릭하여 수집 · 운반 및 재활용 정보 작성 및 제출

구 분	제출방법
수집 · (운반)용 인계	● 수집(운반)용 인계 : 최초로 수거운반한 품목에 대하여 인수자에게 인계한 품목을 전자관리표로 작성 후 인수자에게 전송 

구 분	제출방법
수집 · (운반)용 인수	• 수집(운반)용 인수 : 인계받은 수거 · 운반 품목에 대하여 인수확인 후 제출 또는 재발송 요청

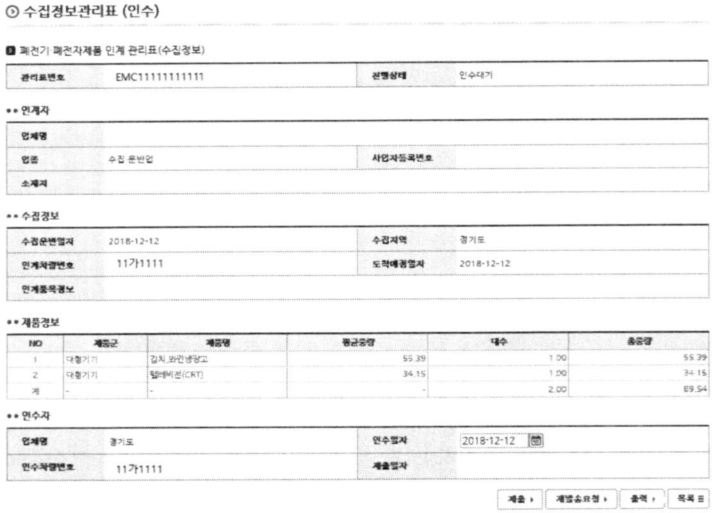

구 분	제출방법
운반용 인계	• 운반용 인계 : 운반한 품목에 대하여 인수자에게 인계한 품목을 전자관리표로 작성 후 인수자에게 전송

구 분	제출방법

운반용 인수

- 운반용 인수 : 인계받은 운반품목에 대하여 인수확인 후 제출 또는 재발송 요청

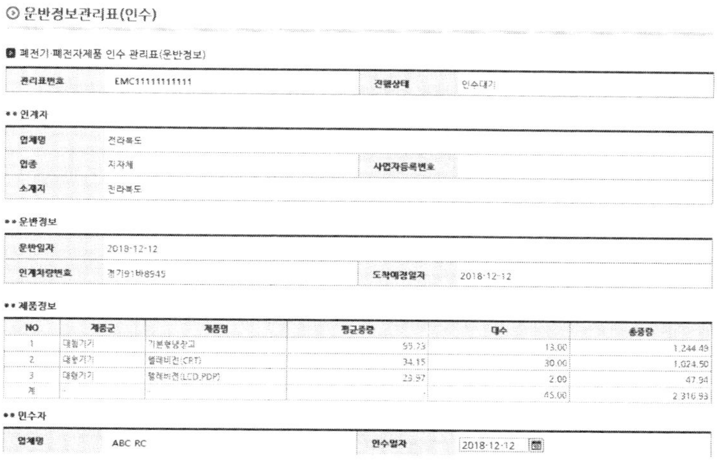

⊙ 운반정보관리표(인수)

■ 폐전기·폐전자제품 인수 관리표(운반정보)

관리표번호	EMC11111111111	진행상태	인수대기

** 인계자

업체명	전라북도		
업종	지자체	사업자등록번호	
소재지	전라북도		

** 운반정보

운반일자	2018-12-12		
인계차량번호	경기91바8945	도착예정일자	2018-12-12

** 제품정보

NO	제품군	제품명	평균중량	대수	총중량
1	대형기기	기본형냉장고	95.73	13.00	1,244.49
2	대형기기	텔레비전(CRT)	34.15	30.00	1,024.50
3	대형기기	텔레비전(LCD,PDP)	23.97	2.00	47.94
계	-	-	-	45.00	2,316.93

** 인수자

업체명	ABC RC	인수일자	2018-12-12

재활용 정보

- 폐전기/폐전자제품 세부 재활용내역과 공급내역 등 작성, 제출

⊙ 재활용관리표

■ 재활용관리표(재활용사업자용) 조회

재활용실적상세보기

** 업체정보

* 는 필수입력 항목입니다.

*업체명		사업자등록번호	
소재지			
업종	재활용의무생산자 대행		

** 재활용정보

*재활용일자	2018-12-12	*적정여부	○ 적정 ○ 부적정

재활용정보 세부내역 | 소재별 재활용/재사용 | 공급내역 | 기타:비대상품반입 | 기타:종말처리품처리내역 | 기타:비대상품처리내역

출고가능재고 | 제품추가

※ 재활용량은 투입량 발생시 마다 기재하여 주십시오.

NO	삭제	*제품군	*품목	*재활용방법및기준	평균중량(kg)	*대수	총중량(kg)	배터리여부	[illegible]				
									CFC (R-12)	기타	기타 (R-410A)	HCFC (R-22)	HFC (R-134a)
		소계				0.00	0.00		0.00	0.00	0.00	0.00	0.00

조회된 데이터가 없습니다.

저장 | 목록

5 용어정의

BBP(Butyl Benzyl Phthalate, 부틸벤질프탈레이트)

맑은 기름 형태의 액체로 약한 냄새가 나며, 비닐 바닥재의 가소제, 아크릴 수지, 접착제, 플라스틱, 자동차 코팅, 손톱 광택, 공기투과성 콘택트렌즈에 사용된다. 동물에서는 발암 물질로 알려져 있다. 중추 신경계를 억제하며 증상으로 오심, 두통, 쇠약, 운동조화불능, 의식 소실 등이 있다. 작업장에서 취급자는 적절한 화학 보호 의복, 장갑, 신발, 고글을 착용하여야 한다. RoHS II(Directive 2015/ 862/EU)에 의거하여, 국내에서 ´20년부터 유해물질로 지정 · 관리하고자 ´18. 10월 입법예고 되었다.

REACH(Registration, Evaluation, Authorisation and restriction of Chemicals, EU 화학물질의 등록, 평가, 허가, 제한 규칙)

연간 1톤 이상의 화학물질 자체, 혼합물 내 물질, 완제품 내 물질에 대하여 EU 제조자/수입자로 하여금 등록, 평가, 허가, 제한을 받도록 의무화하는 제도

6가크롬($Cr6^{+}$)

내식성 및 내열성이 우수하여 도금, 페인트 및 안료 등에 주로 사용. 천식, 폐암, 신장 및 간 손상, 급사 등의 유해성을 지닌 물질(「전기 · 전자제품 및 자동차의 자원순환에 관한 법률」/RoHS 6대 규제물질 중 하나)

CE Marking(Conformity European Marking)

EU시장 내에서 제조. 유통되는 제품의 안전성 보장을 목적으로 EU 제조자, 수입자 및 사용자에게 해당규격에 따른 제품의 적합성을 증명하고 CE마킹을 하도록 의무화하는 제도

CFC(Chlorofluorocarbon, 염화불화탄소)

염소와 불소를 포함한 일련의 유기화합물을 총칭하는 것으로, 냉매, 분사제, 발포제, 세정제 등으로 폭넓게 사용하고 있으나 화학적으로 안정하여 사용후 성층권까지 도달하여 오존층을 파괴하는 주 원인물질

CoC(Certificate of Conformity, 제3자인증)

제3자 인증기관을 통해 RoHS와 관련하여 제품의 적합성을 확인받는 것

DBP(Di-butyl Phthalate, 디부틸프탈레이트)

중합제, 용매 등으로 다양하게 사용된다. 많은 유기 용매에 잘 녹는다. 기형을 유발하는 물질로 의심받고 있는 내분비 교란물질의 하나이다. 화장품 산업에서 매니큐어 등에 사용되어 왔으나 미국의 경우 2006년부터 이러한 용도로 사용하는 것이 중지되는 추세다. 점막에 자극성을 지니고 있으나 통상적인 농도에서 치명적인 독성은 보고된 바 없다. RoHS II(Directive 2015/862/EU)에 의거하여, 국내에서 '20년부터 유해물질로 지정 · 관리하고자 '18. 10월 입법예고 되었다.

DoC(Declaration of Conformity, 자기적합성선언)

제품 제조자 스스로가 RoHS와 관련하여 자체적으로 제품의 적합성을 선언하는 것

DEHP(Di-EthylHexyl Phthalate, 디에틸헥실프탈레이트)

눈, 피부, 점막에 자극을 일으킬 수 있으며 접촉피부염을 유발할 수 있다. 많은 양을 삼킨 경우 가벼운 위장 장애와 설사가 일어날 수 있다. 다량의 프탈산 에스테르가 흡수되면 중추신경계 억제가 일어날 수 있다. RoHS II(Directive 2015/862/EU)에 의거하여, 국내에서 '20년부터 유해물질로 지정 · 관리하고자 '18. 10월 입법예고 되었다.

DIBP(Di-isobutyl Phthalate, 디이소부틸프탈레이트)

무색, 무취 또는 매우 약한 방향성 냄새를 띄는 유성 액체로 향기 희석제, 알코올 변성제, 니트로셀룰로오스와 초산섬유소의 용매, 고체 로케트 추진제의 가소제, 염료 매개체, 습윤제, 향수의 고정제 등에 사용된다. 발암성은 없으며, 독성이 크지 않은 물질로 눈, 피부, 점막을 자극시킬 수 있다. 노출 시 자극감, 눈물 흘림, 구역, 두통, 현기증, 다발성 신경병증, 전정기능 장애, 통증, 감각 이상, 쇠약, 팔다리의 연축의 증상이 나타날 수 있다. RoHS II(Directive 2015/862/EU)에 의거하여, 국내에서 '20년부터 유해물질로 지정 · 관리하고자 '18. 10월 입법예고 되었다.

EcoAS(Eco Assurance System, 전기 · 전자제품 및 자동차 재활용시스템)

국내 「전기 · 전자제품 및 자동차의 자원순환에 관한 법률」의 효율적인 제도 운영을 위해 각종 행정사항 온라인 처리 및 관련 정보를 제공하는 시스템(www.ecoas.or.kr)

ELV(End-of Life Vehicles, EU 폐차처리지침)

자동차 폐기물 감소 및 재활용을 위해 EU 내 자동차 제조자 및 판매자에게 폐차의 무상수거 의무를 부여하고 재사용, 재활용, 재생의무화 비율을 준수하도록 하는 제도

EPR(Extended Producer Responsibility, 생산자책임재활용제도)

제품생산자나 포장재를 이용한 제품의 생산자에게 그 제품 또는 포장재의 폐기물에 대해 일정량의 재활용의무를 부여하는 제도

EU 배터리 처리지침

수은 등 유해물질을 함유하고 있는 배터리의 재생과 적절한 폐기를 목적으로 유해물질이 함유된 배터리의 판매금지, 폐배터리 회수시스템 구축 및 적정처리를 규정한 제도

EuP(Energy-using Products, EU 에코디자인 지침)

에너지사용제품(EuP) 설계시 친환경적 디자인을 채택하도록 의무화하는 제도

IPP(Integrated Product Policy, EU 통합제품정책)

환경세, 예치금제도, 환경라벨링제도 등 관련된 모든 정책 수단을 포함하는 도구모음과 같은 개념이며, 제품의 개발 및 디자인 단계에서 제품의 폐기 단계까지 제품의 전 과정에서 환경영향을 줄일 수 있는 정책수단

J-MOSS(일본 전기·전자기기 특정화학물질 함유표시 방법)

일본 전기·전자제품 내 6대 유해물질 함유 정보의 표시를 의무화하는 제도

ODM(original development manufacturing, 제조사개발생산)

주문자의 요구에 따라 제조업자가 주도적으로 제품을 생산하여 공급하는 방식

OEM(Original Equipment Manufacturing, 주문자상표 제품제조)

계약에 따라 주문자의 상표로 내놓는 상품을 제조하여 공급하는 방식

PBBs(Polybrominated biphenyls, 폴리브롬화비페닐)

플라스틱의 열화 및 화재방지, 내구성 향상 등을 위해 브롬계 난연제로 주로 사용되며, 피부이상, 탈모증상, 기억상실, 소각시 다이옥신 발생 등의 원인이 되는 유해물질 (「전기·전자제품 및 자동차의 자원순환에 관한 법률」/RoHS 6대 규제물질 중 하나)

PBDEs(Polybrominated diphenylethers, 폴리브롬화디페닐에테르)

플라스틱의 열화 및 화재방지, 내구성 향상 등을 위해 브롬계난연제로 주로 사용되며, 피부이상, 탈모증상, 기억상실, 소각시 다이옥신 발생 등의 원인이 되는 유해물질(「전기·전자제품 및 자동차의 자원순환에 관한 법률」/RoHS 6대 규제물질 중 하나)

PoHS(Prohibition on certain Hazardous Substances in consumer products, 노르웨이 소비자제품 유해물질 사용 규제)

18종 유해물질별로 규제농도를 초과하는 소비자제품에 대해 제조, 수·출입, 판매를 금지하는 제도

RoHS(Restriction of the use of certain Hazardous Substances in electrical and electronic equipment, EU 전기·전자제품 특정유해물질 사용 제한지침)

EU내 전기·전자제품 폐기물의 처분과 재활용 과정에서 재활용성을 저해하거나 환경오염문제를 야기할 수 있는 유해물질의 전기·전자제품 내 사용을 제한하고, 이러한 물질들을 덜 유해한 물질로 대체하도록 의무화하는 제도(Cd, Pb, Cr^{6+}, Hg, PBBs, PBDEs)

WEEE(Waste Electrical and Electronic Equipment, EU 폐전기·전자제품 처리지침)

EU 제조자 및 판매자에게 폐전기·전자제품의 무료 수거의무를 부여하고 품목별로 재생, 재활용 의무화비율을 준수하도록 하는 EU 지침

구리(Cu)

암적색의 윤이 나는 금속원소. 기호 Cu, 원자번호 29, 원자량 63.55. 연성과 전성이 뛰어나고, 열 및 전기의 전도율이 은(Ag) 다음으로 크며 널리 이용된다. 동 또는 적금이라고도 한다.

납(Pb)

연납땜성(Sn-Pb)이 우수하고 주물 가공이 용이하여 부품 접합 Solder, 케이블 피복, 튜브, 사출제품, 세라믹 등에 주로 사용되며 중추신경 손상, 관절 약화, 고혈압, 뇌 손상, 불임 및 유산, 조직 손상에 의한 정자감소 등의 유해성을 지닌 물질(「전기·전자제품 및 자동차의 자원순환에 관한 법률」/RoHS 6대 규제물질 중 하나)

납중독

일반 성인의 경우 1.0 mg을 넘으면 체내에 축적되어 만성중독을 일으키며, 폐나 소화기, 피부 등을 통하여 흡수되어 피로, 변비, 두통, 관절염, 근육마비, 뇌이상 증상 등을 유발한다.

냉매

냉동장치의 냉동 사이클에 사용되는 증발하기 쉬운 액체를 말하며, 저온부의 열을 고온부로 운반하는 역할을 한다.

니켈(Ni)

금속원소의 하나, 천연광석으로 생산된다.. 단단한 은백색 금속이며, 전성(轉成), 연성(軟性)은 철과 비슷하나 공기, 습기에는 철보다 안정하다.

님비 현상(Not In My Back Yard)

'우리 뒷마당에는 안 된다'는 뜻으로 미국에서 생겨난 이 신조어는 쓰레기 매립지에서 방출되는 각종 공해물질의 피해를 가능한 한 덜 받기 위해, 쓰레기 매립지를 주거지에서 멀리 떨어진 곳에 설정하려는 경향을 가리키며, 특히 지방 자치제를 시행하고 있는 나라의 경우, 각 도 · 시 · 군 · 구마다 쓰레기를 남에게 떠맡기려 해서 법정 투쟁이 끊이지 않고 있다.

동일물질(또는 균질재질, Homogeousmaterial)

나사를 풀거나 절단, 압착, 파쇄, 연마 등 기계적인 방법으로 분리되지 아니하는 플라스틱, 세라믹, 유리, 금속, 합금, 종이, 합성수지 및 이러한 물질을 코팅한 것과 같은 단일형태의 물질

리사이클링센터(Recycling Center)

폐전자제품을 제조의 역공정으로 해체, 파쇄, 분류 등의 중간처리과정을 거쳐 부품, 소재단위로 다시 자원으로 사용하도록 하면서 잔재폐기물은 적법하게 처리할 수 있는 일련의 자동화 기계 시설로써 협회나 생산자 등이 특정 폐전자제품의 재자원화를 위해 시설을 설치한 곳

리우선언

'지구헌장'이라고도 일컬으며 1992년 6월 브라질리우데자네이루에서 열린 환경문제 국제회의에서 선언된 선언문.

몬트리올의 정서

1987년 9월 캐나다 몬트리올에서 채택된 의정서로 오존층 파괴물질의 생산 및 소비삭감을 주요내용으로 하고 있음

물류센터

생산자나 판매자가 전기 · 전자 재활용의무 대상 제품을 효율적으로 배송 또는 회수하기 위하여 지역별로 설치한 창고, 운반시설 등

물질재활용

특정 폐전자제품을 분해, 분리 공정 등을 통해 부품, 소재로 직접 또는 재생공정을 거쳐 다시 자원으로 이용하는 행위

미국 SB20/SB50(폐전자제품재활용법)

미국 캘리포니아주에서 전기 · 전자제품 판매시 재활용 요금을 소매가격에 포함시켜 징수하고(소비자에게 재활용 비용부담), 재활용을 저해하는 제품 내 특정 유해물질 사용을 제한하여 재활용을 촉진하려는 제도

바젤협약

1989년 3월 스위스 바젤에서 116개국의 대표자들이 참석한 가운데에 유해폐기물의 국가간 이동과 그 처분통제에 관하여 서명한 협약

부담금제도

폐기물 발생을 억제하고 자원의 낭비를 막기 위하여 유해물질을 함유하고 있거나 재활용이 어렵고 폐기물 관리상의 문제를 초래할 가능성이 있는 제품의 제조 · 수입업자에 대하여 그 폐기물 처리에 드는 비용의 일부를 부담하게 하는 제도

부산물

제품의 제조 · 가공 · 수리 · 판매나 에너지의 공급 또는 토목 · 건축공사에서 부수적으로 발생하는 물질

비소(As)

맹독성 중금속으로 금, 은, 납, 아연, 동, 광업의 부산물로써도 생성되며, 주로 농약 살충제로 사용

사업장폐기물

대기환경보전법, 수질환경보전법, 소음진동규제법의 규정에 의하여 배출시설을 설치, 운영하는 사업장, 기타 대통령령이 정하는 사업장에서 발생되는 폐기물

생산자(환경성보장제상의 정의)

① 자기 고유의 상표로 재활용의무 대상 제품을 제조 또는 수입하여 판매하는 자, ② 주문자생산 방식으로 공급받아 자기 상표를 부착하여 판매하거나 유통자에게 공급하는 자, ③ 제조 또는 수입된 재활용의무 대상 제품을 상업적인 목적으로 최종 사용자에게 공급하는 유통자

생활폐기물

가정에서 일상생활에 사용되었거나 사용하는 과정에서 발생하는 폐기물로 사업장 이외의 폐기물

수은(Hg)

상온에서 은백색의 액체 상태로 존재하며 수은전지, 램프, 치과용 아말감, 방부제, 페인트 등에 주로 사용. 1953년 일본 미나마따병을 발병시킨 원인물질로 구토, 피부발진, 눈 경련, 신장 및 뇌손상, 시력장애, 실명, 기억감퇴 등의 유해성이 있다. (「전기·전자제품 및 자동차의 자원순환에 관한 법률」/RoHS 6대규제물질 중 하나)

수입자(환경성보장제상의 정의)

외국으로부터 제품을 국내로 수입하여 직접 판매하거나 또는 판매나 유통자에게 공급하는 자

에코디자인(DfE : Design for Environment)

환경적합설계 또는 환경배려설계라고도 하며, 제품의 제조에서 폐기까지의 전과정 특히 폐기단계에서 나타난 환경 및 재활용의 문제를 개선하기 위해 이를 처음 제품 설계시에 반영함으로써 환경 및 재활용에 적합하도록 제품을 설계 및 디자인을 하는 것

예치금제도

일상생활에서 많이 쓰이는 물건 중 회수와 재활용이 쉬운 제품이나 포장재에 대해 생산업자로 하여금 재활용비용을 제품의 출고시 예치하게 하고, 생산업자가 이를 회수하여 처리하였을 때 예치한 비용을 반환해 주는 제도

* EPR제도가 도입되면서 현재 운영되지 않고 있다.

오염자부담원칙(Polluter Pays Principle)

PPP 또는 3P라 불리우며 오염원인자(생산자 또는 소비자)가 공해 방지비용을 부담하도록 하는 원칙

일본가전리싸이클법

일본내 텔레비전, 냉장고, 세탁기, 에어컨 4대 품목을 대상으로 판매업체에게 수집, 운반의 의무를, 제조업체에게 재활용의무를, 소비자에게 재활용 비용분담 의무를 부과하는 제도

자원순환법(전기 · 전자제품 및 자동차의 자원순환에 관한 법률)

전기 · 전자제품 및 자동차로 인한 폐기물 발생억제 및 재활용촉진을 위하여 제품의 설계 · 생산단계부터 폐기시까지의 전 과정에 걸쳐 체계적인 관리를 통해 환경부하 최소화를 유도하기 위해 제정된 법률로 2008년 시행된다.

자원순환형 사회

생산된 제품이 폐기물이 되었을 때 그것을 최대한 다시 자원으로 활용함으로써 자원도 절약하고 환경도 보전해 경제와 환경이 상생하는 사회

재사용(Re-use)

폐전자제품과 같은 폐기물을 제품 단위 부품을 회수하여 직접 또는 일부 수리 및 검사 과정을 거쳐 소비자나 제품생산에 다시 사용하는 것

재사용업체

특정 폐전자제품의 재사용(수출 포함)을 업으로 하는 기업과 재사용을 위해 전시, 판매하는 중고품 판매업체

재자원화율

재자원화가 된 부품소재 등의 총중량을 재자원화한 특정 폐전자제품의 총 중량으로 나누어 산출한 비율

재질 · 구조개선 대상제품

쉽게 재활용할 수 있도록 제품의 구조나 재질을 개선할 필요가 있는 제품으로써 대통령령이 정하는 제품

재활용(Recycle)

폐전자제품과 같은 폐기물을 제품 단위로 재사용(Re-use)하거나 또는 해체, 파쇄, 분류 등의 중간처리과정을 거쳐 구성하고 있는 부품, 소재단위로 바로 또는 재생과정을 통해 다시 자원으로 사용토록 하는 것

재활용율

폐기물 재활용의 양적 수준을 나타내는 척도로 사용되며 폐전자제품(폐기물)에서 재활용된 제품의 중량의 비율을 말한다.

재활용시설

재활용 가능자원 또는 재활용제품을 제조 · 가공 · 조립 · 정비 · 수집 · 운반 보관하는데 사용되는 장치 · 장비 · 설비 등으로써 환경부령이 정하는 것

재활용업체

폐전자제품을 해체, 파쇄, 분류 등의 중간처리과정을 거쳐 부품, 소재 단위로 다시 자원으로 사용토록 하면서, 잔재폐기물은 적법하게 처리하는 것을 사업으로 영위하는 업체

재활용의무 대상 제품(환경성보장제 대상품목)

폐전자제품 가운데 정부가 특별히 환경보전 및 자원 재활용을 위하여 "전기전자제품 및 자동차의 자원순환에 관한 법률"로 정한 품목

재활용제품

재활용가능자원을 이용하여 만든 제품으로써 환경부령이 정하는 제품

전과정 평가(LCA : Life Cycle Assesment)

요람에서 무덤까지 제품의 일생 즉 원자재 조달에서 제품의 개발, 설계, 생산, 유통, 소비, 폐기단계까지 전과정에 대해 에너지 및 자원소비와 환경에 미치는 영향(부하)을 가능한 정량적으로 측정, 평가하여 그 영향을 최소화하는데 활용하는 평가기법

중간 가공폐기물

폐기물을 선별, 파쇄, 분쇄, 건조 등의 공정을 통해 재생원료나 재생제품을 제도하는데 원료로 이용할 수 있도록 만든 것

중국 전자정보제품 오염통제관리법

중국내 6대 유해물질 함유정보공개 및 라벨링, 적합성 증명을 위한 사전인증을 의무화하는 제도(일명 China RoHS)

중국 폐전기·전자제품 및 전자제품의 회수처리 관리 규칙

중국내 폐전기·전자제품의 회수 및 재활용 시스템 구축기반 마련 및 그 비용을 제조업자 및 소매업자에게 부담시키는 제도(일명 China WEEE)

지정폐기물

사업장 폐기물중 폐유 등과 같이 주변환경을 오염시킬 수 있거나 감염성 폐기물과 같이 인체에 위해를 줄 수 있는 유해물질로 폐기물관리법 시행령에서 정하는 폐기물

처리

폐기물을 물리적(파쇄, 선별 등), 화학적(중화, 소각, 고형화 등), 생물학적(소멸화, 퇴비화)으로 처리하여 재활용하거나 최종처리하기 쉽게 감량, 감용 무해화, 안정화하는 것과 폐기물을 자연에 환원하는 매립과 해양배출을 포함한다. 폐기물 관리법에서는 수집, 운반, 보관, 재활용과 처분을 처리로 정의하고 있음

처분

원칙적으로 폐기물을 자연에 환원하는 최종처분 방법으로 매립과 해양배출을 의미한다, 폐기물관리법에서는 각각 중간 처분, 최종처분으로 정의하고 있다.

최종처리

재활용이 불가능한 폐기물을 중간처리를 통하여 감량, 감용, 안정화, 무해화하여 자연에 환원하는 것으로 매립과 해양배출이 있다.

카드뮴(Cd)

플라스틱 및 고무 안정제, 금속표면 보호 및 광택제, 도금시 내식성향상을 위해 주로 사용되며, 1968년 일본 이따이이따이병을 발병시킨 원인물질로 위경련, 신장손상, 고혈압, 혈중철분감소, 중추신경 및 뇌손상 등의 유해성을 지닌 물질(「전기·전자제품 및 자동차의 자원순환에 관한 법률」/RoHS 6대 규제물질 중 하나)

판매자

시장판매, 홈쇼핑판매, 인터넷판매 등 판매방법에 상관없이 생산자로부터 재활용 의무 대상 제품을 직접 또는 유통자를 통해 공급받아 소비자에게 상업적으로 공급하는 자

판매점

재활용의무 대상 제품을 최종적으로 소비자에게 판매한 업소

6 유관기관 소개

구 분	기 관 명	전화 번호
환경부	자연환경정책실	044-201-6620
	자원순환정책관	032-560-7500
	폐자원관리과	044-201-7360
	자원재활용과	044-201-7380
	폐자원에너지과	044-201-7400
	한강유역환경청 환경관리국	031-790-2807
	낙동강유역환경청 환경관리국	055-211-1601
	금강유역환경청 환경관리국	042-865-0704
	영산강유역환경청 환경관리국	062-410-5200
	원주지방환경청 기획평가국	033-760-6005
	대구지방환경청 기획평가국	053-230-6610
	새만금지방환경청 환경관리과	063-238-8831
한국환경공단 (본사)	제도운영처	032-590-4171
	환경성도장제팀	032-590-4210
	ECOAS팀	032-590-4230
	EPR운영팀	032-590-4260
협회 및 공제조합	한국순환자원유통지원센터	02-768-1600
	대한건설폐기물공제조합	02-3481-0960
	대한타이어공업협동조합	02-577-1722
	한국석면안전협회	02-714-5090
	한국건설자원협회	02-3476-7787
	한국폐자원에너지협동조합	041-565-5080
	한국포장재재활용사업공제조합	02-6948-8700
	한국산업폐자원공제조합	02-718-7900
	한국생활폐기물기술협회	02-734-2766
	한국석유재활용협회	042-484-5193
	한국오일필터재활용협회	051-783-5182

구 분	기관명	전화 번호
협회 및 공제조합	한국윤활유공업협회	02-2068-6043
	한국음식물자원화협회	02-458-4335
	한국의료폐기물처리공제조합	042-623-5553
	한국자동차자원순환협회	02-579-2428
	한국자원순환사회적협동조합	02-335-1435
	한국자원순환공제조합	02-2689-0592
	한국전지재활용협회	031-671-8312
	한국조명재활용사업공제조합	02-3785-2883
	한국폐기물재활용공제조합	042-826-5935
	한국프린터 & 카트리지 재제조협회	02-995-6297
	한국폐자원수출입협회	02-2664-1100
법정기관	환경보전협회	02-3407-1500
	한국자연환경보전협회	02-383-0695
	한국영향평가협회	031-347-000
	한국자연공원협회	02-358-2421
	한국상하수도협회	02-3156-7777
	한국건설자원협회	02-3476-7787
	한국건설폐기물수집운반협회	02-3661-3181
	한국자동차환경협회	02-3473-1221
	한국폐기물협회	02-2680-7000
	한국환경산업협회	02-389-7284
	한국화학물질관리협회	02-3019-6716
	자연환경국민신탁	031-425-8107
	야생생물관리협회	02-423-3001
	한국생태관광협회	02-723-8677

찾 아 보 기

(ㅈ)

(ㅊ)

(기타)

폐전기 · 전자제품 자원순환 가이드북 정가 25,000원

발 행 2019년 3월 31일 2판 1쇄
저 자 한국전자제품자원순환공제조합
발행인 정우용
발행처 도서출판 동화기술
경기도 파주시 광인사길 201(문발동, 파주출판도시)
Tel (031)955-4211~6 donghwapub@nate.com
Fax (031)955-4217 www.donghwapub.co.kr
(등록) 1977년 12월 19일/9-16호

Printed in Korea
ISBN 978-89-425-9235-7